全国高等职业院校计算机教育规划教材

3ds Max 2012 三维设计能力教程
（第二版）

张福峰　主　编

曹继忠　李玉虹　朱　婧　副主编

中国铁道出版社
CHINA RAILWAY PUBLISHING HOUSE

内 容 简 介

本书是高等职业技术学院计算机及应用、多媒体技术、动漫设计专门化方向核心课程的教材，是针对高职高专教学需求而编写的。

本书由 9 个项目构成，以任务驱动的模式进行讲解。项目一到项目三主要学习 3ds Max 2012 的基本操作、建模方法、修改编辑、二维建模和多边形建模等；项目四学习 Vray 渲染器、材质编辑器以及 Vray 材质的使用；项目五通过室内效果实例讲解材质、贴图设置基本技巧与灯光设置技巧；项目六学习室外建模、材质与效果图后期处理的制作方法；项目七学习人头建模、皮肤材质设置与 Hair and Fur 毛发设计制作；项目八学习 PF 粒子烟花效果制作、Video Post 后期特效的制作；项目九学习角色动画的制作，包括角色骨骼动画、角色蒙皮和 CAT 角色动画。

本书可作为高职高专院校相关专业的教学用书，也可作为从事三维效果设计人员学习的参考教材。

图书在版编目（CIP）数据

3ds Max 2012 三维设计能力教程／张福峰主编. —2 版. —北京：
中国铁道出版社，2015.3
全国高等职业院校计算机教育规划教材
ISBN 978-7-113-19916-6

Ⅰ.①3… Ⅱ.①张… Ⅲ.①三维动画软件—
高等职业教育—教材 Ⅳ.①TP391.41

中国版本图书馆 CIP 数据核字（2015）第 024334 号

| 书　　名：3ds Max 2012 三维设计能力教程（第二版） |
| 作　　者：张福峰　主编 |

| 策划编辑：王春霞 | 读者热线电话：400-668-0820 |
| 责任编辑：王春霞 |
| 编辑助理：雷晓玲 |
| 封面设计：付　巍 |
| 封面制作：白　雪 |
| 责任校对：汤淑梅 |
| 责任印制：李　佳 |

出版发行：中国铁道出版社（100054，北京市西城区右安门西街 8 号）
网　　址：http://www.51eds.com
印　　刷：三河市航远印刷有限公司
版　　次：2009 年 11 月第 1 版　　2015 年 3 月第 2 版　　2015 年 3 月第 1 次印刷
开　　本：787 mm×1 092 mm　1/16　印张：18.5　字数：445 千
书　　号：ISBN 978-7-113-19916-6
定　　价：35.00 元

第二版前言

21 世纪是知识爆炸、信息技术飞速发展的时代，信息技术从多方面改变着人类的生活、工作以及思维方式。在这个信息与知识更新速度极快的社会中，三维动画设计与制作已成为一个热门行业，越来越多的人加入到这一行业当中。

3ds Max 是一个功能极强、内涵丰富的三维制作软件，是当今三维动画制作软件中的佼佼者，是流行的建模、动画和渲染软件。它在建筑设计、工业设计、三维动画创作、三维造型设计、人物角色、影视广告和多媒体制作等领域占有重要的地位。

本书内容丰富，融合了作者多年的教学、设计经验，从实用角度出发，以岗位职业能力分析为指导，以岗位任务为引领，以工作任务为载体，强调实践与理论相结合。本书遵循学生的认知规律，任务制作过程中力求按照"由易到难、先简后繁"的顺序，并对使用中出现的问题和技术难点进行了较全面的剖析，使教材具有趣味性和启发性。

本次修订，将软件版本升级为 3ds Max 2012；使用目前流行的 Vray 渲染器完成场景材质贴图设置、场景照明以及效果图的渲染，并增强渲染效果；运用 Vray 分布式渲染技术提高场景渲染效率；通过 Biped 创建骨骼对象、动画，使用"蒙皮"和 Physique 修改器为角色骨骼蒙皮，使用 CAT 对象创建角色模型并生成动画。

本书由 9 个项目构成，每个项目由数个任务和一个项目实训组成，每个任务又由任务描述、任务分析、方法与步骤、相关知识、技能训练、学习评价、思考与练习构成。此外，本书配有制作实例的相关素材、源文件及教学课件，便于大家学习。本书旨在培养学生良好的三维造型制作、效果渲染、角色动画制作的基本知识与创作技巧，让学生能从事三维效果制作、设计、创意、编辑等工作。

其中，项目实训中项目等级评价参考下面两个表。

等级说明表

等　级	说　　　明
3	能高质、高效地完成全部学习内容，并能独立解决遇到的问题
2	能高质、高效地完成全部学习内容
1	能圆满完成全部学习内容

评价说明表

评　价	说　　　明
优秀	达到 3 级水平
良好	达到 2 级水平
合格	达到 1 级水平
不合格	不能达到 1 级水平

　　通过对本书的学习，学生能了解三维效果设计的基本原理和制作流程；掌握运用 3ds Max 进行三维建模的方法；掌握材质制作、灯光设置、渲染输出与后期处理的一般方法和技巧。在着重培养三维效果设计能力的同时，加强对三维设计理念的引导，进一步满足学生踏入社会后企业对于三维设计人员的需求，为发展专门化方向的职业能力奠定基础。

　　本书按 120 学时编写，可作为高等职业技术院校计算机及应用、多媒体专业及其他相关专业的教材，也可以作为社会培训班的培训教材。教学过程中也可依据不同专业的特点、学时差异等实际情况从中选用部分章节进行教学。

　　本书由张福峰任主编，曹继忠、李玉虹、朱婧任副主编，王振明、金会赏、刘冲、何武超、王敏、李文广参编。其中，项目一由李玉虹编写，项目二由王敏编写，项目三由金会赏编写，项目四、项目九由张福峰编写，项目五由李文广、王振明编写，项目六由曹继忠编写，项目七由何武超、朱婧编写，项目八由刘冲编写。

　　在本书的编写过程中得到了邓江民教授的悉心指导和大力支持，也得到了中国铁道出版社各位领导、编辑的大力支持与帮助，在此致以最衷心的谢意！本书配套素材、课件请登录中国铁道出版社网站 http://51eds.com 下载。

　　由于时间仓促，编者水平有限，书中疏漏之处在所难免，恳请广大读者不吝指正。

编　者

2015 年 1 月

第一版前言

21 世纪是知识爆炸、信息技术飞速发展的时代，信息技术从多方面改变着人类的生活、工作以及思维方式。在这个信息与知识更新速度极快的社会中，三维动画设计与制作已成为一个热门行业，越来越多的人加入到了这一行业当中。

3ds Max 是一个功能极强、知识点丰富的三维造型软件，是当今三维动画制作软件中的佼佼者，是流行的建模、动画和渲染软件。它在建筑设计、工业设计、三维动画创作、三维造型设计、人物角色、影视广告和多媒体制作等领域中占有重要的地位。

本书内容丰富，结合作者多年的教学、设计经验，从实用出发，以岗位职业能力分析为指导，以岗位任务为引领，以工作任务为载体，强调实践与理论相结合。本书体系的安排遵循学生的认知规律，任务制作过程中力求遵循"由易到难、先简后繁"的顺序，并对使用中出现的问题和技术难点进行了较全面的剖析，使教材更具有专业性和启发性。

本书由八个单元构成，每个单元由不同的任务和项目实训组成，每个任务又由任务描述、任务分析、方法步骤、相关知识、技能训练等项目组成。此外，本书配有制作实例的相关素材、源文件及教学课件，便于大家学习。本书主要培养学生良好的三维动画制作基本知识与创作技巧，让学生能从事三维效果制作、设计、创意、编辑等工作。

其中，项目实训中项目等级评价参考下面两个表：

等级说明表

等　　级	说　　明
3	能高质、高效完成全部学习内容，并能独立解决遇到的问题
2	能高质、高效完成全部学习内容
1	能圆满完成全部学习内容

评价说明表

评　　价	说　　明
优秀	达到 3 级水平
良好	达到 2 级水平
合格	达到 1 级水平
不合格	不能达到 1 级水平

通过对本书的学习，学生能了解三维效果设计的基本原理和制作流程；掌握运用 3ds Max 进行三维建模的方法；掌握材质制作、灯光设置、渲染输出与后期处理的一般方法和技巧。在着重培养学生三维效果设计能力的同时，加强对三维设计理念的引导，进一步满足学生踏入社会后企业对于三维设计人员的需求，为发展专门化方向的职业能力奠定基础。

本书按 100 学时编写，可作为高等职业技术院校计算机及应用、多媒体专业及其他相关专业的教材，也可以作为社会培训班的培训教材。教学过程中也可依据不同专业特点、学时差异等实际情况从中选用部分章节进行教学。

　　本书由张福峰主编，单元一由李玉虹编写，单元二由王振明编写，单元三、四、五、六、七由张福峰编写，单元八由曹继忠编写。桑金歌、李文广、于国莉等人也做了大量工作。在编写过程中，得到了邓泽民教授的悉心指导和中国铁道出版社各位领导、编辑的大力支持与帮助，在此致以最衷心的感谢！本书配套素材、课件请登录中国铁道出版社网站 http://edu.tqbooks.net下载。

　　由于编者水平有限，书中疏漏和不妥之处在所难免，恳请广大师生不吝指正。

编 者

2009 年 8 月

目 录

CONTENTS

项目一

制作乒乓球活动室

乒乓球运动是人们钟爱的一项体育活动，中国健儿在每次奥运会上表现出色，全国人民更是对这项运动格外喜爱和关注。本项目制作的是乒乓球活动室一角的三维效果，包括乒乓球桌、乒乓球网、乒乓球及匾额等对象，模型是按照标准尺寸创建制作的。匾额上的 4 个醒目大字——全民健身，体现了全国人民热爱体育、积极锻炼的激情。

在制作过程中，将"乒乓球活动室"分为三个任务来制作。在"任务一"中完成乒乓球桌、乒乓球网等对象的制作；"任务二"中完成乒乓球与球拍的制作，完成这个任务后，活动室内的主体对象已全部制作完成；在"任务三"中完成活动室一角与匾额等对象的制作。

学习目标

☑ 能运用选择、对齐、阵列等工具正确操作对象
☑ 能使用标准几何体制作桌腿、台面等对象
☑ 能使用线条、椭圆等二维对象制作桌线、球拍等
☑ 能使用"挤出"修改器修改对象

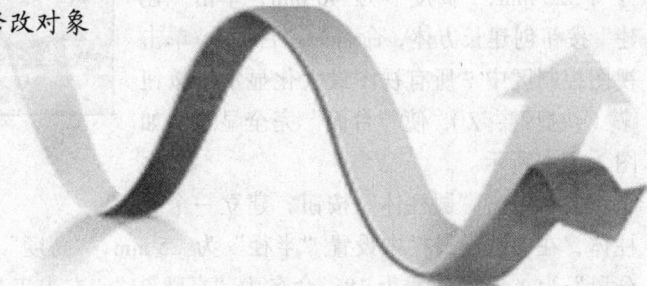

任务一　乒乓球桌与球网——基本体的制作

任务描述

基本体的制作是复杂操作的基础。这里利用制作乒乓球桌来讲解基本体的制作，制作效果如图 1-1-1 所示。

任务分析

在制作模型之前，应该对模型的尺寸、特征有一定的了解。在制作时，最好按实际模型大小或按一定比例缩放后制作。乒乓球台面可以使用标准几何体中的长方体创建；八个桌腿与垫脚使用圆柱体创建并通过镜像完成制作；桌线、球网由矩形创建后使用"挤出"修改器制作而成；网夹可以使用线条绘制出截面后使用"挤出"修改器来完成制作。

图 1-1-1　任务一效果图

方法与步骤

1. 制作乒乓球桌

> 提示：
> ① 设置系统单位；② 使用长方体创建球桌台面；③ 使用圆柱体创建桌腿与垫脚；④ 使用镜像工具生成其他桌腿与垫脚；⑤ 使用矩形创建球桌的桌线；⑥ 镜像生成另一侧桌线。

（1）启动 3ds Max 2012，设置系统单位。执行"自定义"|"单位设置"命令，打开"单位设置"对话框，选择"公制"单选按钮，并选择下拉列表框中的"毫米"选项。单击"系统单位设置"按钮，打开"系统单位设置"对话框，设置单位为"毫米"，如图 1-1-2 所示。

（2）单击"创建"面板 ※ "几何体"类别 ○ 中的"长方体"按钮，在"键盘输入"卷展栏中设置"长度"为 2 740 mm，"宽度"为 1 525 mm，"高度"为 40 mm，单击"创建"按钮创建长方体，命名为"台面"。单击视图控制区中"所有视图最大化显示"按钮 🔳（快捷键：Z），使"台面"完全显示，如图 1-1-3 所示。

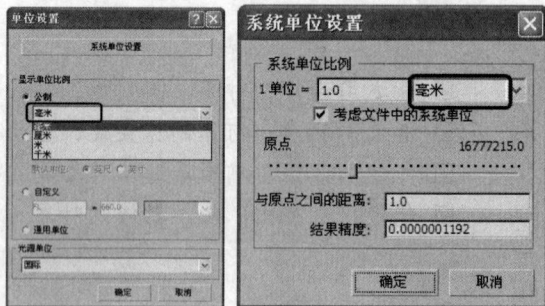

图 1-1-2　设置系统单位

（3）单击"圆柱体"按钮，建立一个圆柱体，在参数卷展栏中设置"半径"为 25 mm，"高度"为 780 mm，"高度分段"为 5，"端面分段"为 1，"边数"为 18，命名为"桌腿 01"。右击工具栏中"选择并移动"工具 ✛，在打开的"移动变换输入"对话框中设置"绝对：世界"的坐标值 X 为 -500 mm，Y 为 1 100 mm，Z 为 -760 mm，如图 1-1-4 所示。

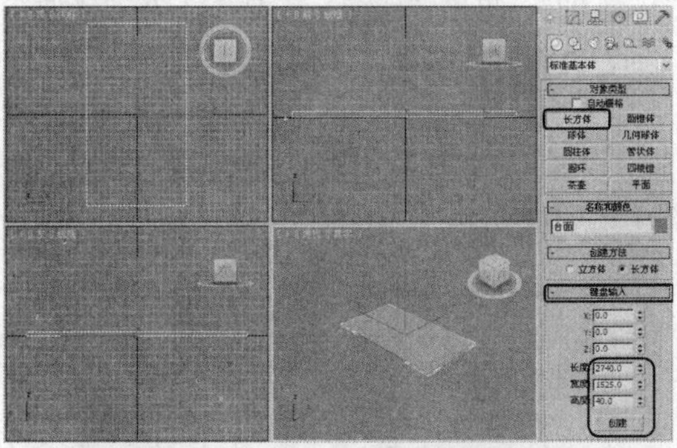

图 1-1-3 制作"台面"并完全显示

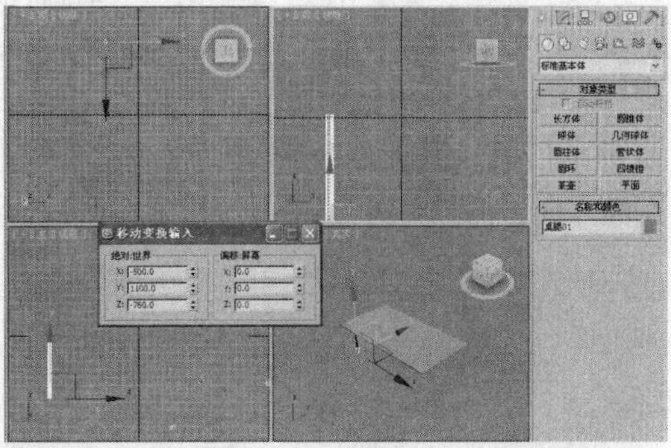

图 1-1-4 制作"桌腿 01"并调整位置

（4）执行"编辑"｜"克隆"命令，打开"克隆选项"对话框，选择"复制"单选按钮，并将其命名为"垫脚 01"，单击"确定"按钮。进入"修改"面板，在"参数"卷展栏中修改"半径"为 26 mm，"高度"为 20 mm，如图 1-1-5 所示。

（5）单击"垫脚 01"右侧按钮，打开"对象颜色"对话框，选择"黑色"，单击"确定"按钮，如图 1-1-6 所示。

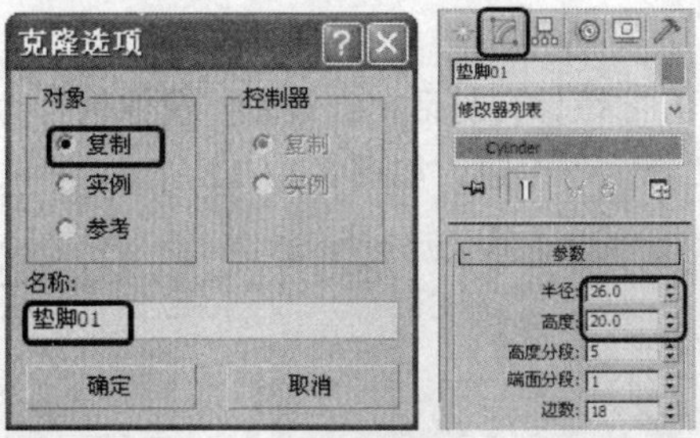

图 1-1-5 复制出"垫脚 01"并设置参数

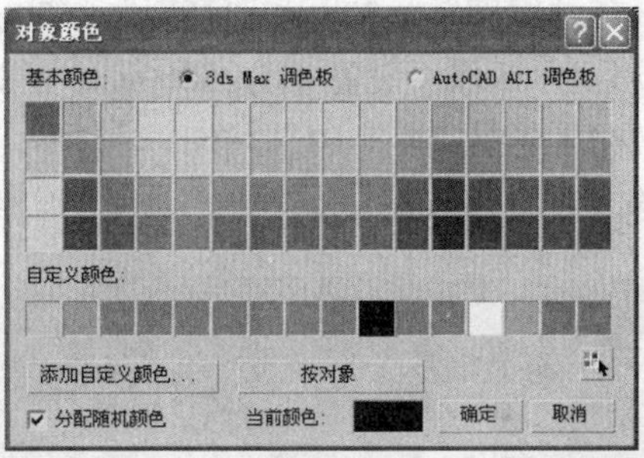

图 1-1-6 调整"垫脚 01"颜色

（6）按【H】键打开"从场景选择"对话框，选择"桌腿 01"和"垫脚 01"，单击"确定"按钮，此时选中"桌腿 01"和"垫脚 01"，如图 1-1-7 所示。

（7）单击工具栏中"镜像"工具，打开"镜像"对话框，设置"镜像轴"为 X，"偏移"为 1 000 mm，克隆方式为"实例"，单击"确定"按钮，如图 1-1-8 所示。

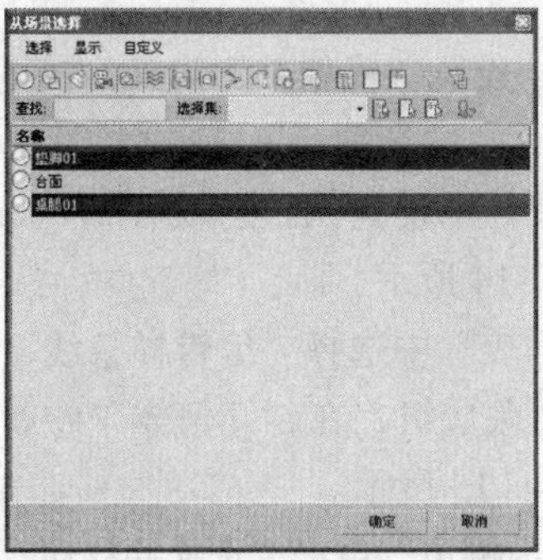

图 1-1-7 "从场景选择"对话框

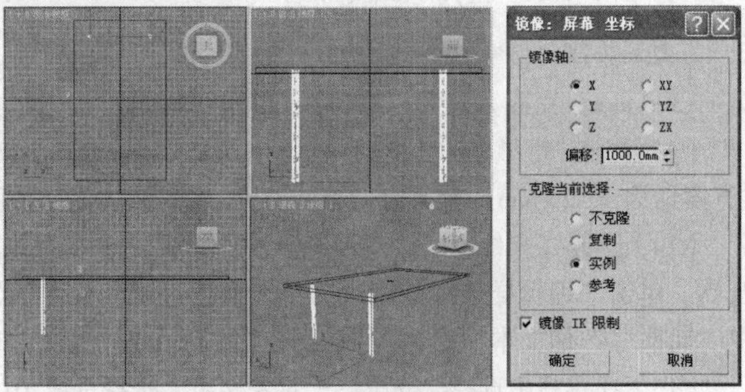

图 1-1-8 镜像制作桌腿与垫脚一

（8）选择"桌腿 01""桌腿 02""垫脚 01""垫脚 02"，单击"镜像"工具 🔲，在"镜像"对话框中设置"镜像轴"为 Y，"偏移"为-900 mm，克隆方式选择"实例"，单击"确定"按钮，如图 1-1-9 所示。

（9）选择所有桌腿和垫脚，单击"镜像"工具 🔲，设置"镜像轴"为 Y，"偏移"为-1 300 mm，克隆方式选择"实例"，单击"确定"按钮，如图 1-1-10 所示。

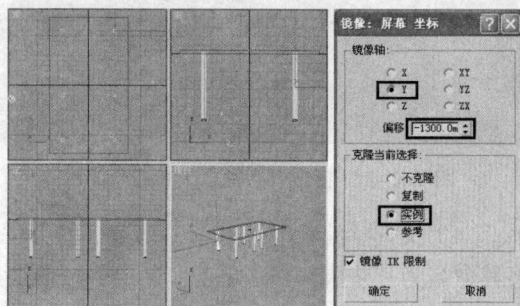

图 1-1-9　镜像制作桌腿与垫脚二　　　　图 1-1-10　镜像制作桌腿与垫脚

（10）单击"长方体"按钮，在顶视图中建立长方体，在"参数"卷展栏中设置"长度"为 900 mm，"宽度"为 30 mm，"高度"为 30 mm，命名为"桌掌 01"。单击"选择并移动"工具 🔲，在坐标显示区域中设置 X 为-500 mm，Y 为 650 mm，Z 为-300 mm，如图 1-1-11 所示。

（11）选择"桌掌 01"，单击"镜像"工具 🔲，打开"镜像"对话框，设置"镜像轴"为 X，"偏移"为 1 000 mm，克隆方式选择"实例"，单击"确定"按钮，如图 1-1-12 所示。

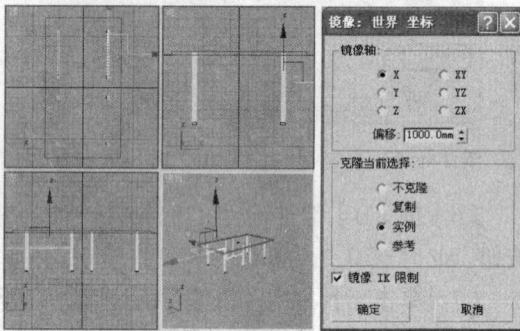

图 1-1-11　用长方体制作桌掌　　　　图 1-1-12　镜像制作"桌掌 02"

（12）选择"桌掌 01"和"桌掌 02"，单击"镜像"工具 🔲，设置"镜像轴"为 Y，"偏移"为-1 300 mm，克隆方式为"实例"，单击"确定"按钮，如图 1-1-13 所示。

（13）单击"矩形"按钮，在顶视图中建立矩形，在"参数"卷展栏中设置"长度"为 1 370 mm，"宽度"为 1 525 mm，命名为"桌线 01"并调整位置，如图 1-1-14 所示。

（14）选择"桌线 01"，进入"修改"面板 🔲，在"修改器列表"中选择"编辑样条线"修改器。单击"编辑样条线"左边的符号 🔲，进入"样条线"子对象层级，在"几何体"卷展栏中"轮廓"右侧文本框中输入 20，按【Enter】键确认，如图 1-1-15 所示。

（15）在堆栈中选择"分段"子对象层级，选择桌线 01 右边内侧边，单击"选择并移动"工具 🔲，在坐标显示区域中设置 X 为-5 mm，Y 为-685 mm，Z 为 40 mm，如图 1-1-16 所示。

图 1-1-13　镜像制作其他桌凳

图 1-1-14　创建"桌线 01"

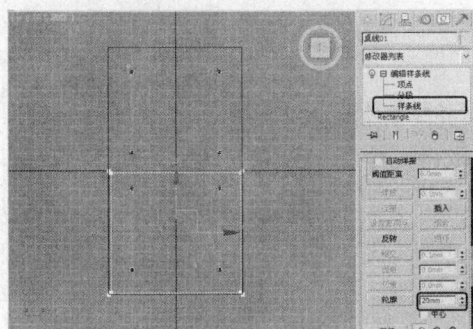

图 1-1-15　编辑"桌线 01"

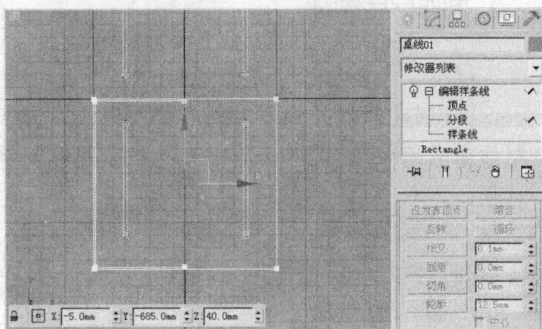

图 1-1-16　调整"桌线 01"位置

（16）在堆栈中选择"样条线"子对象层级，选择内侧的小矩形，在"几何体"选项组中选择"复制"与"以轴为中心"复选框，然后单击"镜像"工具 ，对内侧矩形进行复制，如图 1-1-17 所示。

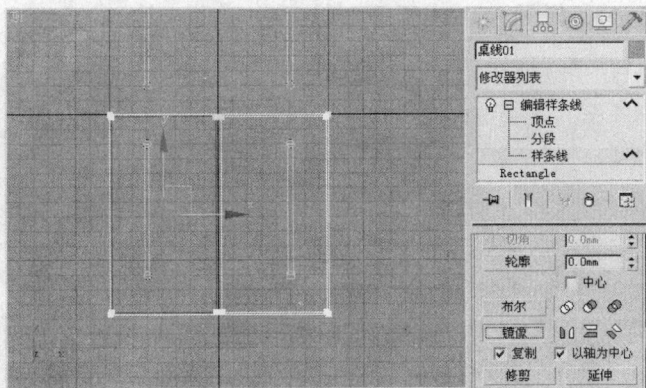

图 1-1-17　镜像复制内侧矩形

（17）在"修改器列表"中选择"挤出"修改器，在"参数"卷展栏中设置"数量"为 0.1mm，如图 1-1-18 所示。

（18）在工具栏中单击"镜像"工具 ，打开"镜像"对话框，设置"镜像轴"为 Y，"偏移"为 1 370 mm，选择"实例"单选按钮，单击"确定"按钮，如图 1-1-19 所示。

图 1-1-18 使用"挤出"修改器

图 1-1-19 镜像制作"桌线 02"

2. 制作乒乓球网

提示：

① 创建矩形并阵列生成水平网线；② 创建矩形并阵列生成垂直网线；③ 使用长方体制作球网的网边；④ 绘制出网夹截面图形，挤出形成网夹对象；⑤ 使用圆柱体制作网柱对象。

（1）在前视图绘制矩形，设置"长度"为 1 mm，"宽度"为 1 820 mm。进入"修改"面板，在"修改器列表"中选择"挤出"修改器，在"参数"卷展栏中设置"数量"为 1 mm。

（2）右击"选择并移动"工具，在"移动变换输入"对话框中设置世界坐标，分别设置 X 为 0 mm，Y 为 0 mm，Z 为 50 mm，如图 1-1-20 所示。

（3）重复上述步骤，建立一个长度为 130 mm，宽度为 1 mm 的矩形，在"修改器列表"中选择"挤出"修改器，在参数栏中设置"数量"为 1 mm。

（4）右击"选择并移动"工具，在"移动变换输入"对话框中设置世界坐标的 X 为 -910 mm，Y 为 0 mm，Z 为 115 mm，如图 1-1-21 所示。

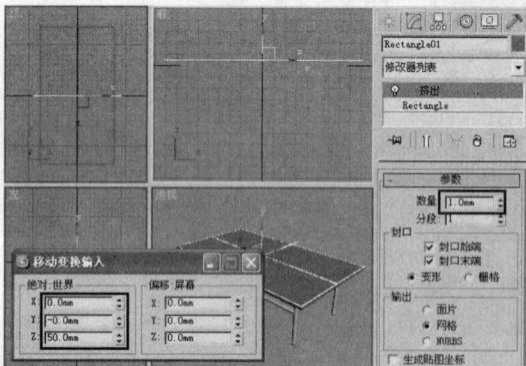

图 1-1-20 制作 Rectangle01

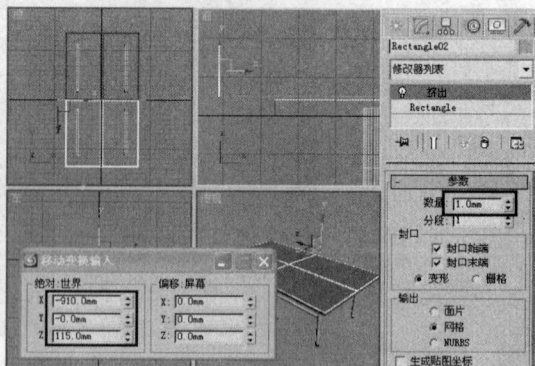

图 1-1-21 制作 Rectangle02

（5）选择对象 Rectangle01，执行"工具" | "阵列"命令，打开"阵列"对话框，设置 Y 增量为 8 mm，在"阵列维度"选项组中设置 1D 数量为 17，单击"确定"按钮，如图 1-1-22 所示。

（6）重复上述步骤，选择 Rectangle02，打开"阵列"对话框，设置 X 增量为 8 mm，1D 数量为 228，单击"确定"按钮，如图 1-1-23 所示。

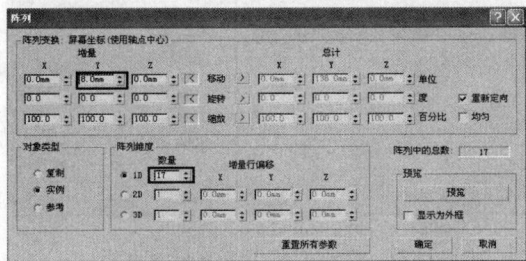

图 1-1-22　"阵列"对话框一

图 1-1-23　"阵列"对话框二

（7）在"创建"面板 中单击"几何体"类别 中的"长方体"按钮，在前视图建立长方体，在"参数"卷展栏中设置"长度"为 20 mm，"宽度"为 1 820 mm，"高度"为 2 mm，命名为"网边"。在坐标显示区域中设置 X 为 0 mm，Y 为 1 mm，Z 为 182 mm，如图 1-1-24 所示。

（8）在"创建"面板 中选择"图形"类别 ，在"对象类型"卷展栏中单击"线"按钮。在前视图中绘制多边形，命名为"网夹 01"，效果如图 1-1-25 所示。

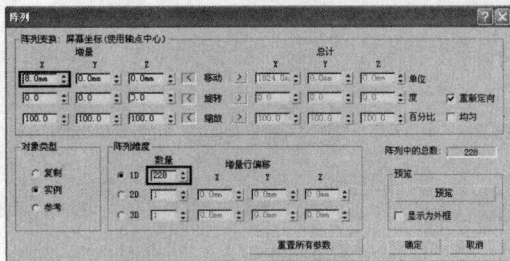

图 1-1-24　制作"网边"

图 1-1-25　创建"网夹 01"

（9）进入"修改"面板 ，在"修改器列表"中选择"挤出"修改器，在"参数"卷展栏中设置"数量"为 20 mm，如图 1-1-26 所示。

（10）激活前视图，执行"工具"｜"对齐"｜"对齐"命令，然后按【H】键打开"拾取对象"窗口，选择"网边"选项，单击"拾取"按钮，在弹出的"对齐当前选择（网边）"对话框中设置对齐位置，如图 1-1-27 所示。

（11）在顶视图中建立一个圆柱体，设置半径为 7.5 mm，高度为 150 mm，命名为"网柱 01"，如图 1-1-28 所示。在坐标显示区域中设置 X 为 -910 mm，Y 为 0 mm，Z 为 50 mm。

（12）按【H】键打开"从场景选择"对话框，选择"网夹 01"和"网柱 01"选项，单击"确定"按钮，如图 1-1-29 所示。

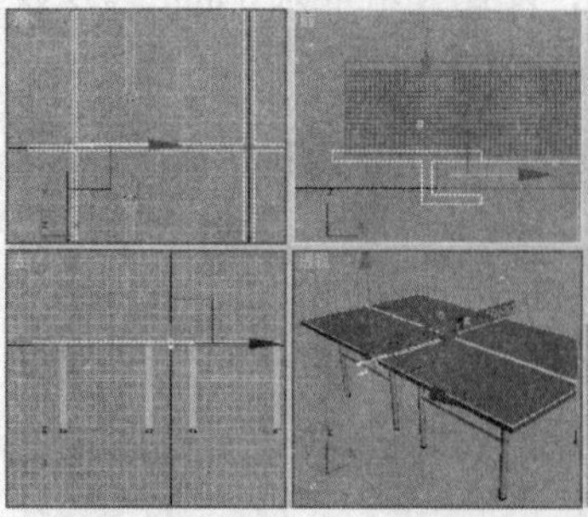

图 1-1-26　选择"挤出"修改器

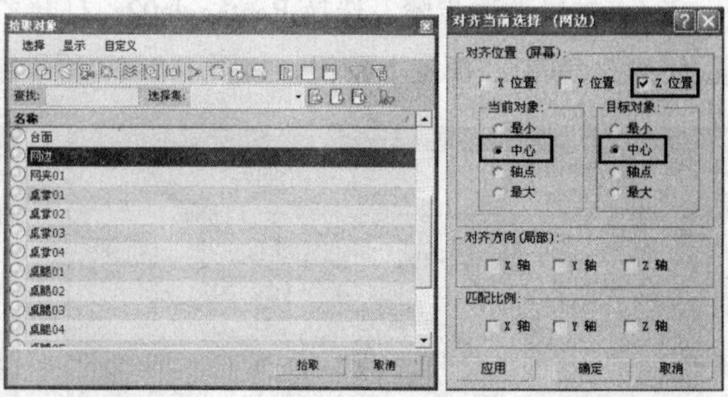

图 1-1-27　选择对象并设置对齐方式

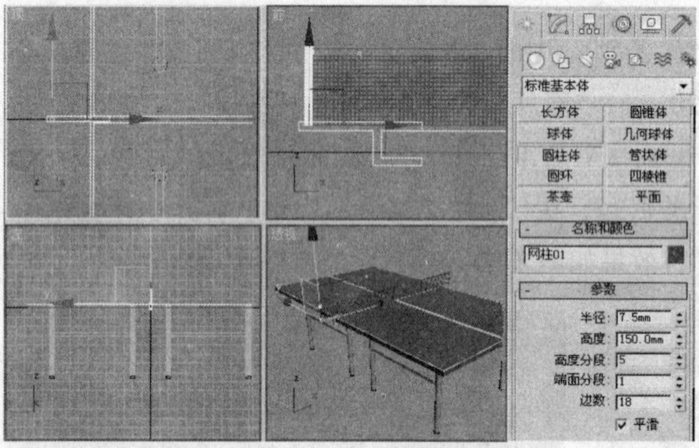

图 1-1-28　建立"网柱 01"

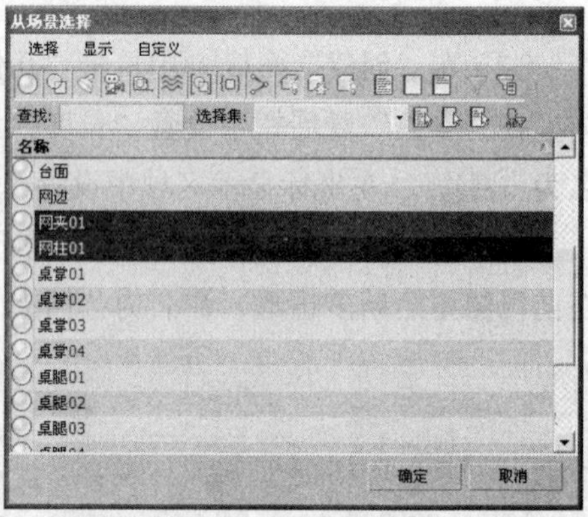

图 1-1-29　"从场景选择"对话框

（13）单击"镜像"工具 ，打开镜像对话框，设置"镜像轴"为 X，"偏移"为 1 710 mm，选择"实例"单选按钮，单击"确定"按钮，如图 1-1-30 所示。

（14）调整透视图到合适角度，场景渲染效果如图 1-1-1 所示。

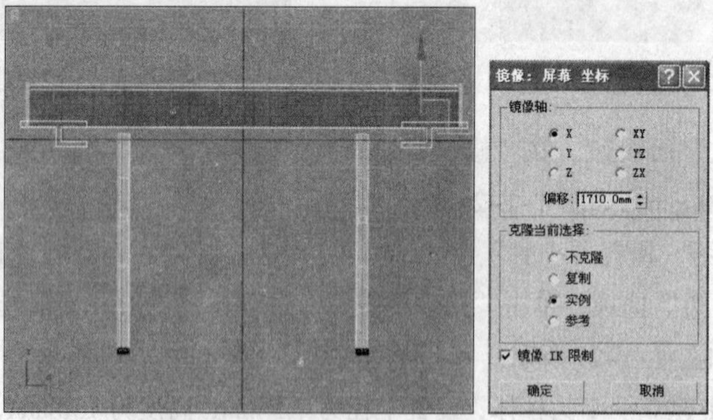

图 1-1-30　通过"镜像"工具生成"网夹 02""网柱 02"

相关知识

1. 界面认识

首先运行 3ds Max 2012，进入系统主界面，窗口背景显示为黑色，执行菜单栏中"自定义"

|"加载自定义用户界面方案..."命令，在弹出的窗口中打开 3ds Max 安装目录 3ds Max 2012\UI 下的 3dsMax2009.ui，系统界面转变为熟悉的 3ds Max 2009 风格的界面，如图 1-1-31 所示。

① "应用程序"按钮：单击该按钮时显示的"应用程序"菜单提供了文件管理命令。

② 快速访问工具栏：提供一些最常用的文件管理命令。

③ 信息中心：通过信息中心可访问有关 3ds Max 和其他 Autodesk 产品的信息。

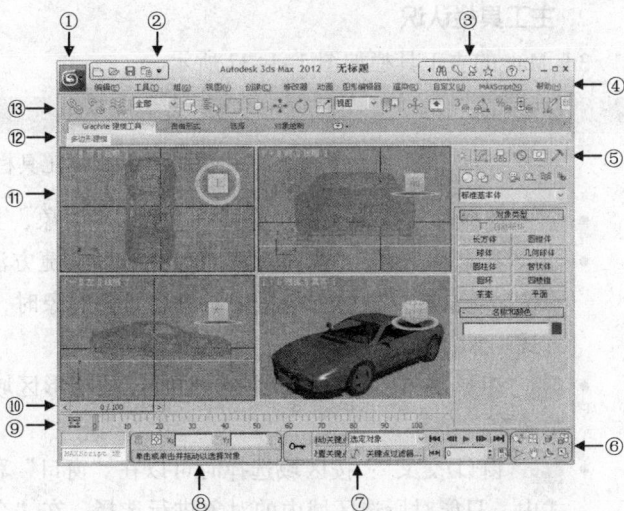

图 1-1-31　3ds Max 2012 的操作界面

④ 菜单栏：位于标题栏的下方，共由 13 个菜单组成，每个菜单的标题表明该菜单上命令的用途。

⑤ 命令面板：位于屏幕的最右侧，主要用来创建和修改对象，包括"创建"、"修改""层次"、"运动"、"显示"、"工具" 6 个面板，可以访问绝大部分建模和动画命令，根据需要用户可以将命令面板拖放至任意位置。

⑥ 视图控制区：主要用来对工作视图的显示进行控制。

⑦ 动画控制区：用来进行动画的制作、时间配置和播放。

⑧ 状态栏和提示行：用来显示场景和当前命令提示，以及当前系统所处状态和信息。

⑨ 轨迹栏：提供了显示帧数（或相应的显示单位）的时间线。这为用于移动、复制和删除关键点，以及更改关键点属性的轨迹视图提供了一种便捷的替代方式。

⑩ 时间滑块：显示当前帧并可以通过它移动到活动时间段中的任何帧上。右击滑块栏，打开"创建关键点"对话框，在该对话框中可以创建位置、旋转或缩放关键点而无须使用"自动关键点"按钮。

⑪ 视图区：在默认状态下一般由 4 个视图组成，分别是顶视图、前视图、左视图、透视图。具有黄色边框的为当前视图。窗口中还提供了两种视图导航工具：ViewCube 和 SteeringWheels。

- ViewCube：该工具是指视图右上角标有文字的工具，利用该工具可使用户从不同的角度环绕或查看对象变得更容易。执行"视图"|"视口配置"命令，在打开的"视口配置"窗口中选择 ViewCube 选项，勾选或去掉"显示 ViewCube"前面复选框的对勾可以显示或隐藏 ViewCube 工具。

- SteeringWheels：该工具是指视图中跟随鼠标移动的圆形工具，利用该工具可以进行"缩放""平移""动态观察""设定中心"等操作。该工具关闭以后，用户可以通过执行菜单栏中"视图"|SteeringWheels|"切换 SteeringWheels"命令打开该工具。

⑫ 建模功能区：提供了编辑多边形对象所需的所有工具。

⑬ 主工具栏：通过主工具栏可以快速访问 3d Max 中用于执行常见任务的工具和对话框。

2. 主工具栏认识

3ds Max 的主工具栏如图 1-1-32 所示。

图 1-1-32　主工具栏

- "选择对象"：在视图中选择一个或多个对象，当对象被选中时，会以高亮的方式显示。
- "按名称选择"：选择对象的另外一种快捷方法。按键盘上的【H】键，然后在列表中按名称选择对象。当场景中有许多重叠对象时，这是确保正确选择对象的最为可靠的方式。
- "矩形选择区域"：拖动鼠标时创建的矩形区域，区域内和区域触及到的所有对象均被选定。
- "窗口/交叉"：按区域选择时可以在"窗口"和"交叉"模式间切换。在"窗口"模式中，只能对所选区域内的对象进行选择。在"交叉"模式中，可以选择区域内的所有对象，以及与区域边界相交的任何对象。
- "选择并移动"：在场景中选择并移动对象，当用户需要精确定位对象的位置时，可以选定要定位的对象，用鼠标右击"选择并移动"按钮，将弹出如图 1-1-33 所示的"移动变换输入"对话框，在其中可以输入精确的位置坐标，也可以在屏幕下方信息区及状态行的相应文本框中，直接键入对象的目标位置。移动时按住【Shift】键，会复制出当前操作对象。
- "选择并旋转"：在场景中选择并旋转对象。单击并拖动单个轴向，可以进行单个方向旋转，视图中红、绿、蓝三种颜色的圆分别代表了 X、Y、Z 轴，选中某个轴将会以黄色显示。当需要精确定位对象旋转角度时，可选定要旋转的对象，右击"选择并旋转"按钮，弹出如图 1-1-34 所示的"旋转变换输入"对话框，使用方法与移动选项基本相同。旋转时按住【Shift】键，会对当前操作对象旋转复制。

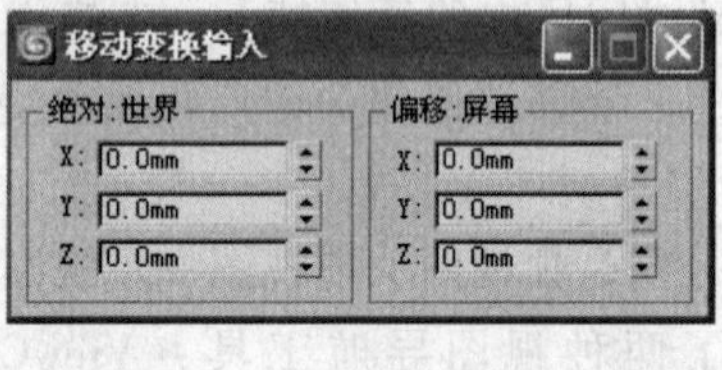

图 1-1-33　"移动变换输入"对话框 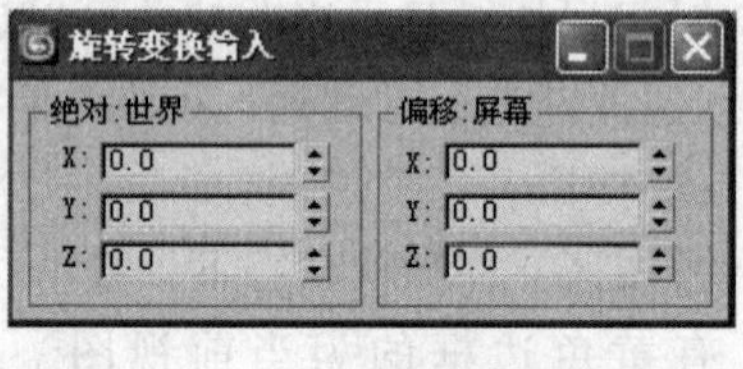　　　　图 1-1-34　"旋转变换输入"对话框

- "选择并均匀缩放"：在场景中选择对象并均匀缩放。用户可以在三个轴向以相同量缩放对象，同时保持对象的原始比例。按住左键不放会弹出一系列按钮供选择。缩放时按住【Shift】键，同样也会复制出当前操作对象。
- "选择并非均匀缩放"：可以在指定坐标轴上对选择对象进行不等比缩放，缩放时体积和比例都会改变。
- "选择并挤压"：可以在指定坐标轴上对选择对象进行挤压变形，缩放时只改变对象形状，对象体积保持不变。
- "三维捕捉开关"：可以捕捉三维空间内所有几何体，既可以捕捉栅格也可以捕捉切换、中点、轴点、面中心等，右击该按钮弹出"栅格和捕捉设置"对话框，如图 1-1-35 所示。

- 25 "二点五维捕捉开关"：它是将三维空间的特殊类型对象捕捉到二维平面上，就好像在一块透明物体上画出透过这个透明物体所看到的三维物体一样。

- 2 "二维捕捉开关"：可以捕捉二维空间平面上的点、曲线和无厚度的表面造型，只捕捉二维平面图形，不捕捉三维对象。

- △ "角度捕捉开关"：用于设定进行旋转操作时的角度间隔，默认设置为以 5° 的增量进行旋转，右击该按钮会弹出"栅格与捕捉设置"对话框，可以设置捕捉角度，如图 1-1-36 所示。

图 1-1-35 "栅格与捕捉设置"对话框   图 1-1-36 设置角度捕捉

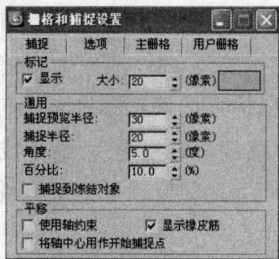

- %m "百分比捕捉切换"：通过指定的百分比增加对象的缩放。

- 镜像 "镜像"：将选定对象沿设置轴进行镜像复制。

- 对齐 "对齐"：将选中对象与目标对象进行对齐。

- "材质编辑器"：单击该按钮会弹出"材质编辑器"对话框，可以完成对象材质的设置、编辑等操作，快捷键为【M】键。

- "渲染场景"：单击该按钮会弹出"渲染场景"对话框，可以对场景各项渲染参数进行设置，快捷键为【F10】键。

- "渲染产品"：依据渲染场景对话框中产品质量输出的设置，进行产品级别的快速渲染，快捷键为【F9】键。

3. 命令面板区

命令面板是进行建模和修改等工作的主要区域，其功能非常强大，如图 1-1-37 所示。

- "创建面板"："创建"面板中物体类型共有 7 种，包括几何体、图形、灯光、摄像机、辅助物体、空间扭曲和系统。在创建这些物体时，可以直接进行修改或设定，如果创建完对象后执行了其他命令，再想修改先前创建的对象的参数，则需进入"修改面板"来完成。

图 1-1-37 命令面板

- "修改面板"：可以改变现有对象的创建参数；应用修改命令调整一组物体或单独物体的几何外形；可进行子对象层级的选择和参数修改；可删除修改器命令；可转换参数物体为可编辑物体。

- "层次面板"：主要用于调节相互连接的物体之间的层级关系。层级命令面板中包括三个命令项目：轴心点、反向运动、链接信息。

- "运动面板"：提供了对选择物体的运动控制能力，可以控制它的运动轨迹以及为它指定各种动画控制器，并且对各个关键点的信息进行编辑操作。它主要配合轨迹视图一同完成动作的控制，分为缓冲参数和轨迹两部分。

- ⊡ "显示面板"：主要用于控制场景中各种物体需要显示（或隐藏）的情况，通过显示、隐藏、冻结等控制，更好地完成效果图制作，加快效果图的制作速度。
- ⚒ "工具面板"：在默认状态下，只列出了 9 个项目，包括资源浏览器、相机匹配、测量、运动捕获等。选择了相应的程序之后，下方就会显示相应的参数控制面板。

4. 视图控制区

视图控制区由 8 个按钮组成，如图 1-1-38 所示。

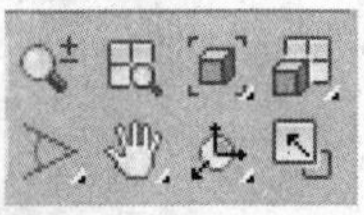

- ⚲ "缩放"：缩小或放大当前视图。单击该按钮，在视图中向上拖动鼠标可把该视图放大；向下拖动鼠标可把该视图缩小。

图 1-1-38 视图控制区

- ⊞ "缩放所有视图"：缩小或放大所有视图。单击该按钮，在视图中向上拖动鼠标可把所有视图放大；向下拖动鼠标可把所有视图缩小。
- ⊡ "最大化显示"：使场景中所有对象在当前视图中全部显示出来。
- ⊞ "所有视图最大化显示"：使场景中的对象在所有视图中都能全部显示出来。
- ▷ "缩放区域"：在视图中框选出一块矩形区域，可对这块区域放大显示。
- ✋ "平移视图"：在视图中拖动鼠标，可对视图进行平移。
- ⚲ "弧形旋转"：使用该按钮可以使视图围绕中心自由地旋转。
- ⬓ "最大化视口切换"：该按钮可以使视图在只显示一个和 4 个视图同时显示两个状态之间切换，快捷键为【Alt+W】组合键。

5. 对象复制

在建模时，经常需要制作许多属性相同的对象，通过对象复制不但可以加快建模速度，而且便于修改。常用的对象复制方法有以下几种：

（1）使用菜单中"克隆"命令。选择要复制的对象，然后执行"编辑"|"克隆"命令，或者按【Ctrl+V】组合键，打开"克隆选项"对话框，如图 1-1-39 所示，复制后对象与原对象重合在一起。

- "复制"选项：复制对象与原对象是完全独立、互不影响的。修改一个对象时，不会对另外一个对象产生影响。
- "实例"选项：复制对象与原对象是完全关联、相互影响的。修改其中任何一个对象时，均会影响到另外一个对象。
- "参考"选项：参考对象之前修改器参数修改时，这两个对象是相互影响的，修改其中任何一个对象时，均会影响到另外一个对象；新修改器参数改变时，影响是单向的，修改原对象时会影响到复制对象，修改复制对象时不影响原对象。

（2）按【Shift】键快速复制。按住【Shift】键配合移动、旋转或缩放工具，可以实现任意复制，这是 3ds Max 中最方便实用且使用率最高的一种复制方式。

- 【Shift】键移动复制：按住【Shift】键移动茶壶物体一段距离后松开左键，会弹出如图 1-1-40 所示的对话框，设置副本数，单击"确定"按钮对茶壶进行复制，效果如图 1-1-41 所示。

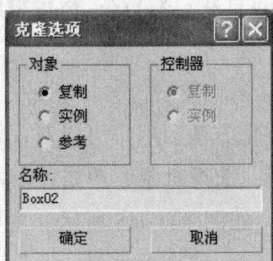

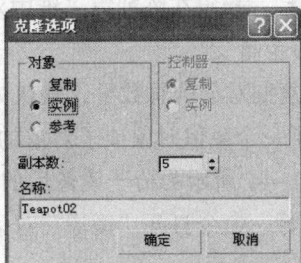

图 1-1-39　"克隆选项"　　图 1-1-40　【Shift】键移动复制　　图 1-1-41　移动复制效果
　　　　对话框

- 【Shift】键旋转复制：按住【Shift】键旋转物体可以实现物体的旋转复制。水平旋转茶壶物体一定角度松开左键，复制效果如图 1-1-42 所示。

（3）"阵列"命令。阵列工具是一个非常重要且功能强大的复制工具，它可以同时复制出多个相同对象，同时可创建一维、二维、三维阵列。执行"工具"｜"阵列"命令，打开"阵列"对话框，如图 1-1-43 所示。

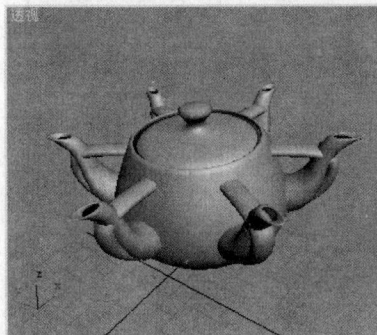

图 1-1-42　旋转复制效果　　　　　图 1-1-43　"阵列"对话框

① "阵列变换"选项组：用于指定以哪种方式进行变换。

- "移动"：指定阵列中沿 X、Y、Z 轴方向每个对象之间的距离。
- "旋转"：指定阵列中每个对象围绕 X、Y、Z 轴旋转的度数。
- "缩放"：指定阵列中每个对象沿 X、Y、Z 轴的缩放百分比。

② "对象类型"选项组：指定阵列中对象复制的方式。

③ "阵列维度"选项组：用于指定创建维数是一维、二维还是三维。

- "1D"：根据"阵列变换"选项组中的设置，创建一维阵列；"数量"：指定在阵列中对象的总数。
- "2D"：创建二维阵列；"数量"：指定在阵列第二维中对象的总数；"X/Y/Z"：指定沿阵列第二维的每个轴向的增量偏移距离。

- "3D"：创建三维阵列；"数量"：指定在阵列第三维中对象的总数；X/Y/Z：指定沿阵列第三维的每个轴向的增量偏移距离。

④ "阵列中的总数"：显示阵列复制对象的总数量，默认为 10。

（4）镜像。"镜像"修改器提供了一个镜像对象或子对象的参数化方法。用户可以对任何类型的几何体应用镜像修改器，图 1-1-44 所示为椅子镜像后的效果。选择对象，单击工具栏中"镜像"工具▷▷或执行"工具"｜"镜像"命令打开"镜像"对话框，如图 1-1-45 所示。主要选项作用如下：

- "镜像轴"：用来设定镜像方向，默认情况为 X 轴。
- "偏移"：用来指定镜像对象轴点距原对象轴点之间的距离。
- "克隆当前选择"：确定由镜像创建对象的类型。默认设置为"不克隆"。

（5）间隔工具。间隔工具将对象沿着路径进行分布，路径是由样条线或成对的点来定义。用户可以定义路径，也可以确定对象之间间隔的方式以及对象的交点是否与样条线的切线对齐。图 1-1-46 所示为使用间隔工具将小蚂蚁排列在弯曲道路上。执行"工具"｜"对齐"｜"间隔工具"命令，打开"间隔工具"对话框，如图 1-1-47 所示。

图 1-1-44　椅子镜像效果　图 1-1-45　"镜像"对话框　图 1-1-46　"间隔工具"效果　图 1-1-47　"间隔工具"对话框

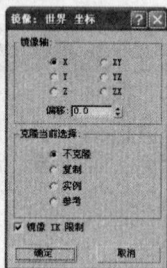

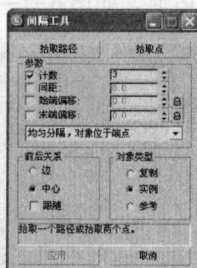

技能训练

根据前面所学的建模方法制作一把椅子，效果如图 1-1-48 所示。

要求：

（1）使用切角长方体制作椅子面。

（2）使用长方体制作四条椅腿与横掌。

（3）使用移动、旋转等工具调节各对象空间位置。

图 1-1-48　椅子效果

学习评价

任务评价表如表 1-1-1 所示。

表 1-1-1　任务评价表

类别	内容		评价		
	学习目标	评价项目	3	2	1
职业能力	能制作几何体	能建立几何体			
		能修改几何体参数			
		能调整几何体的空间位置			
	能灵活运用常用工具	能使用选择工具			
		能灵活运用视图控制区各工具			
		能使用镜像、对齐工具			
通用能力	造型能力				
	审美能力				
	组织能力				
	解决问题的能力				
	自主学习的能力				
	创新能力				
综合评价					

思考与练习

（1）3ds Max 2012 的主界面分为哪几部分，各部分的主要作用是什么？

（2）如何显示被关闭的主工具栏或命令面板？

（3）有哪几种方法可以复制物体对象？

任务二　球拍与球的制作——修改器的使用

任务描述

本任务主要是利用修改器来完成乒乓球拍、乒乓球模型的制作，制作的最终效果如图 1-2-1 所示。

任务分析

乒乓球拍与球是人们非常熟悉的，为了使制作的效果更加具有真实性，因此要求各部分的比例一定要协调。首先绘制出球拍部分的圆形和矩形曲线，使用布尔运算制作球拍底板截面，对截面使用"挤出"修改器生成球拍底板对象；然后采用相同方法完成两侧胶面对象制作；最后将圆球转化为可编辑网格后编辑制作出乒乓球。

图 1-2-1　任务二效果图

方法与步骤

1. 制作球拍

> **提示：**
> ① 创建椭圆与矩形制作球拍底板截面；② 对截面曲线修剪、圆角处理；③ 使用挤出修改器生成底板对象；④ 创建椭圆并挤出形成球拍胶面；⑤ 使用布尔运算对胶面进行修整；⑥ 创建椭圆挤出后再用布尔运算制作球拍手柄。

（1）在"创建"面板　中选择"图形"类别　，在"对象类型"卷展栏中单击"椭圆"按钮。在顶视图中建立一个椭圆，命名为"底板"，在"参数"卷展栏中将"长度"设为 150 mm，"宽度"设为 170 mm，如图 1-2-2 所示。

（2）在"对象类型"卷展栏中单击"矩形"按钮，在顶视图建立矩形，设置"长度"为 30 mm，"宽度"为 80 mm，如图 1-2-3 所示。

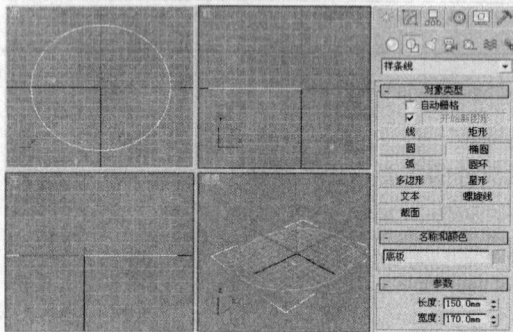

图 1-2-2　创建椭圆

图 1-2-3　创建矩形

（3）选中"底板"对象，进入"修改"面板　，在 Ellipse 上右击，执行快捷菜单中的"转化为：可编辑样条线"命令。单击"可编辑样条线"左边的符号　，选择"线段"项，进入"线段"子对象层级，在"几何体"卷展栏中单击"附加"按钮，选择之前建立的 Rectangle01，如图 1-2-4 所示。

（4）选择"样条线"选项，进入"样条线"子对象层级，在"几何体"卷展栏中单击"修剪"按钮，单击重叠部分的曲线，修剪掉多余线条，如图 1-2-5 所示。

图 1-2-4　将椭圆与矩形附加为一个物体

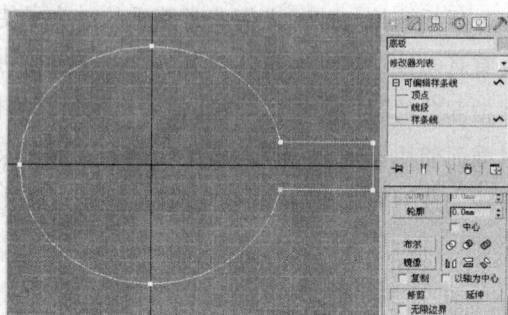

图 1-2-5　修剪多余线条

（5）单击"顶点"，进入"顶点"子对象层级。在顶视图中选择矩形与椭圆两个交点，在"几何体"卷展栏中"焊接"按钮右边文本框中数值设为 1 mm，单击"焊接"按钮，如图 1-2-6 所示。

（6）再次选择上面焊接的两点，单击"圆角"按钮，在顶点上向上拖动鼠标，使之产生圆角效果，如图 1-2-7 所示。

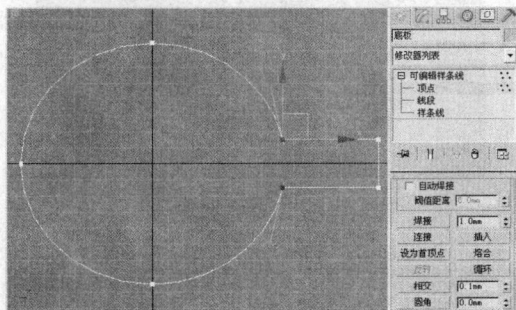

图 1-2-6　焊接交点

图 1-2-7　对交点圆角处理

（7）在"修改器列表"下拉列表框中选择"挤出"修改器，设置"数量"为 8 mm，如图 1-2-8 所示。

（8）在顶视图建立椭圆，命名为"胶垫 01"，"长度"为 150 mm，"宽度"为 170 mm，如图 1-2-9 所示。

图 1-2-8　对"底板"使用挤出修改器

图 1-2-9　创建"胶垫 01"

（9）进入"修改"面板 ，在"修改器列表"中选择"挤出"修改器，设置"数量"为 1.5 mm，如图 1-2-10 所示。

（10）执行"工具"｜"对齐"｜"对齐"命令，在顶视图中选择"底板"，打开对齐对话框，选择"Z 位置"，"当前对象"选择"最小"单选按钮，"目标对象"选择"最大"单选按钮，单击"确定"按钮，如图 1-2-11 所示。

（11）在"创建"面板 中选择"几何体"类别 ，在"对象类型"卷展栏中单击"长方体"按钮。在顶视图中建立长方体，"长度"为 120 mm，"宽度"为 40 mm，"高度"为 15 mm，如图 1-2-12 所示。

（12）选择"胶垫 01"，进入"创建"面板 ，选择"复合对象"，在"对象类型"卷展栏中单击"布尔"按钮，再单击"拾取操作对象 B"按钮，然后选择刚建立的长方体，完成球拍胶面的制作，如图 1-2-13 所示。

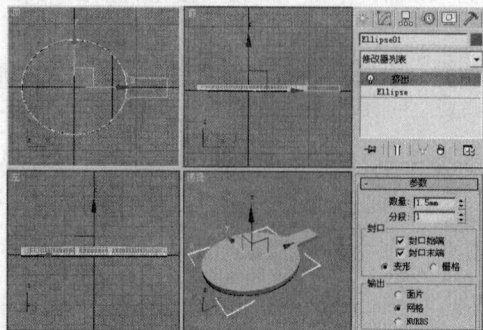

图 1-2-10　对"胶垫 01"使用挤出修改器

图 1-2-11　对齐"胶垫 01"

图 1-2-12　创建长方体

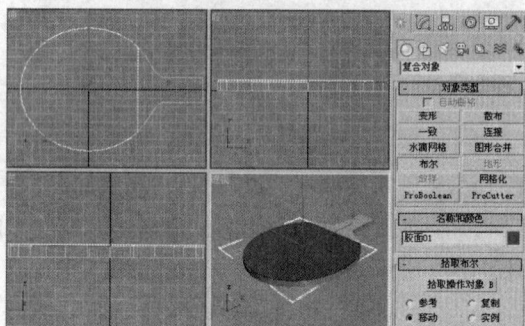

图 1-2-13　通过布尔完成"胶垫 01"制作

（13）按【H】键打开"从场景选择"对话框，选择"胶垫 01"和"底板"，单击"选择"按钮。执行"编辑"|"克隆"命令，打开"克隆选项"对话框，选择"实例"，单击"确定"按钮，复制出对象"胶垫 02"和"底板 01"，如图 1-2-14 所示。

（14）选择"胶垫 02"，执行"工具"|"对齐"|"对齐"命令，在左视图选择"底板"，打开"对齐当前选择（底板）"对话框，勾选"Y 位置"，"当前对象"选择"最大"单选按钮，"目标对象"选择"最小"单选按钮，如图 1-2-15 所示。

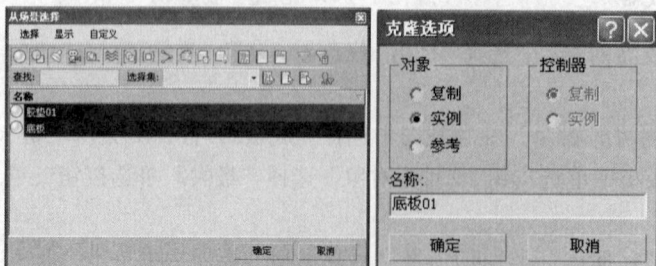

图 1-2-14　复制生成"胶垫 02"和"底板 01"

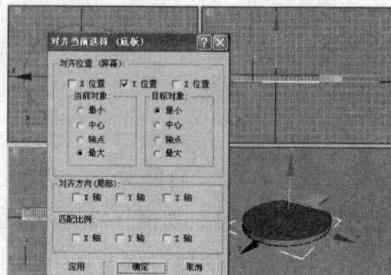

图 1-2-15　调整"胶垫 02"位置

（15）切换到左视图，绘制一个短轴由 25 mm、长轴为 32 mm 的椭圆。进入"修改"面板 ，在"修改器列表"中选择"挤出"修改器，设置"数量"为 78 mm，命名为"手柄"，如图 1-2-16 所示。

（16）执行"工具"|"对齐"|"对齐"命令，在左视图选择"底板"，在打开的对齐对话框中选择"X 位置"和"Y 位置"复选框，"当前对象"与"目标对象"均选择"中心"，单击"确定"按钮，如图 1-2-17 所示。

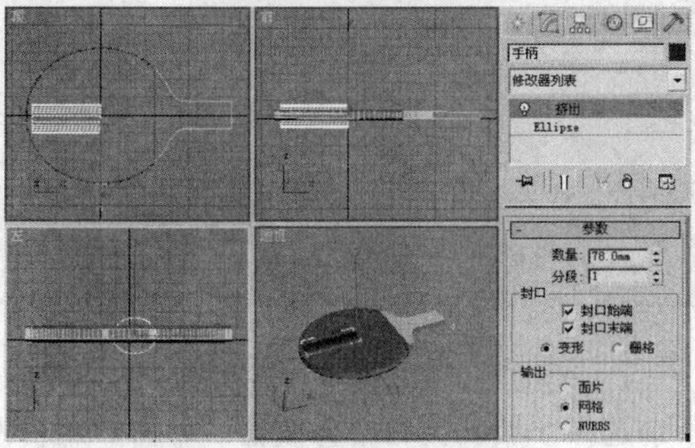

图 1-2-16　创建"手柄" 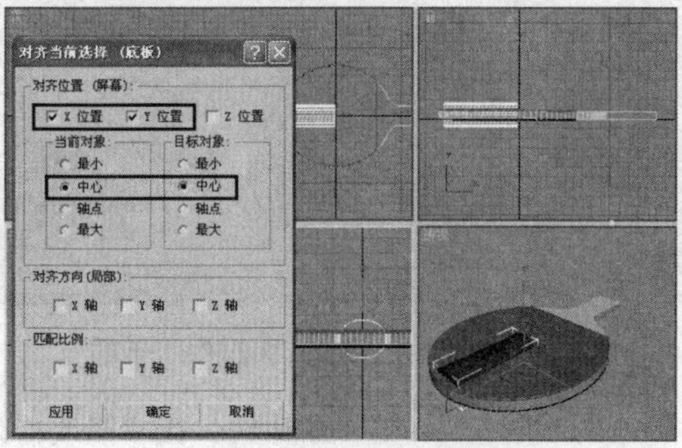　　　　　　　　图 1-2-17　对齐"手柄"

（17）进入"创建"面板，选择"复合对象"，在"对象类型"卷展栏中单击"布尔"按钮，再单击"拾取操作对象 B"按钮，然后选择"底板 01"。调整"手柄"位置，如图 1-2-18 所示。

（18）在顶视图创建一个长 40 mm、宽 40 mm、高 20 mm 的长方体。在工具栏中右击"选择并旋转"工具，在弹出的"旋转变换输入"对话框中设置屏幕 Y 坐标为-20，然后按【Enter】键。调整长方体位置，如图 1-2-19 所示。

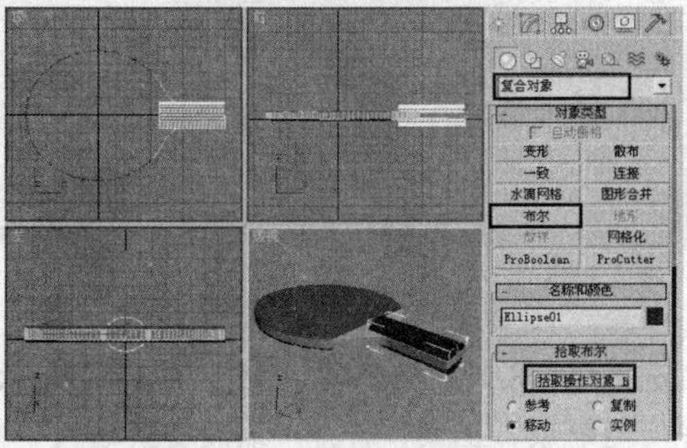

图 1-2-18　调整"手柄"位置 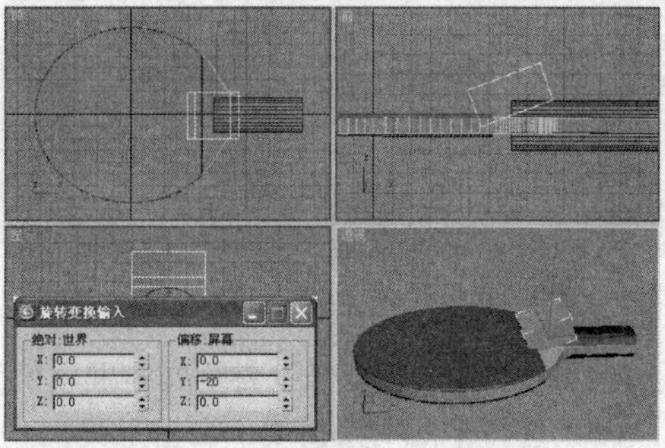　　　　　　图 1-2-19　调整长方体位置

（19）选择"手柄"，进入"创建"面板选择"复合对象"，单击"对象类型"卷展栏中的"布尔"按钮，再单击"拾取操作对象 B"按钮，然后选择刚建立的长方体。手柄制作效果如图 1-2-20 所示。

2. 乒乓球的制作

> **提示：**
> ① 使用球体创建乒乓球；② 对球体添加编辑网格修改器；③ 使用切角命令制作乒乓球中间的凹线；④ 使用网格平滑命令对乒乓球平滑处理。

（1）单击"创建"面板 "几何体"类别 中的"球体"按钮，在顶视图创建球体，命名为"乒乓球"，"半径"为 20 mm，如图 1-2-21 所示。

图 1-2-20　使用布尔运算制作"手柄"

图 1-2-21　创建球体

（2）进入"修改"面板，在"修改器列表"中选择"编辑网格"修改器。单击"编辑网格"左边的符号，进入"边"子对象层级。在主工具栏单击"窗口/交叉"按钮，使之处于按下状态。在前视图选择球体中间的横线，如图 1-2-22 所示。

（3）在"编辑几何体"卷展栏中设置"切角"右侧文本框数值为 0.1mm，按【Enter】键确认，如图 1-2-23 所示。

图 1-2-22　球体转化为可编辑多边形

图 1-2-23　设置"切角"一

（4）再次设置"切角"右侧文本框数值为 0.5 mm，按【Enter】键确认，如图 1-2-24 所示。

（5）选择中间两条横线，右击工具栏"选择并均匀缩放"工具，打开"缩放变换输入"对话框，从中设置"偏移：屏幕"为 99，按【Enter】键确认，如图 1-2-25 所示。

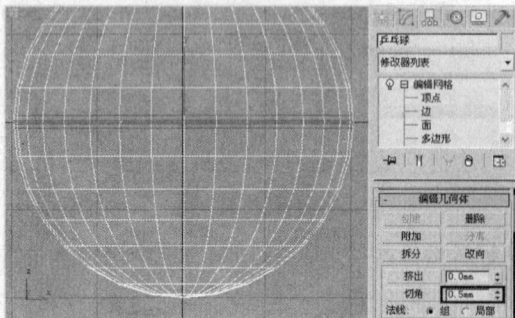

图 1-2-24　设置"切角"二

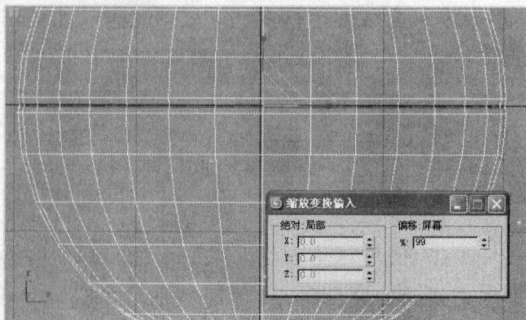

图 1-2-25　"缩放变换输入"对话框

（6）进入"修改"面板 ，在"修改器列表"中选择"网格平滑"修改器，设置"细分量"卷展栏中"迭代次数"为2，如图1-2-26所示。

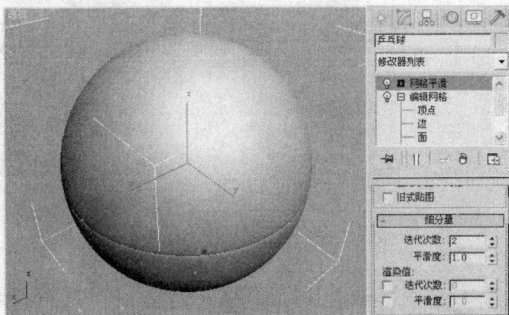

（7）按【F9】键渲染场景，渲染后效果如图1-2-1所示。

（8）保存场景文件，以"球拍与球"为文件名进行保存。

图1-2-26 选择"网格平滑"修改器

相关知识

在模型制作过程中，如果要修改对象参数或进行二次加工，就需要通过"修改"面板来完成。它可以对物体施加各种修改，并且每次改动都会在修改器堆栈中记录下来，下面介绍几种常用的修改器。

1."挤出"修改器

"挤出"修改器的功能就是将二维图形沿某个坐标轴进行挤出，使对象产生厚度并最终形成三维模型，参数面板如图1-2-27所示。

- "数量"：设置二维图形挤出厚度。
- "分段"：设置挤出的段数。
- "封口"选项组：设置是否为三维对象两端加封口。"封口始端"和"封口末端"决定是否增加三维对象始端和末端的封口。
- "输出"选项组：设置三维对象的类型。

图1-2-28所示为对文字及其他的挤出效果。

图1-2-27 "挤出"修改器参数面板

图1-2-28 挤出效果

2."编辑样条线"修改器

在图形对象上右击，在弹出快捷菜单中执行"转换为"|"可编辑样条线"命令，可将图形对象转换为可编辑的样条线对象。该命令提供了将所选图形对象作为样条线并以以下三个子对象层级进行操纵的命令——顶点、线段和样条线。将图形转化为可编辑样条线后，其创建参数将消失，不可再更改，如图1-2-29所示。

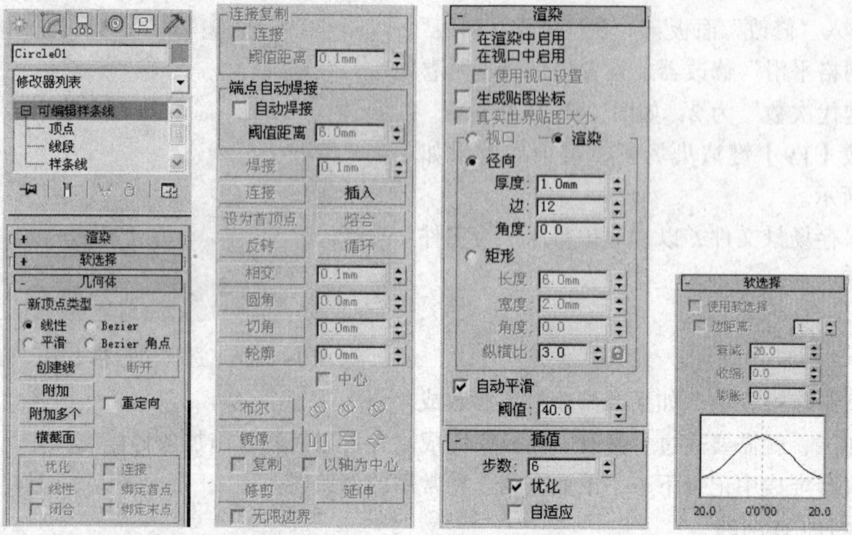

图 1-2-29　可编辑样条线参数

（1）"几何体"卷展栏：

- "新顶点类型"选项组：使用此选项组中的单选按钮可以确定在使用【shift】键复制线段或样条线时创建的新顶点的切线。
- "创建线"：绘制新的曲线并把它加入当前曲线中。
- "断开"：在选定的点处拆分样条线，从而将线段断开。
- "附加"：将场景中的其他样条线附加到当前样条线并合并成一体。
- "重定向"：勾选此项，使新加入的曲线移动到原样条线的位置。
- "附加多个"：可以同时选择多个样条线并将其合并到当前曲线上。
- "优化"：可在曲线上添加新的控制点。按钮后的 5 个复选框用于设置加点方式。
- "自动焊接"：样条阈值范围内顶点会自动焊接，阈值范围可以设定。
- "焊接"：手动焊接样条线上被选中的并且在阈值范围内的顶点。
- "连接"：在两个断开顶点之间生成样条线，使断开顶点连接成闭合曲线。
- "插入"：插入一个或多个顶点，以创建其他线段。
- "相交"：在交叉的多个曲线的同一位置分别插入一个顶点。
- "圆角"：通过拖动鼠标，在选择点位置创建圆角，也可以通过后面数值精确调整圆角大小。
- "切角"：为选定顶点或边界创建一个斜面。
- "轮廓"：为选定样条曲线偏移出一个轮廓。
- "布尔"：可以将两个样条曲线按并集、交集或差集方式合并到一起。
- "镜像"：对所选样条线进行水平、垂直、对角镜像。
- "修剪"：可以删除样条线上交叉的曲线。
- "延伸"：将开放样条线的一条曲线拉长，使开放的样条线闭合。

（2）"渲染"卷展栏：

- "在渲染器中启用"：选择该选项，可将图形对象渲染输出。
- "在视口中启用"：启用该选项后，按下面的渲染参数设置在视图中显示图形对象。

- "使用视口设置"：设置不同的渲染参数，并显示"视口"设置所生成的网格。
- "生成贴图坐标"：启用此项可应用贴图坐标。默认设置为禁用状态。
- "视口/渲染"：为该图形指定径向或矩形参数。
- "径向"：将 3D 网格显示为圆柱形对象。
- "厚度"：指定视口或渲染样条线网格的直径，默认设置为 1.0。
- "边"：在视口或渲染器中为样条线网格设置边数（或面数）。
- "角度"：调整视口或渲染器中横截面的旋转位置。
- "矩形"：将样条线网格图形显示为矩形。
- "纵横比"：设置矩形横截面的纵横比。
- "长度"：指定沿着局部 Y 轴的横截面大小。
- "宽度"：指定沿着局部 X 轴的横截面大小。
- "角度"：调整视口或渲染器中横截面的旋转位置。
- "自动平滑"：如果启用该项，则使用其下方"阈值"设置指定阈值，自动平滑该样条线。
- "阈值"：指定阈值角度。如果任何两个相接的样条线分段之间的角度小于阈值角度，则放到相同的平滑组中。

（3）"插值"卷展栏：

- "步长"：设置样条曲线每个顶点之间的划分数量，即步长。使用的步长越多，显示的曲线越平滑，如图 1-2-30 所示。样条线步数可以自适应，也可以手动指定。
- "优化"：启用该项后，可以从样条线的直线线段中删除不需要的步数。
- "自适应"：自动设置每个样条线的步长数，以生成平滑曲线。

（4）"软选择"卷展栏：

- "使用软选择"：启用该选项，3ds Max 会将样条线曲线变形应用到所变换的选择周围的未选定子对象。
- "边距离"：启用该选项，将软选择限制到指定的面数，该选择在进行选择的区域和软选择的最大范围之间。
- "影响背面"：启用该选项，允许选择功能影响背面的次级对象。
- "衰减"：确定影响区域的衰减曲线半径。
- "收缩"：可将衰减曲线的中间变得尖锐。
- "膨胀"：可将衰减曲线的中间变得平滑。

3. "网格平滑"修改器

"网格平滑"修改器可以对场景中几何体进行平滑处理，使角和边变圆，如图 1-2-31 所示。

（1）"细分方法"卷展栏：

- "细分方法"列表：
    - NURMS：减少非均匀有理数网格平滑对象。
    - "经典"：生成三面和四面的多面体。
    - "四边形输出"：仅生成四面多面体。
- "应用于整个网格"：启用该项，在堆栈中向上传递的所有子对象选择被忽略，且"网格平滑"应用于整个对象。
- "旧式贴图"：使用 3ds Max 版本 3 算法将"网格平滑"应用于贴图坐标。

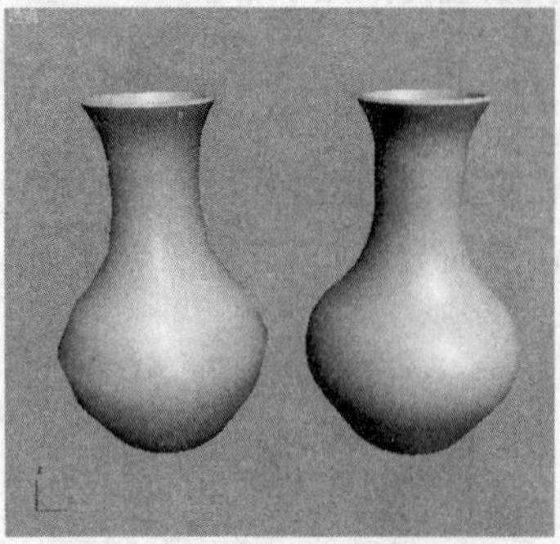

左：步数=1　右：步数=6

图 1-2-30　不同步长平滑效果

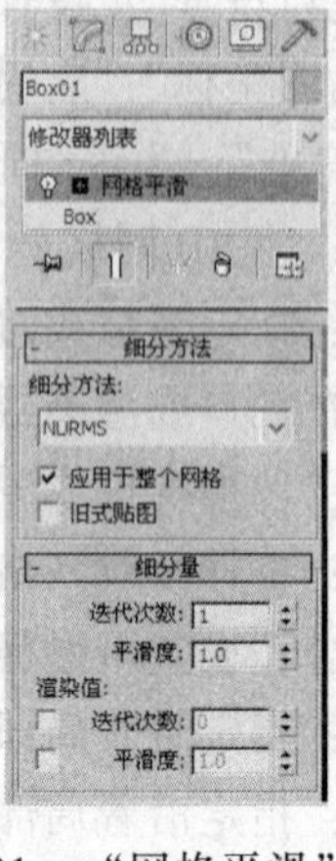

图 1-2-31　"网格平滑"修改器

（2）"细分量"卷展栏：

- "迭代次数"：设置网格细分的次数。增加该值时，每次新的迭代会通过在迭代之前对顶点、边和曲面创建平滑差补顶点来细分网格。默认设置为 0，范围为 0～10。
- "平滑度"：对尖锐的锐角添加面以平滑它。值为 0 时，禁止创建任何面。值为 1 时，会将面添加到所有顶点，即使它们位于一个平面上。
- "渲染值"：用于在渲染时对对象应用不同平滑迭代次数和不同的平滑度值。一般，将使用较低迭代次数和较低平滑度值进行建模以迅速处理低分辨率对象，使用较高值进行渲染生成更平滑的对象。

4. 布尔运算

布尔运算主要对两个以上的对象进行并集、差集、交集运算（见图 1-2-32），以得到新的造型。在 3ds Max 中，布尔运算的灵活性在于构成布尔运算的对象，并仍作为一个对象存在。每个运算对象仍保留它自己的修改器堆栈，并且可以在面板中进行编辑、修改，甚至可以在子对象层次变换运算对象。

布尔运算的拾取方式包括复制、移动、实例和参考 4 种。

- 复制：将原始对象的一个复制品作为运算对象进行运算，不破坏原始对象。
- 移动：将原始对象直接作为运算对象进行运算后，原始对象消失。
- 实例：将原始对象的一个实例复制品作为运算对象进行布尔运算后，修改其中的一个将影响另外一个。
- 参考：将原始对象的一个关联复制品作为运算对象，进行运算后，对原始对象的操作会直接反映在运算对象上，但对运算对象所做的操作不会影响原始对象。

布尔运算的运算方式有以下几种：

- 并集：进行运算的两个对象合并为一个对象，且将两个对象的相交部分删除。
- 交集：将两个运算对象重叠部分保留下来，将不相交的部分删除。
- 差集：从一个对象中减去另一个对象。在进行差集运算时，可选择不同的相减顺序，即可以产生不同的运算结果。差集布尔运算是最常用的一种运算方式。

（a）操作对象 A（左）；操作对象 B（右）　（b）相减：A-B（上）；B-A（下）　（c）并集（上）；交集（下）

图 1-2-32　布尔运算操作结果

- 切割：切割布尔运算方式共有优化、分割、移除内部、移除外部 4 种。
  - ◆ 优化：可以在对象表面创建任意形状的选择区域，而不受网格的限制。
  - ◆ 分割：可以将布尔运算的相交部分，分离为目标对象的一个元素子对象。
  - ◆ 移除内部：将运算对象的相交部分删除，并将目标对象创建为一个空心对象。
  - ◆ 移除外部：将运算对象的相交部分创建为一个空心对象，将其他部分删除。

技能训练

漂亮的茶几为室内增色不少，为了体现时尚和个性十足的风格，下面制作一款具有流线感的半月形茶几，效果如图 1-2-33 所示。

要求：

（1）使用线绘制茶几面截面图形，再使用"挤出"修改器转换为几何体。

（2）使用圆柱体制作茶几腿。

（3）使用倒角圆柱体制作茶几腿的垫脚。

图 1-2-33　茶几效果

学习评价

任务评价表如表 1-2-1 所示。

表 1-2-1　任务评价表

类别	内容		评价		
	学习目标	评价项目	3	2	1
职业能力	能创建基本对象	能建立并修改几何体			
		能绘制与编辑二维曲线			
	能熟练使用修改器	能使用"挤出"修改器			
		能使用"编辑样条线"修改器			
		能使用"网格平滑修"改器			
通用能力	造型能力				
	审美能力				
	组织能力				
	解决问题的能力				
	自主学习的能力				
	创新能力				
综合评价					

思考与练习

（1）场景对象使用网格平滑修改器后有什么效果？
（2）布尔运算提供了哪几种运算方式？
（3）在制作球拍时，绘制的圆和矩形是如何变成球拍截面的？

任务三 制作活动室——模型合并、编辑网格

任务描述

为了表现全民参与、积极锻炼身体的热情，这里创建了一个室内环境，并使用"全民健身"四个大字烘托气氛。本任务主要运用模型合并、编辑网格来完成活动室的制作，最终效果如图 1-3-1 所示。

图 1-3-1 任务三效果图

任务分析

首先，活动室模型可以使用长方体创建后使用"法线"修改器编辑而成；画框可以由线条轮廓修改后挤出而成，画布由长方体制作；

然后，合并前面制作的所有对象，调整大小并放置到合适位置完成模型制作。

方法与步骤

1. 制作屋角

> **提示：**
> ① 使用长方体制作活动室；② 添加"法线"修改器翻转长方体法线；③ 删除长方体左、后两侧面。

（1）在"创建"面板选择"几何体"类别，在"对象类型"卷展栏中单击"长方体"按钮。在顶视图创建长方体，命名为"活动室"，设置"长度"为 10 000 mm，"宽度"为 8 000 mm，"高度"为 3 500 mm，如图 1-3-2 所示。

（2）进入"修改"面板，在"修改器列表"中选择"法线"修改器，然后添加"编辑网格"修改器，单击"编辑网格"左边的符号，在堆栈中单击"多边形"，进入"多边形"子对象层级，如图 1-3-3 所示。

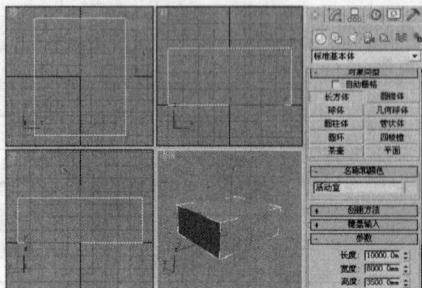

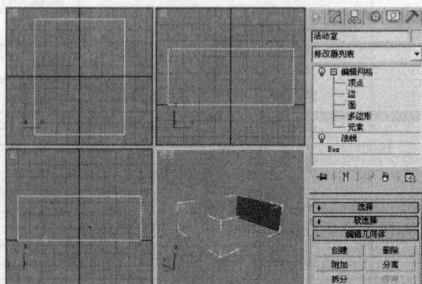

图 1-3-2 制作"活动室"   图 1-3-3 添加"法线"及"编辑网格"修改器

（3）按下工具栏中"窗口/交叉"工具 ，单击"选择对象"工具 ，在顶视图中长方体上侧按住左键画一个选区，选中长方体后侧面，按【Delete】键将其删除，如图 1-3-4 所示。同理，选择并删除长方体左侧面。

2. 制作匾额

> **提示：**
> ① 创建矩形制作匾额对象；② 创建文字并使用"挤出"修改器制作"全民健身"文字。

（1）在"创建"面板 中选择"图形"类别 ，在"对象类型"卷展栏中单击"矩形"按钮。在顶视图建立矩形，命名为"匾额"，设置"长度"为 400 mm，"宽度"为 1 000 mm，调节位置如图 1-3-5 所示。

（2）进入"修改"面板 ，在"修改器列表"中选择"编辑样条线"修改器。单击"编辑样条线"左边的符号 ，进入"样条线"子对象层级，在"几何体"卷展栏中"轮廓"右侧文本框中输入 20 mm，按【Enter】键确认，如图 1-3-6 所示。

图 1-3-4　选择"活动室"后侧面

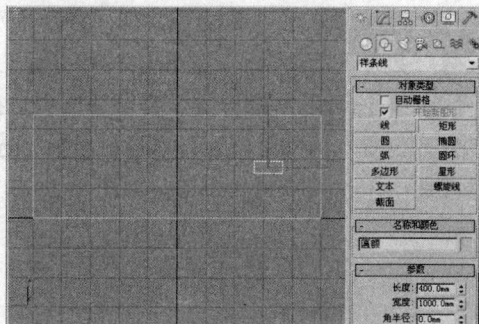

图 1-3-5　创建矩形

（3）在"修改器列表"中选择"挤出"修改器，在"参数"卷展栏中设置"数量"为 20 mm，如图 1-3-7 所示。

图 1-3-6　使用"编辑样条线"修改器

图 1-3-7　使用"挤出"修改器

（4）在"创建"面板 中选择"几何体"类别 ，在"对象类型"卷展栏中单击"长方体"按钮。在顶视图中创建长方体，命名为"匾额 01"，设置"长度"为 380 mm，"宽度"为 980 mm，"高度"为 0 mm，如图 1-3-8 所示。

（5）在"创建" 面板中选择"图形" 类别，在"对象类型"卷展栏中单击"文本"按钮，在"名称和颜色"卷展栏中将颜色设为黑色，在"参数"卷展栏中设置"字体"为华文行楷，"大小"为200 mm，"文本"为"全民健身"，然后在左视图中单击建立"全民健身"文字，如图1-3-9所示。

图1-3-8　创建匾额画布

图1-3-9　制作"全民健身"文本

（6）进入"修改"面板 ，在"修改器列表"中选择"挤出"修改器，在"参数"卷展栏中设置"数量"为2 mm，如图1-3-10所示。

（7）按【Alt+A】组合键，在透视图中选择"匾额01"，打开"对齐当前选择"对话框，设置"对齐位置"为"X位置"，"当前对象"选择"最大"单选按钮，"目标对象"选择"最小"单选按钮，单击"确定"按钮，如图1-3-11所示。

图1-3-10　"挤出"参数

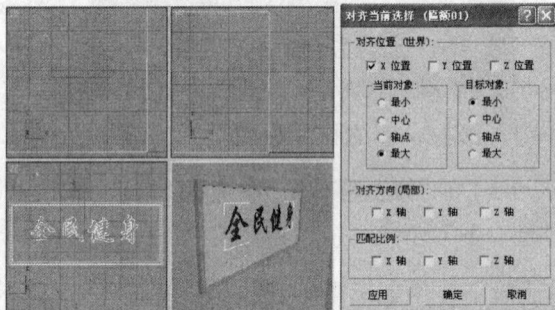

图1-3-11　对齐参数设置

3. 合并对象

> **提示：**
> ① 合并前面制作模型； ② 调整对象大小与位置。

（1）单击"应用程序"按钮 ，执行"导入"I"合并"命令，打开"合并文件"对话框。选择"任务一"中保存的文件"乒乓球桌.max"，单击"打开"按钮，会打开"合并-乒乓球桌.max"对话框。选择所有对象，单击"确定"按钮将对象合并到当前场景中，如图1-3-12所示。

（2）执行"组"I"成组"命令，打开"组"对话框，设置"组名"为球桌，如图1-3-13所示。

图 1-3-12 合并文件

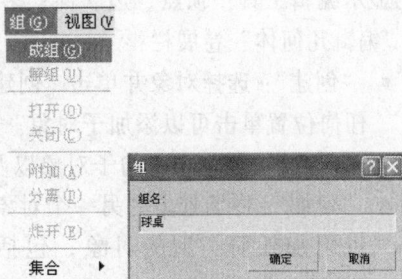

图 1-3-13 "组"对话框

（3）单击工具栏中的"选择并移动"工具 ，调整球桌到合适位置，如图 1-3-14 所示。

（4）单击"应用程序"按钮 ，执行"导入"丨"合并"命令，打开"文件合并"对话框，合并任务二中保存的"球拍与球"，调整位置如图 1-3-15 所示。

图 1-3-14 调整球桌到合适位置

图 1-3-15 合并"球拍与球"到场景

（5）给场景对象赋予材质和灯光，详细方法步骤在后面任务讲述。单击"应用程序"按钮 ，执行"保存"命令，在弹出的"文件另存为"对话框输入文件名"活动室一角.max"。按【F9】键渲染场景，最终渲染效果如图 1-3-1 所示。

相关知识

1."法线"修改器

"法线"修改器是不用加入"编辑网格"修改命令就可以统一或反转物体的法线方向，如图 1-3-16 所示。当使用"法线"修改器时，如果对象出现全黑的现象，可以通过执行"自定义"丨"首选项"命令，在打开的"首选项设置"对话框的"视口"选项卡中勾选"创建对象时背面消隐"，重启软件即可解决。

"参数"卷展栏：

图 1-3-16 "法线"修改器

- "统一法线"：统一对象的法线，这样所有法线都指向同样的方向，通常是向外。
- "翻转法线"：翻转选中对象的全部曲面法线的方向。默认设置为启用。

2. "编辑网格"修改器

"编辑网格"修改器是 3ds Max 最基本的多边形加工方法，提供了选定对象的不同子对象层级的显示编辑工具：顶点、边、面、多边形及元素，如图 1-3-17 所示。

"编辑几何体"卷展栏：

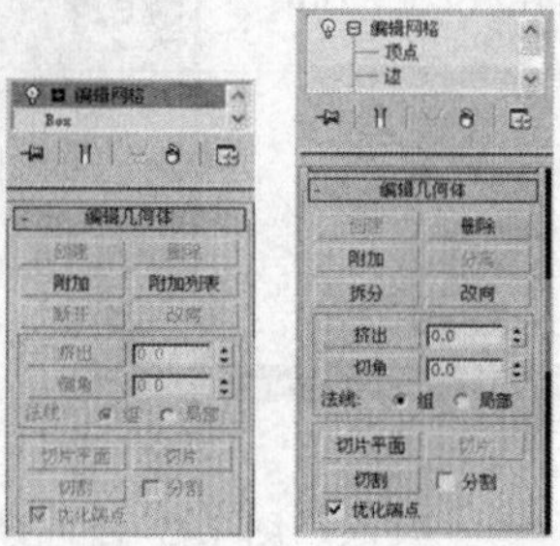

- "创建"：选择对象并单击"创建"按钮后，在空间中的任何位置单击可以添加子对象。
- "删除"：删除选定的子对象以及附加在上面的任何面。
- "附加"：将场景中的另一个对象附加到选定的网格。可以附加任何类型的对象，包括样条线、片面对象和 NURBS 曲面。
- "附加列表"：仅限于对象层级，在场景对象列表框中选择其他对象附加到选定网格。

图 1-3-17 "编辑网格"修改器

- "分离"：仅限于"顶点""面""多边形""元素"层级，将选定子对象作为单独的对象或元素进行分离。同时也会分离所有附加到子对象的面。
- "断开"：为每一个附加到选定顶点的面创建新的顶点，可以移动面使之互相远离它们曾经在原始顶点连接起来的地方。
- "挤出"：可以使用交互（在子对象上拖动）或数值方式（使用微调器）挤出边或面。
- "倒角"：使选定对象在挤出的同时产生倒角效果。
- "切片平面"：显示出一个平面，通过这个平面可以创建一个切割平面。
- "切片"：将显示的平面移动或旋转要切割的位置或方向。单击该按钮即可在该位置或方向创建一个切割平面。
- "切割"：创建切割边界。
- "分割"：将新平面删除而在物体表面形成开裂。
- "优化端点"：控制分割后生成的新顶点和相邻面之间不能产生接缝。默认选中，没有接缝。

技能训练

钟表是人们日常生活中不可缺少的计时工具，下面制作一只造型精美的钟表，效果如图 1-3-18 所示。

要求：

（1）使用标准几何体中管状体制作钟表外壳。

（2）使用圆柱体制作钟表中间的表盘。

（3）使用长方体制作钟表刻度。

（4）建立矩形并挤出制作表针。

（5）创建文字并挤出制作表盘文字。

图 1-3-18 钟表效果

学习评价

任务评价表如表 1-3-1 所示。

表 1-3-1 任务评价表

类 别	内 容		评 价		
	学 习 目 标	评 价 项 目	3	2	1
职业能力	能创建基本对象	能建立文字对象			
		能制作三维文字对象			
	能熟练使用修改器	能使用"法线"修改器			
		能使用"编辑网格"修改器			
		能使用"网格平滑"修改器			
通用能力	造型能力				
	审美能力				
	组织能力				
	解决问题的能力				
	自主学习的能力				
	创新能力				
	综 合 评 价				

思考与练习

（1）对长方体使用"法线"修改器时，如果出现全黑的现象该如何处理？

（2）将合并到场景的对象进行成组操作有什么好处？

（3）对齐工具有什么用途？结合任务实例熟练掌握对齐工具使用技巧。

项目实训　制作雪人

一、项目背景

还记得第一次下雪时的期盼和惊喜吗？还记得第一次堆的雪人吗？大雪过后，来到空地堆起雪娃娃，再为它们精心打扮一番，黑黑的眼睛，红红的鼻子，给童年带来了无限欢乐。

在本次实训中，将一起来制作一个漂亮的雪娃娃，重温童年那份美好的回忆，制作效果如图1-实训-1所示。

二、项目要求

（1）制作雪人身体各部分对象。

（2）制作帽子、围巾对象。

（3）雪人身体各部位空间位置要合适、连接要紧密。

图 1-实训-1 雪人效果图

三、项目提示

（1）雪人的头、身体、眼睛、扣子使用球体来创建。

（2）雪人的帽子用圆柱和圆锥体来创建。

（3）雪人的耳朵、嘴巴用圆环来创建。

（4）雪人的胳膊用切角圆柱体来制作。

（5）雪人的鼻子用圆锥体来创建。

（6）雪人的围巾用圆环和长方体来创建。

四、项目评价

三维空间感觉对本课程来说是至关重要的，本项目通过雪人的制作可以使学生对三维建模有一定了解，对三维场景空间有一个明确认识。

项目实训评价表如表 1-实训-1 所示。

表 1-实训-1　项目实训评价表

类别	内容		评价		
	学习目标	评价项目	3	2	1
职业能力	能制作几何体	能建立几何体			
		能修改几何体参数			
		能调整几何体的空间位置			
	能制作二维曲线	能绘制二维曲线			
		能修改编辑曲线			
	能灵活运用常用工具	能使用选择工具			
		能灵活运用视图控制区各工具			
		能使用镜像、对齐工具			
	能熟练使用修改器	能使用"挤出"修改器			
		能使用"编辑样条线"修改器			
		能使用"编辑多边形"修改器			
		能使用"网格平滑"修改器			
通用能力	造型能力				
	审美能力				
	组织能力				
	解决问题的能力				
	自主学习的能力				
	创新能力				
综合评价					

项目二

制作水果与红酒

　　收获的季节，各种水果颜色漂亮、味美多汁，深得人们的喜爱。在本项目中，将一起来制作几种水果和一杯清香四溢的葡萄美酒，水果包括又大又圆、散发着诱人香味的苹果，香甜可口的香蕉，晶莹剔透的草莓，味美多汁的桃子，补充维C的橘子。

　　在本项目中，将水果与美酒的制作分为三个任务来完成。在任务一中，完成果盘、桃子的制作；在任务二中，完成香蕉、橘子、草莓对象的制作；在任务三中，完成苹果、酒杯与红酒对象的制作。

学习目标

- ☑ 能使用 "车削"、FFD 修改器制作果盘、酒杯对象
- ☑ 能使用 "放样" 修改器制作香蕉等对象
- ☑ 能使用 NURBS、"锥化" "弯曲" 修改器制作苹果对象
- ☑ 能使用 "编辑多边形" 修改器完成桃子、橘子、草莓对象制作

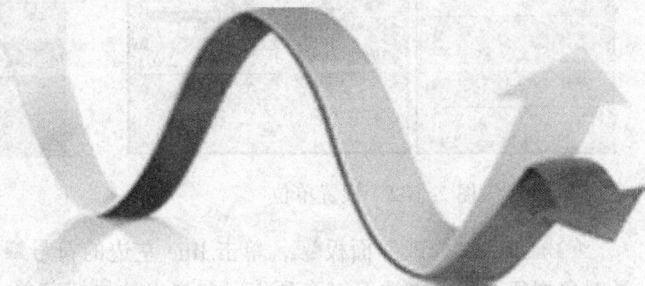

任务一　果盘与桃子——"车削"、FFD 修改器的运用

任务描述

"车削"修改器通过绕轴旋转的方法利用二维截面造型生成三维实体。FFD 修改器可以对物体进行空间变形修改。本任务中，将使用"车削"修改器和 FFD 修改器制作一款精美的花边果盘和味美多汁的蜜桃，效果如图 2-1-1 所示。

任务分析

制作果盘时先用二维线条绘制果盘截面，用"车削"修改器生成果盘三维实体，再用 FFD 修改器来制作果盘花边；然后使用二维线条绘制出截面，用"车削"修改器制作桃子。

图 2-1-1　任务一效果图

方法与步骤

1. 制作果盘

> 提示：
> ① 设置单位；② 制作并调节果盘截面曲线；③ 添加"车削"修改器生成果盘三维模型；④ 使用 FFD 修改器制作果盘花边。

（1）启动 3ds Max 2012，执行"自定义"|"单位设置"命令，打开"单位设置"对话框，选择"公制"单选按钮，并设置单位为"毫米"，单击"系统单位设置"按钮，打开"系统单位设置"对话框，设置单位为"毫米"，如图 2-1-2 所示。

（2）在"创建"面板 中选择"图形"类别 ，在"对象类型"中单击"线"按钮。在前视图建立一条曲线，命名为"果盘"，如图 2-1-3 所示。

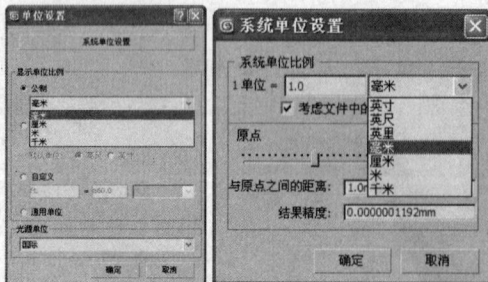

图 2-1-2　设置单位

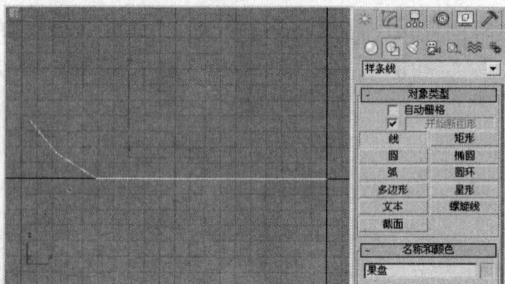

图 2-1-3　制作果盘截面形状

（3）进入"修改"面板 ，单击 line 左边的符号 ，在堆栈中单击"顶点"，进入"顶点"子对象层级。右击左边第二个顶点，在弹出的快捷菜单中执行 Bezier 命令，使用"选择并移动"工具 调节顶点的控制柄，形状如图 2-1-4 所示。

（4）在堆栈中选择"样条线"，进入"样条线"子对象层级，在"几何体"卷展栏中"轮廓"

右侧文本框中输入 2 mm，按【Enter】键确认，如图 2-1-5 所示。

图 2-1-4　调节曲线形状

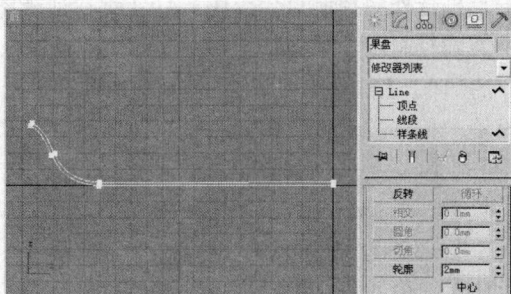

图 2-1-5　制作果盘截面曲线

（5）使用"缩放区域"工具 放大截面左侧区域，进入"顶点"子对象层级，单击"几何体"卷展栏中"优化"按钮，在截面顶端添加一顶点，调节顶点到合适位置，如图 2-1-6 所示。

（6）在"修改器列表"中选择"车削"修改器，在"参数"卷展栏中选择"焊接内核"复选框，设置"分段"为 64，单击"对齐"选项组中的"最大"按钮，如图 2-1-7 所示。

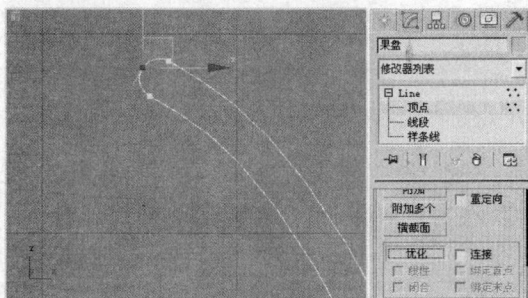

图 2-1-6　添加顶点

图 2-1-7　使用"车削"修改器

（7）在"修改器列表"中选择"FFD（圆柱体）"修改器，进入"晶格"子对象层级。右击工具栏中"选择并旋转"按钮 ，在"旋转变换输入"对话框中设置屏幕坐标的 X 为 90，按【Enter】键确认，如图 2-1-8 所示。

（8）单击工具栏中"选择并均匀缩放"工具 ，缩放晶格到合适大小。单击"FFD 参数"卷展栏下"设置点数"按钮，在弹出的"设置 FFD 尺寸"对话框中设置"侧面"为 32，如图 2-1-9 所示。

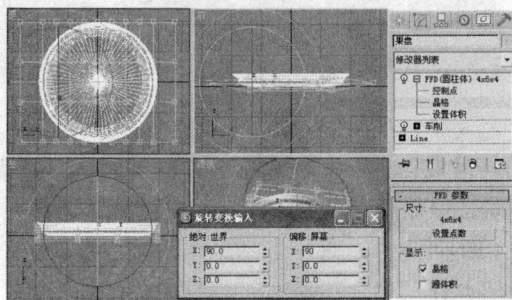

图 2-1-8　旋转晶格

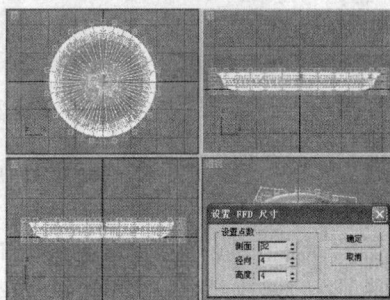

图 2-1-9　设置晶格"FFD 尺寸"

（9）在堆栈中单击"控制点"，进入"控制点"子对象层级。按住【Ctrl】键，在顶视图中隔点框选外圈控制点，按住【Alt】键在前视图中框选减去下面三行控制点，这时会隔点选中最上圈的控制点，如图 2-1-10 所示。

（10）右击工具栏中的"选择并均匀缩放"工具 ⊡，在弹出的"缩放变换输入"对话框中设置"偏移：世界"中的"%:"为 110，按【Enter】键确认，如图 2-1-11 所示。

图 2-1-10 选择控制点

图 2-1-11 缩放控制点

（11）在"修改器列表"中选择"网格平滑"修改器，设置"细分量"卷展栏下"迭代次数"为 2，如图 2-1-12 所示。

2. 制作桃子

> 提示：
> ① 制作桃子截面曲线并对顶点进行调节；② 使用"车削"修改器生成桃子；③ 制作桃子中间的凹痕；④ 对桃子进行网格平滑处理。

（1）在"创建"面板 中选择"图形"类别 ，在"对象类型"卷展栏中单击"线"按钮。在前视图建立一条曲线，命名为"桃子"，如图 2-1-13 所示。

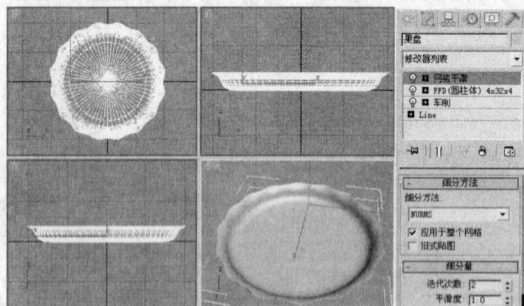

图 2-1-12 使用"网格平滑"修改器

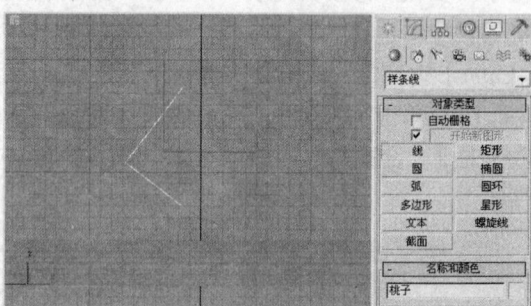

图 2-1-13 制作桃子曲线

（2）进入"修改"面板 ，单击 line 左边的符号 ，在堆栈中单击"顶点"，进入"顶点"子对象层级。右击第二和第三个顶点，在弹出的快捷菜单中执行 Bezier 命令，使用"选择并移动"工具 调节顶点的控制柄，形状如图 2-1-14 所示。

（3）在"修改器列表"中选择"车削"修改器，在"参数"卷展栏中选择"焊接内核"复选框，设置"分段"为 60，单击"对齐"选项组中的"最大"按钮，如图 2-1-15 所示。

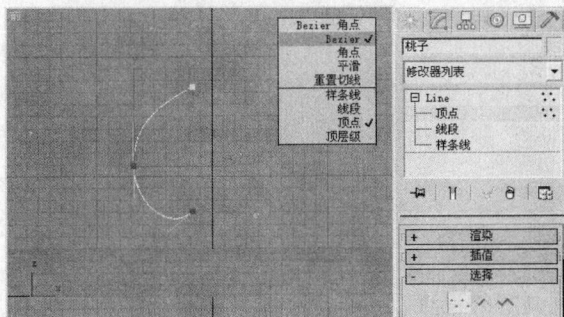

图 2-1-14　调节顶点

图 2-1-15　使用"车削"修改器

（4）在"修改器列表"中选择"编辑多边形"修改器，进入"边"子对象层级。在前视图中选择一条小竖线段，在"选择"卷展栏下单击"循环"按钮，这时会选中整条竖线段，如图 2-1-16 所示。

（5）右击工具栏中的"选择并均匀缩放"工具 ，在弹出的"缩放变换输入"对话框中设置"偏移：屏幕"区域中的"%："为 95，按【Enter】键确认，如图 2-1-17 所示。

图 2-1-16　选择竖线段

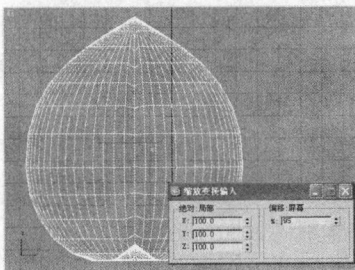

图 2-1-17　缩放选择线段

（6）在"修改器列表"中选择"网格平滑"修改器，设置"细分量"卷展栏下的"迭代次数"为 2，如图 2-1-18 所示。

（7）调整透视图到合适角度，渲染效果如图 2-1-1 所示。

相关知识

1."顶点"类型

在"可编辑样条线"顶点层级时，用户可以通过顶点调节曲线形状。右击样条线对象顶点，在弹出的快捷菜单中有 4 种顶点类型可供用户选择，分别是 Bezier 角点、Bezier、角点、平滑，如图 2-1-19 所示。

图 2-1-18　使用"网格平滑"修改器

- "平滑"：创建平滑连续曲线的不可调整的顶点。平滑顶点处的曲率是由相邻顶点的间距决定的。
- "角点"：创建锐角转角的不可调整的顶点，如图 2-1-20 所示。

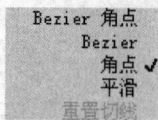

图 2-1-19 顶点类型

图 2-1-20 左：平滑顶点 右：角点顶点

- Bezier：带有锁定连续切线控制柄的不可调解的顶点，用于创建平滑曲线。顶点处的曲率由切线控制柄的方向和量级确定。
- "Bezier 角点"：带有不连续的切线控制柄的不可调整的顶点，用于创建锐角转角。线段的曲率是由切线控制柄的方向和量级决定的，如图 2-1-21 所示。

2. "车削"修改器

"车削"修改器通过绕轴旋转的方法利用二维截面造型生成三维实体，用户可

图 2-1-21 左：Bezier 顶点 右：Bezier 角点顶点

以使用这一修改器来构建类似柱子、瓶子、盘子等三维实体模型，如图 2-1-22 所示。

- "度数"：确定对象绕轴旋转的度数（范围为 0°～360°，默认值是 360°）。可以给"度数"设置关键点，来设置车削对象圆环增长的动画。"车削"轴自动将尺寸调整到与需要车削图形同样的高度。

图 2-1-22 "车削"修改器参数面板

- "焊接内核"：通过将旋转轴中的顶点焊接来简化网格。如果要创建一个变形目标，禁用此选项。
- "翻转法线"：依赖图形上顶点的方向和旋转方向，旋转对象可能会内部外翻，切换"翻转法线"复选框来修正它。
- "分段"：在起始点之间，确定在曲面上创建多少插值线段。此参数也可设置动画。默认值为 16。
- "封口始端"：封口设置的"度数"小于 360° 的车削对象始点，并形成闭合图形。
- "封口末端"：封口设置的"度数"小于 360° 的车削对象终点，并形成闭合图形。
- "X /Y /Z"：相对对象轴点，设置轴的旋转方向。
- "最小/居中/最大"：将旋转轴与图形的最小、居中或最大范围对齐。
- "面片"：产生一个可以折叠到面片对象中的对象。
- "网格"：产生一个可以折叠到网格对象中的对象。
- NURBS：产生一个可以折叠到 NURBS 对象中的对象。

- "生成贴图坐标"：将贴图坐标应用到车削对象中。当"度数"小于360°并且启用"生成贴图坐标"时，会将另外的贴图坐标应用到末端封口中，并在每一封口上放置一个1×1的平铺图案。

- "真实世界贴图大小"：控制应用于该对象的纹理贴图材质所使用的缩放方法。缩放值由位于应用材质的"坐标"卷展栏中的"使用真实世界比例"设置控制。默认设置为启用。

- "生成材质ID"：将不同材质ID指定给车削对象侧面与封口。特别是，侧面ID为3，封口（当"度数"的值小于360°且车削对象是闭合图形时）ID为1和2。默认设置为启用。

- "使用图形ID"：将材质ID指定给在车削产生的样条线中的线段，或指定给在NURBS车削产生的曲线子对象。仅当启用"生成材质ID"时，"使用图形ID"才可用。

- "平滑"：给车削图形对象进行平滑处理。

3. FFD修改器

FFD修改器是对物体进行空间变形修改的一种修改器。分为FFD 2×2×2、FFD 3×3×3、FFD 4×4×4、FFD（长方体）、FFD（圆柱体）几种。图2-1-23所示为FFD修改效果，图2-1-24所示为FFD（圆柱体）参数面板。

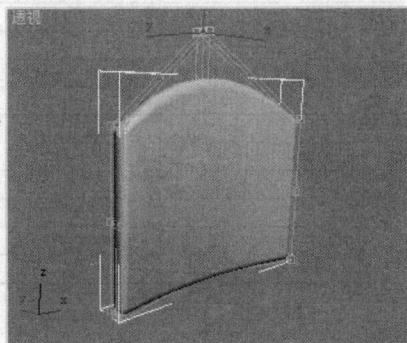

图2-1-23 FFD效果   图2-1-24 FFD参数面板

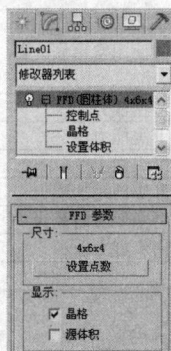

- "控制点"：在此子对象层级中，用户可以选择并操纵晶格的控制点，可以一次处理一个或以组为单位处理。操纵控制点将影响基本对象的形状，可以给控制点使用标准变形方法。

- "晶格"：在此子对象层级，可从几何体中单独的摆放、旋转或缩放晶格框。当对象应用FFD时，默认晶格是一个包围几何体的边界框。移动或缩放晶格时，仅位于晶格体积内的顶点产生局部变形。

- "设置体积"：在此子对象层级，变形晶格控制点变为绿色，用户可以选择并操作控制点而不影响修改对象。

- "设置点数"：指定晶格中所需控制点数目。

- "晶格"：将绘制连接控制点的线条以形成栅格。

- "源体积"：控制点和晶格会以未修改的状态显示。当调整源体积以影响位于其内或其外的特定顶点时，该显示很重要。

技能训练

碗与花瓶是典型的轴对称图形，使用"车削"修改器很容易制作，制作效果如图 2-1-25 所示。

要求：

（1）使用平面或长方体制作桌面对象。

（2）用样条线绘对象的截面曲线，修改顶点，使曲线平滑自然。

（3）使用车削修改器制作生成碗与花瓶。

图 2-1-25 碗和花瓶效果

学习评价

任务评价表如表 2-1-1 所示。

表 2-1-1 任务评价表

类　别		内　容		评　价		
	学 习 目 标	评 价 项 目		3	2	1
职业能力	能制作模型的二维截面	能绘制二维曲线				
		能修改编辑曲线				
	能使用常用修改器	能使用"车削"修改器				
		能使用 FFD 修改器				
		能使用"网格平滑"修改器				
通用能力	造型能力					
	审美能力					
	组织能力					
	解决问题的能力					
	自主学习的能力					
	创新能力					
		综 合 评 价				

思考与练习

（1）二维曲线的顶点分为哪几种类型？如何编辑二维曲线？

（2）使用"车削"修改器制作果盘等对象时，为什么有时会在底部出现一个洞？该如何处理？

（3）使用 FFD 修改器制作椅子靠背，为什么会出现在调节控制点时没有变化的现象？

任务二　香蕉、橘子与草莓的制作——放样

任务描述

放样，是将一个二维图形对象作为沿某个路径的剖面而形成复杂的三维对象。本任务中将使用"放样"命令来完成香蕉、橘子、草莓和草莓叶片的制作，效果如图 2-2-1 所示。

图 2-2-1 任务二效果图

任务分析

使用图形中的线创建香蕉放样路径，用多边形创建香蕉截面，最

后使用复合对象中的放样命令完成香蕉的制作与修改；使用圆环制作橘子模型，利用球体制作橘子瓣；绘制草莓截面，使用"车削"修改器完成制作，草莓叶由长方体转换为可编辑多边形后编辑修改而成。在制作这些模型时，参照实物可以加快模型的制作速度与相似程度。

🎯 方法与步骤

1. 制作香蕉

> **提示：**
> ① 绘制香蕉横截面多边形；② 绘制长度方向曲线并进行调整；③ 使用复合对象中放样命令生成香蕉基本模型；④ 使用缩放变形调节制作香蕉对象。

（1）在"创建"面板 中选择"图形"类别 ，在"对象类型"卷展栏中单击"多边形"按钮。在前视图建立六边形，设置"半径"为 20 mm，"角半径"为 8 mm，如图 2-2-2 所示。

（2）在"对象类型"卷展栏中单击"线"按钮，在前视图建立曲线。进入"修改"面板 ，单击 line 左边的符号 ，进入"顶点"子对象层级，调节顶点形状，如图 2-2-3 所示。

图 2-2-2　创建多边形

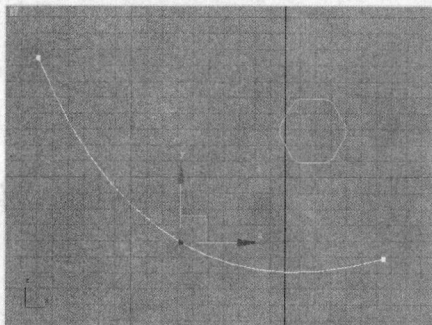

图 2-2-3　创建放样路径

（3）进入"创建"面板 ，选择"复合对象"，在"对象类型"卷展栏中单击"放样"，然后单击"获取图形"按钮，选择上面建立的六边形。完成香蕉的基本制作，命名为"香蕉"，如图 2-2-4 所示。

（4）进入"修改"面板 ，单击"变形"卷展栏下"缩放"按钮，打开"缩放变形"对话框，单击工具栏中的"插入角点"工具 ，在曲线上插入三个角点，如图 2-2-5 所示。

图 2-2-4　使用放样

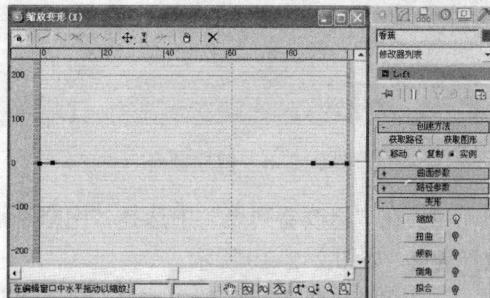

图 2-2-5　缩放变形对话框

（5）单击"移动控制点"工具，右击控制点，在弹出的快捷菜单中执行"Bezier-平滑"命令，调节控制点位置，如图 2-2-6 所示。

（6）用户可以根据香蕉的形态对控制点进行调节，调整后香蕉的效果如图 2-2-7 所示。

图 2-2-6　调节角点

图 2-2-7　香蕉制作效果

2. 制作橘子

> **提示：**
>
> ① 创建圆环对象并适当缩放制作橘子；② 对橘子进行网格平滑处理；③ 创建球体并调整切片参数制作橘子瓣。

（1）在"创建"面板 中选择"几何体"类别 ，在"对象类型"卷展栏中单击"圆环"按钮，在前视图建立圆环，"半径 1"为 11 mm，"半径 2"为 32 mm，命名为"橘子"，如图 2-2-8 所示。

（2）在工具栏中右击"选择并均匀缩放"工具 ，在"缩放变换输入"对话框中设置"绝对：局部"中的 Z 轴的坐标为 120，按【Enter】键确认，如图 2-2-9 所示。

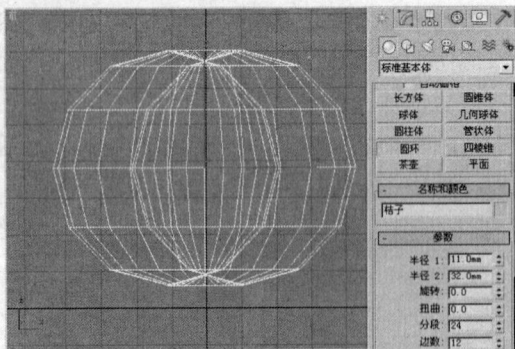

图 2-2-8　创建圆环

图 2-2-9　使用缩放工具

（3）在"修改器列表"中选择"网格平滑"修改器，设置"细分量"卷展栏下的"迭代次数"为 2，如图 2-2-10 所示。

（4）在"创建"面板 中选择"几何体"类别 ，在"对象类型"卷展栏中单击"球体"按钮。在前视图建立球体，设置"半径"为 35 mm，命名为"橘子瓣"，如图 2-2-11 所示。

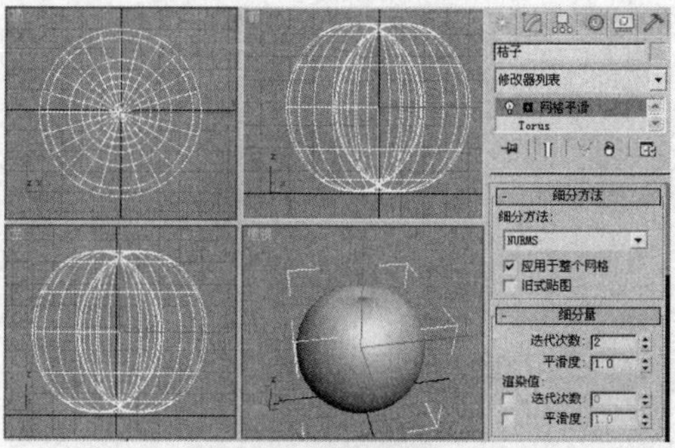

图 2-2-10 使用"网格平滑"修改器

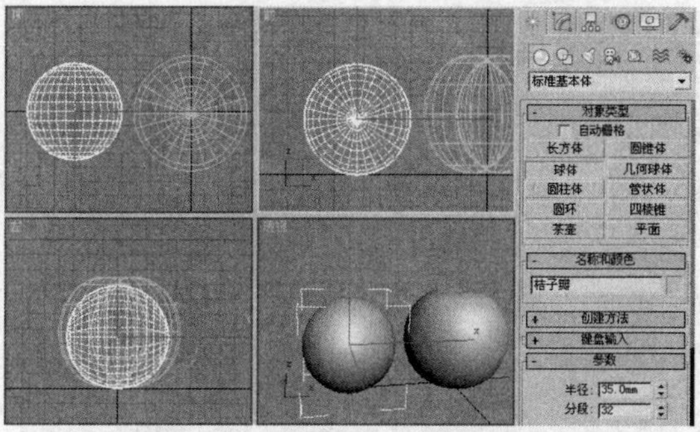

图 2-2-11 创建橘子瓣对象

（5）进入"修改"面板 ☑，在"参数"卷展栏下选择"切片启用"复选框，"切片从"右侧文本框输入 90。单击工具栏中的"选择并旋转"工具 ⟳，调整橘子瓣到合适位置，如图 2-2-12 所示。

3. 制作草莓

> **提示：**
> ① 绘制草莓截面曲线；② 使用"车削"修改器生成草莓对象；③ 创建长方体转换为编辑网格后调节形成草莓叶；④ 调节轴心，旋转复制出其他草莓叶。

（1）在"创建"面板 ☀ 中选择"图形"类别 ⟲，在"对象类型"卷展栏中单击"线"按钮。在前视图中建立一条曲线，如图 2-2-13 所示。

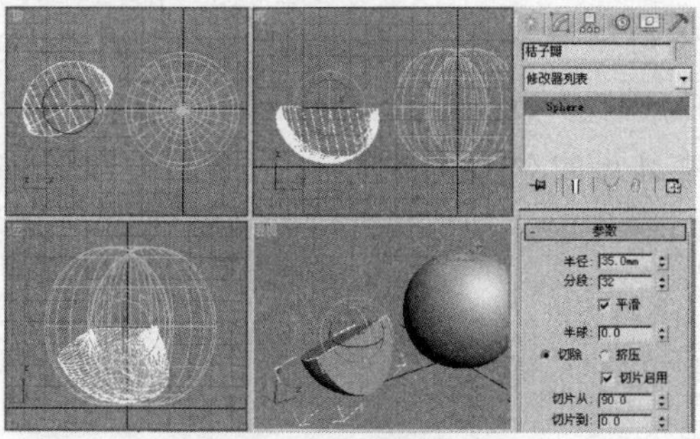

图 2-2-12 修改并调整位置

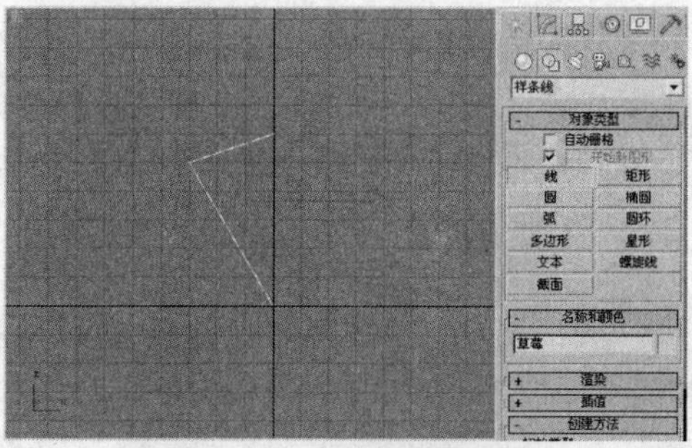

图 2-2-13 制作草莓曲线

（2）切换到"修改"面板 ☑，进入"顶点"子对象层级。右击顶点，在弹出的快捷菜单中执行 Bezier 命令，调节控制点，如图 2-2-14 所示。

（3）在"修改器列表"中选择"车削"修改器，在"参数"卷展栏中选择"焊接内核"复选框，设置"分段"为 32，单击"对齐"选项组中的"最大"按钮，如图 2-2-15 所示。

（4）在"创建"面板 ☀ "几何体"类别 ◯ 中单击"长方体"按钮。在顶视图中建立长方体，命名为"草莓叶"，设置"长度"为 8 mm，"宽度"为 25 mm，"高度"为 0.01 mm，"长度分段""宽度分段""高度分段"分别为 4、6、1，如图 2-2-16 所示。

（5）在"修改器列表"中选择"编辑网格"修改器，单击"编辑网格"左边的符号 ⊞，在堆栈中单击"顶点"，进入"顶点"子对象层级。调节顶点位置，如图 2-2-17 所示。

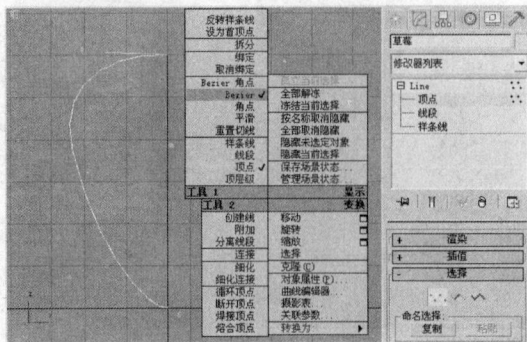

图 2-2-14　修改曲线

图 2-2-15　使用"车削"修改器

图 2-2-16　创建"草莓叶"对象

图 2-2-17　调节顶点

（6）调节草莓叶片到草莓顶部，进入"层级"面板，单击"仅影响轴"按钮，调节轴心到叶片左侧，再次单击"仅影响轴"按钮关闭对轴的调整，如图 2-2-18 所示。

（7）右击工具栏"角度捕捉切换"按钮，在弹出的对话框中设置"角度"为 36，如图 2-2-19 所示。

图 2-2-18　调节轴心

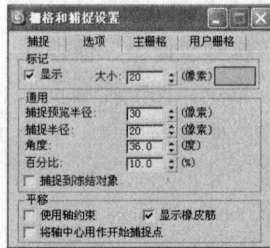

图 2-2-19　设置捕捉角度

（8）按住【Shift】键，在顶视图中旋转叶片，在弹出的"克隆选项"对话框中设置"副本数"为 9，如图 2-2-20 所示。

（9）在"创建"面板 "几何体"类别 中单击"圆锥体"按钮。在顶视图建立圆锥体，命名为"草莓叶柄"，"半径 1"为 1.5mm，"半径 2"为 1mm，"高度"为 5mm，如图 2-2-21 所示。

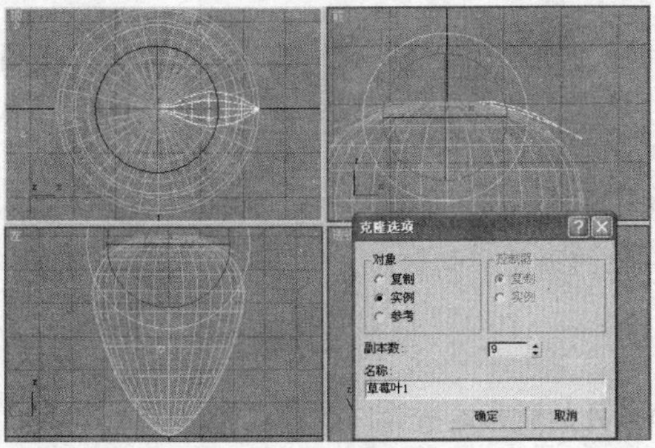

图 2-2-20　旋转复制叶片 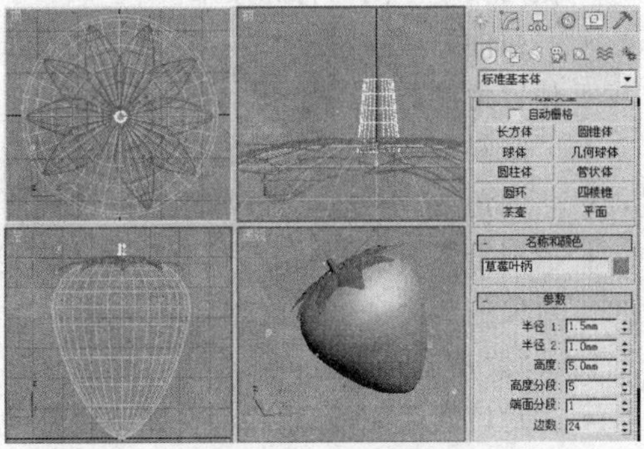　　　　　　　　图 2-2-21　制作草莓叶柄

（10）选择"草莓叶柄""草莓叶""草莓"对象，执行中"组"|"成组"命令，打开"组"对话框，设置"组名"为"草莓"。

（11）对香蕉、橘子、草莓设置相应材质贴图，具体方法在后面任务有详细介绍。将对象调整到合适位置，按【F9】键快速渲染场景，渲染效果如图 2-2-1 所示。

相关知识

放样是将一个二维图形对象作为沿某个路径的剖面，而形成复杂的三维对象。同一路径上可在不同的段给予不同的截面图形。在制作放样物体前，首先要创建放样物体的二维路径与截面图形。"放样"参数面板如图 2-2-22 所示。

（1）"创建方法"卷展栏：

- "获取路径"：指定路径给选定图形或更改当前指定的路径。
- "获取图形"：指定图形给选定路径或更改当前指定的图形。
- "移动/复制/实例"：用于指定路径或图形转换为放样对象的方式。

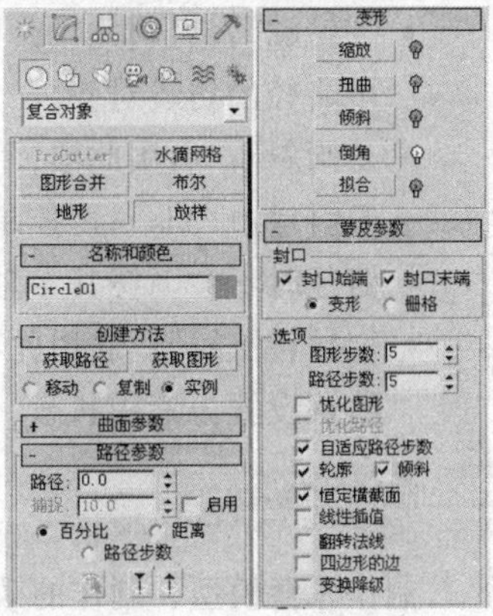

（2）"路径参数"卷展栏：

- "路径"：用来设置路径的级别。如果"捕捉"处于启用状态，该值将变为上一个捕捉的增量。该路径值依赖于所选择的测量方法，更改测量方法将导致路径值改变。

图 2-2-22　"放样"参数面板

- "捕捉"：用于设置沿着路径图形之间的恒定距离。该捕捉值依赖于所选择的测量方法。
- "启用"：当此项启用时，"捕捉"处于活动状态。默认设置为禁用状态。
- "百分比"：将路径级别表示为路径总长度的百分比。
- "距离"：将路径级别表示为与路径第一个顶点的绝对距离。

- "路径步数"：将图形置于路径步数和顶点上，而不是作为沿着路径的一个百分比或距离。

（3）"变形"卷展栏：

- "缩放"：是对放样路径上的截面大小进行缩放，以获得在同一路径的不同位置处造型截面大小不同的特殊效果。
- "扭曲"：主要是对放样路径上的截面以路径为轴进行旋转，以形成截面在路径的不同位置角度的不同效果。
- "倾斜"：主要是使放样物体的截面沿路径的所在轴旋转，以形成最终的扭曲造型。
- "倒角"：主要是对放样路径上的截面变形，以产生倒角效果。
- "拟合"：使用两条"拟合"曲线来定义对象的顶部和侧剖面，这样可以通过绘制放样对象的剖面来生成放样对象。

（4）"蒙皮"卷展栏：

- "封口始端"：启用此项，则路径第一个顶点处的放样端被封口。
- "封口末端"：启用此项，则路径最后一个顶点处的放样端被封口。
- "图形步数"：设置横截面图形的每个顶点之间的步数。该值会影响围绕放样周界的边的数目。
- "路径步数"：设置路径的每个主分段之间的步数。该值会影响沿放样长度方向的分段的数目。
- "优化图形"：启用此项，对于横截面图形的直分段，忽略"图形步数"。如果路径上有多个图形，则只优化在所有图形上都匹配的直分段。默认设置为禁用状态。
- "优化路径"：启用此项，对于路径的直分段忽略"路径步数"。"路径步数"设置仅适用于弯曲截面。
- "自适应路径步数"：如果启用，则分析放样，并调整路径分段的数目，以生成最佳蒙皮。主分段将沿路径出现在路径顶点、图形位置和变形曲线顶点处。
- "轮廓"：启用此项，则每个图形都将遵循路径的曲率。每个图形的正 Z 轴与形状层级中路径的切线对齐。
- "倾斜"：启用此项，只要路径弯曲并改变其局部 Z 轴的高度，图形便围绕路径旋转。倾斜量由 3ds max 控制。如果是 2D 路径，则忽略该选项。如果禁用，则图形在穿越 3D 路径时不会围绕其 Z 轴旋转。默认设置为启用。
- "翻转法线"：启用此项，则将法线翻转180°。可使用此选项来修正内部外翻的对象。默认设置为禁用状态。

技能训练

制作牙膏模型，制作的效果如图 2-2-23 所示。

要求：

（1）建立圆形和直线，使用"放样"命令形成牙膏体。

（2）在"缩放变形"对话框对单个轴缩放，可实现局部区域缩放。

（3）牙膏帽使用星形和直线放样制作而成。

图 2-2-23　牙膏效果图

学习评价

任务评价表如表 2-2-1 所示。

表 2-2-1　任务评价表

类　别	内　容		评　价		
	学 习 目 标	评 价 项 目	3	2	1
职业能力	能制作模型的二维截面	能绘制二维曲线			
		能修改编辑曲线			
	能编辑对象	能编辑网格顶点			
		能调整对象轴心			
	能创建复合对象	能使用"放样"命令创建对象			
		能使用"变形"工具修改对象			
通用能力	造型能力				
	审美能力				
	组织能力				
	解决问题的能力				
	自主学习的能力				
	创新能力				
综 合 评 价					

思考与练习

（1）建立放样对象的方法有哪几种？放样提供了哪几种变形工具？

（2）旋转复制草莓叶时，总是以叶子的中心为轴旋转是什么原因？

（3）除了制作香蕉外，使用"放样"命令还可以制作哪些对象，发挥想象力动手制作。

任务三　苹果与红酒的制作——"锥化""扭曲"等修改器的运用

任务描述

锥化是使对象按一定曲线轮廓缩放造型，使其产生锥化变形的效果。扭曲是指沿一定的轴向扭曲造型的表面顶点，从而对物体产生扭曲作用。弯曲可使造型物体沿一定轴向产生弯曲。在本任务中，将使用"锥化""扭曲"和"弯曲"修改器完成苹果、酒杯、与红酒对象的制作，渲染效果如图 2-3-1 所示。

任务分析

创建球体对象转化为 NURBS 曲面后编辑形成苹果；创建圆柱体对象，使用"锥化""弯曲"修改器制作苹果叶柄；酒杯的制作需要先绘制出酒杯的截面曲线，再使用"车削"修改器生成三维造型；复制酒杯，对曲线进行修剪，完成红酒的制作。

图 2-3-1　任务三效果图

方法与步骤

1. 制作苹果

> **提示：**
> ① 创建球体并转换为 NURBS 曲面；② 调节 NURBS 曲面顶点制作苹果顶、底部的凹陷部分；③ 创建圆柱体，使用锥化、弯曲修改器制作苹果叶柄。

（1）在"创建"面板 中选择"几何体"类别 ，在"对象类型"卷展栏中单击"球体"按钮。在顶视图中创建球体，命名为"苹果"，"半径"设为 45 mm，如图 2-3-2 所示。

（2）右击"苹果"对象，在弹出的快捷菜单中执行"转换为 NURBS"命令，如图 2-3-3 所示。

图 2-3-2　创建球体

图 2-3-3　转换为 NURBS 曲面

（3）进入"修改"面板 ，单击"NURBS 曲面"左边的符号 ，在堆栈中单击"曲面 CV"，进入"曲面 CV"子对象层级。在"软选择"卷展栏下选择"软选择"复选框，如图 2-3-4 所示。

（4）在顶视图中选择苹果对象顶部的点，单击工具栏中"选择并移动"工具 ，在前视图中向下拖动，调节顶点位置，如图 2-3-5 所示。

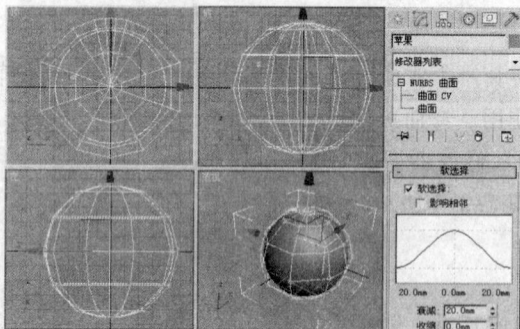

图 2-3-4　使用软选择

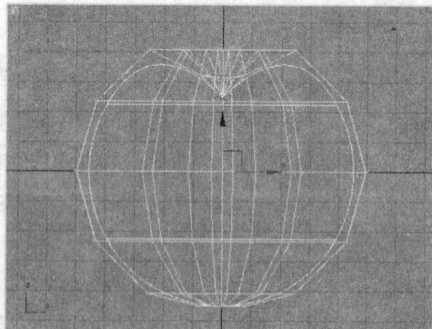

图 2-3-5　调节顶部顶点

（5）选择苹果对象底部中心顶点向上调节，制作苹果底部凹陷，如图 2-3-6 所示。

（6）在顶视图中创建圆柱体，命名为"叶柄"，"半径"设为 1.5 mm，"高度"为 40 mm，如图 2-3-7 所示。

图 2-3-6　调节底部顶点

图 2-3-7　制作"叶柄"

（7）进入"修改"面板，在"修改器列表"中选择"锥化"修改器，设置锥化"数量"为 1，"曲线"为-2，如图 2-3-8 所示。

（8）在"修改器列表"中选择"弯曲"修改器，设置"角度"为 30，如图 2-3-9 所示。

图 2-3-8　使用"锥化"修改器

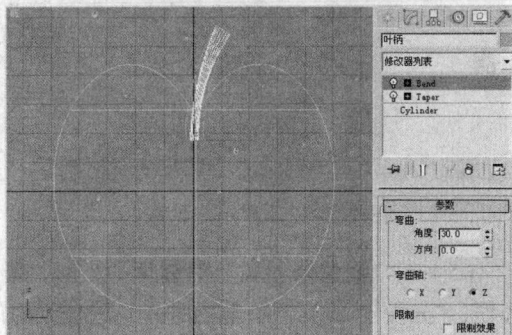

图 2-3-9　使用"弯曲"修改器

2. 制作酒杯与红酒

提示：

① 绘制酒杯截面曲线，对顶点进行调节处理；② 使用"车削"修改器生成酒杯对象；③复制酒杯，调节复制对象的截面曲线制作红酒对象。

（1）在"创建"面板中选择"图形"类别，在"对象类型"卷展栏中单击"线"按钮。在前视图中建立一条曲线，命名为"酒杯"，如图 2-3-10 所示。

（2）进入"修改"面板，单击 line 左边的符号，进入"顶点"子对象层级。右击顶点，在弹出快捷菜单中执行 Bezier 命令，使用"选择并移动"工具调节顶点的控制柄，如图 2-3-11 所示。

（3）在堆栈中单击"样条线"，进入"样条线"子对象层级。在"几何体"卷展栏的"轮廓"右侧文本框输入 1，按【Enter】键确认，如图 2-3-12 所示。

（4）返回到"顶点"子对象层级。使用"选择并移动"工具对顶点进行调节，制作酒杯的截面曲线，如图 2-3-13 所示。

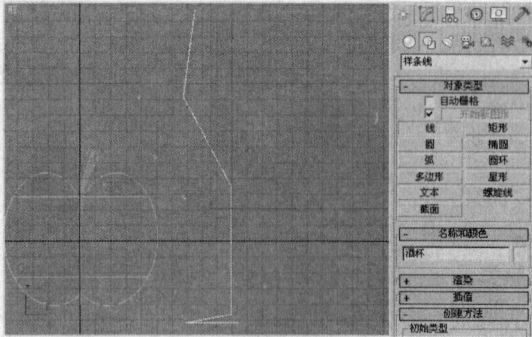

图 2-3-10　创建"酒杯"曲线

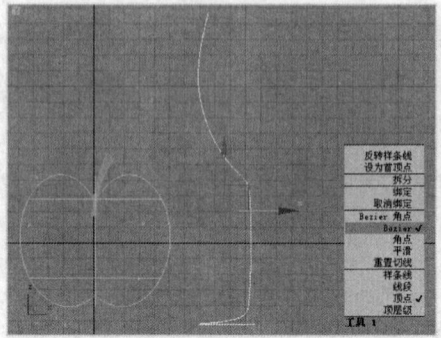

图 2-3-11　调节顶点

图 2-3-12　使用"轮廓"

图 2-3-13　调节顶点

（5）在"修改器列表"中选择"车削"修改器，在"参数"卷展栏中选择"焊接内核"复选框，"分段"为32，单击"对齐"选项组中的"最大"按钮，如图 2-3-14 所示。

（6）按住【Shift】键向右拖动酒杯，在"克隆选项"对话框中选择"复制"单选按钮，"名称"为"红酒"，如图 2-3-15 所示。

图 2-3-14　使用"车削"修改器

图 2-3-15　复制"红酒"对象

（7）在堆栈中单击"线段"，进入"线段"子对象层级。删除无用的线段，保留红酒的截面曲线，如图 2-3-16 所示。

（8）在堆栈中单击"车削"修改器，完成红酒对象的制作，如图 2-3-17 所示。

（9）按【Alt+A】组合键，单击"酒杯"对象，打开"对齐"对话框，设置"对齐位置"为"X 轴"，"当前对象"与"目标对象"均为"中心"，单击"确定"按钮，如图 2-3-18 所示。

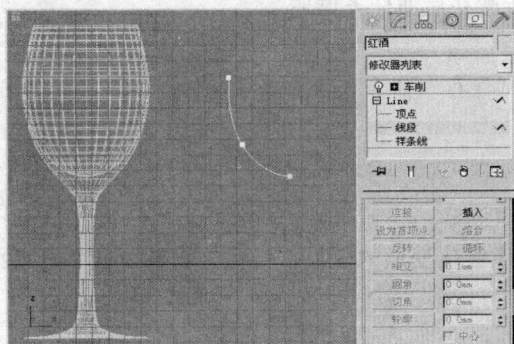

图 2-3-16 编辑"红酒"截面曲线

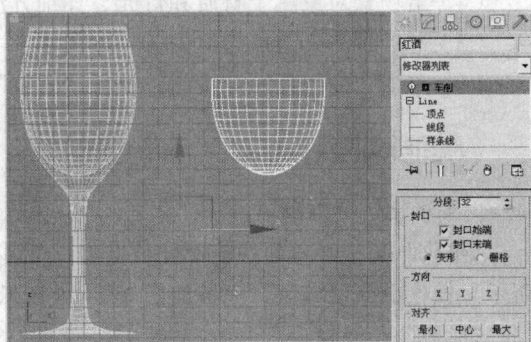

图 2-3-17 生成"红酒"对象

3. 制作水珠

> **提示：**
> ① 创建球体转换为可编辑网格； ② 调节顶点制作水珠。

（1）创建一个 3 mm 的球体，命名为"水珠"。右击水珠，在弹出的快捷菜单中执行"转换为"|"转换为可编辑网格"命令，将球体转换为可编辑网格对象，如图 2-3-19 所示。

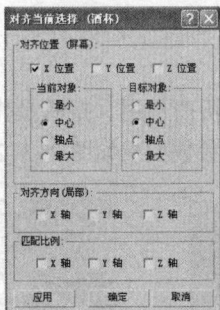

图 2-3-18 设置对齐参数

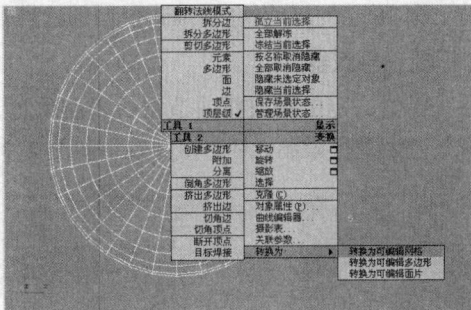

图 2-3-19 转换为"可编辑网格"

（2）进入"修改"面板 "顶点"子对象层级，选择"使用软选择"复选框并适当调节"衰减"值，向上移动顶点，如图 2-3-20 所示。

（3）制作几个不同形态的水珠，调整位置到苹果四周，如图 2-3-21 所示。

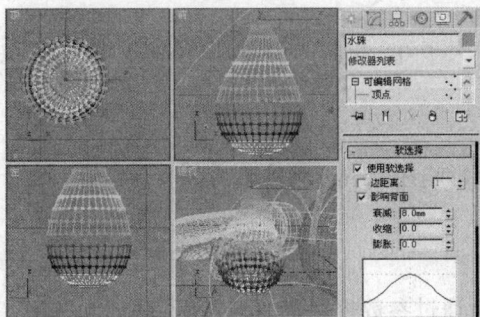

图 2-3-20 使用软选择

图 2-3-21 制作水珠对象

（4）给场景对象赋予材质和灯光，详细方法步骤在后面任务讲述。

（5）对场景渲染，最终渲染效果如图 2-3-1 所示。

（6）单击"应用程序"按钮，执行"文件"|"保存"命令，保存场景文件。

相关知识

1. "锥化"修改器

"锥化"是按一定曲线轮廓缩放造型，使其产生锥化变形的效果，锥化的效果如图 2-3-22 所示。锥化命令"参数"面板如图 2-3-23 所示。

"参数"卷展栏：

- "数量"：设置锥化的程度。
- "曲线"：设置锥化曲线的弯曲程度。设置值为 0 时，锥化曲线为直线；值大于 0 时，锥化曲线向外凸出，值越大，凸出得越明显；值小于 0 时，锥化曲线向内凹陷，值越小，凹陷得越厉害。
- "主轴"：设置物体锥化时依据的坐标轴。
- "效果"：设置锥化对物体的影响。
- "对称"：设置一个对称的影响效果。
- "限制效果"：设置限制锥化影响在 Gizmo 物体上的范围。
- "上限/下限"：分别设置锥化限制的区域。

2. "扭曲"修改器

扭曲是指沿一定的轴向扭曲造型的表面顶点，从而对物体产生扭曲作用，扭曲操作同样可以对其有效范围进行限制，对象扭曲效果如图 2-3-24 所示。"扭曲"参数面板如图 2-3-25 所示。

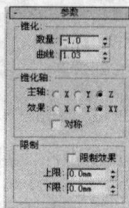

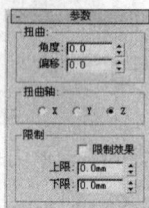

图 2-3-22 锥化效果　图 2-3-23 锥化参数面板　图 2-3-24 扭曲效果　图 2-3-25 扭曲参数面板

"参数"卷展栏：

- "角度"：设置扭转的角度大小。
- "偏移"：设置值为 0 时，扭曲均匀分布；值大于 0，扭曲的程度向上偏移；值小于 0，扭曲的程度向下偏移。
- "扭曲轴"：设置扭曲依据的坐标轴向。
- "限制效果"：打开限制影响，允许限制扭曲影响在 Gizmo 物体上的范围。
- "上限/下限"：分别设置扭曲限制的区域。

3. "弯曲"修改器

弯曲可使造型物体沿一定轴向产生弯曲，用户可通过参数控制弯曲的角度、轴向和范围等，弯曲的效果如图 2-3-26 所示。弯曲"参数"的卷展栏如图 2-3-27 所示。

图 2-3-26 弯曲效果

图 2-3-27 弯曲参数面板

"参数"卷展栏：

- "角度"：设置弯曲的角度大小，取值范围是 –999 999.0 ~ 999 999.0。
- "方向"：设置弯曲相对于水平面的方向，取值范围是 –999 999.0 ~ 999 999.0。
- "弯曲轴"：设置物体弯曲时依据的坐标轴向，有 X、Y、Z 三个选项。
- "限制效果"：对物体指定限制影响，影响区域将由下面的上限值和下限值来确定。
- "上限"：设置弯曲的上限，在此限度以上的区域将不会受到弯曲的影响。
- "下限"：设置弯曲的下限，在此限度与上限之间的区域将受到弯曲影响。

技能训练

奶油冰激凌是人们的挚爱，美美吃上一杯，让人清心爽口。下面就一同来制作奶油冰激凌，制作的最终效果如图 2-3-28 所示。

要求：

（1）绘制星形对象，使用"挤出"修改器生成三维实体

（2）使用"扭曲"修改器和"锥化"修改器编辑制作冰激凌。

（3）绘制脆筒截面，对曲线使用"车削"修改器完成脆筒的制作。

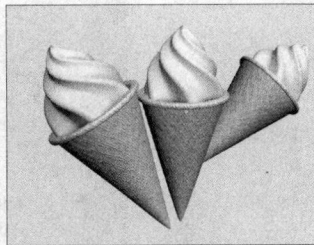

图 2-3-28 冰激凌效果

学习评价

任务评价表如表 2-3-1 所示。

表 2-3-1 任务评价表

类别		内 容		评 价		
		学 习 目 标	评 价 项 目	3	2	1
职业能力		能制作模型的二维截面	能绘制二维曲线			
			能修改编辑曲线			
		能使用常用修改器	能使用"车削"修改器			
			能使用"锥化"修改器			
			能使用"弯曲"修改器			
			能使用"扭曲"修改器			
通用能力		造型能力				
		审美能力				
		组织能力				
		解决问题的能力				
		自主学习的能力				
		创新能力				
综 合 评 价						

思考与练习

1. 为什么有时对模型进行弯曲时，总是无法生成弯曲效果？
2. 哪种修改器可以将两个圆柱体制作为绳索形状，如何制作？

项目实训　床的制作

一、项目背景

人的一生几乎有 1/3 的时间是在床上度过的，困了累了，在松软的床上美美地睡上一觉，简直是一种极大的享受。松软的床垫、崭新的床单、简洁的床头柜、漂亮的台灯、精美的饰物，这一切是多么的温馨浪漫！制作的最终效果如图 2-实训-1 所示。

图 2-实训-1　实训效果图

二、项目要求

（1）能运用基本几何体制作日常生活中各种模型。
（2）能灵活运用常用修改器编辑制作各种造型。
（3）增强三维空间操作能力与想象能力。

三、项目提示

（1）床体使用长方体来创建组成。
（2）床垫由切角长方体制作。
（3）枕头由切角长方体创建，使用 FFD 4×4×4 修改器编辑制作。
（4）床单使用放样创建制作。
（5）床头柜由长方体制作组成。
（6）用线创建台灯截面，使用"车削"修改器编辑制作。

（7）歪嘴瓶用线创建截面，使用"车削"修改器生成三维对象，再使用"弯曲"修改器制作而成。

四、项目评价

项目实训评价表如表 2-实训-1 所示。

表 2-实训-1　项目实训评价表

类　别	内　容		评　价		
	学 习 目 标	评 价 项 目	3	2	1
职业能力	能制作几何体	能灵活运用标准几何体创建模型			
		能使用扩展几何体创建模型			
		能调整几何体的空间位置			
	能制作模型的二维截面	能绘制二维曲线			
		能修改编辑曲线			
	能使用几种常用修改器编辑对象	能使用"编辑样条线"修改器			
		能使用"编辑多边形"修改器			
		能使用"车削"修改器			
		能使用"锥化"修改器			
		能使用"弯曲"修改器			
		能使用"扭曲"修改器			
		能使用 FFD 修改器			
		能使用"网格平滑"修改器			
	能创建复合对象	能使用"放样"创建复杂模型			
通用能力	造型能力				
	审美能力				
	沟通能力				
	相互合作的能力				
	解决问题的能力				
	创新能力				
	自主学习的能力				
综 合 评 价					

项目三

手机建模

　　手机在日常生活中发挥着越来越重要的作用，人们利用手机实现了通信、听歌、移动存储等功能，已成为生活中必不可少的伙伴。在本项目，将制作一款手机，通过翔实的步骤学习多边形建模的一般方法。

　　在本项目中通过两个任务来完成手机制作。在任务一中完成手机机身、屏幕与键盘区域和听筒的制作；在任务二中完成手机侧面板接口、电源键及音量按键等部分制作与细节部分的调节。

学习目标

☑ 能使用"编辑多边形"修改器完成机身、屏幕的制作

☑ 能使用"编辑多边形"修改器完成手机键盘区制作

☑ 领悟使用"编辑多边形"修改器的技巧，能够独立完成其他多边形模型制作

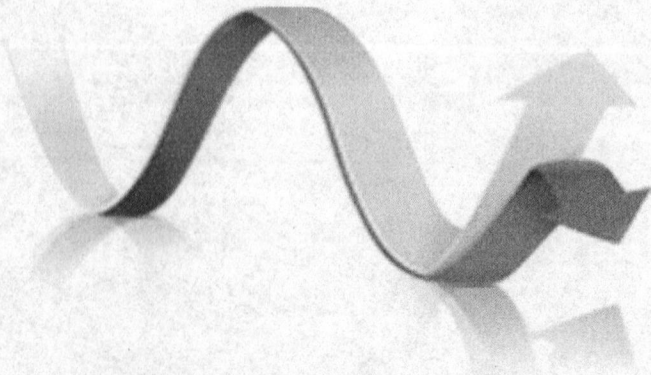

任务一 机身与按键的制作——"编辑多边形"修改器

任务描述

本任务中将利用"编辑多边形"修改器，通过多边形建模的方法完成手机机身、屏幕与键盘区域的制作，效果如图 3-1-1 所示。

任务分析

在制作手机模型前，应该对手机的整体结构（手机的样式，屏幕、按键等在机身中的位置、比例）有一个明确的认识，在制作过

图 3-1-1　任务一效果图

程中一些应有的细节也要尽可能表现出来。手机可以由一个长方体对象转换为可编辑多边形后塑造而成。为了布线、编辑的准确与便捷，在制作手机时先建立一个平面，为它贴上手机样图当做参考，这样可以提高建模的精确程度；同时，可编辑多边形提供了丰富的编辑功能，利用这些编辑工具可以轻松地完成机身、屏幕与键盘区域的编辑制作。

方法与步骤

1. 制作机身

> 提示：
> ① 设置单位；② 创建手机参照底图对象；③ 创建长方体制作手机机身；④ 转换为可编辑多边形，删除右半侧多边形并添加"对称"修改器；⑤ 参照底图对机身顶点进行调整。

（1）启动 3ds Max 2012，执行"自定义"|"单位设置"命令，打开"单位设置"对话框，设置"公制"为"毫米"，单击"系统单位设置"按钮，打开"系统单位设置"对话框，设置比例单位为"毫米"，如图 3-1-2 所示。

（2）在"创建"面板 中选择"几何体"类别 ，在"对象类型"卷展栏中单击"平面"按钮，创建平面，命名为"底图"，"长度"为 107 mm，"宽度"为 47 mm，如图 3-1-3 所示。

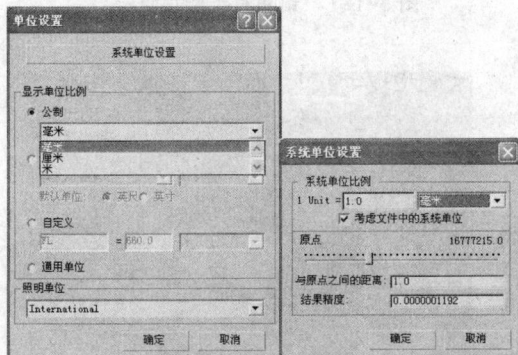

图 3-1-2　设置单位

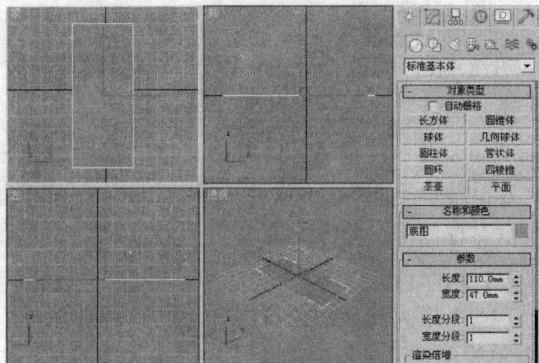

图 3-1-3　创建手机参照底图

（3）打开素材文件"N6300.jpg"所在目录，将"N6300.jpg"拖放到"底图"上，右击顶视图标签，在弹出的快捷菜单中执行"平滑+高光"命令，如图 3-1-4 所示。

（4）单击"长方体"按钮，在顶视图中参照"底图"创建长方体，命名为"机身"。"长度"为 106.4 mm，"宽度"为 43.6 mm，"高度"为 13.1 mm，"长度分段"为 6，"宽度分段"为 6，"高度分段"为 3，如图 3-1-5 所示。

图 3-1-4　设置"底图"贴图　　　　　　　　图 3-1-5　创建"机身"

（5）右击顶视图标签，在弹出的快捷菜单中执行"边面"命令，然后按【Alt+X】组合键使机身半透明。此时机身会以透明的边面方式显示，如图 3-1-6 所示。

（6）右击机身对象，在弹出的快捷菜单中执行"转换为：可编辑多边形"命令，进入"修改"面板　，选择"顶点"子对象层级。在顶视图选择并删除右半侧顶点，如图 3-1-7 所示。

图 3-1-6　以半透明边面方式显示机身　　　　图 3-1-7　删除右半侧顶点

（7）在"修改器列表"中选择"对称"修改器，选择"翻转"复选框，如图 3-1-8 所示。

（8）进入"顶点"子对象层级，单击修改堆栈下方工具条中的"显示最终结果开/关切换"按钮　，显示对称侧部分修改结果，参照"底图"调节顶点位置，如图 3-1-9 所示。

（9）最大化显示顶视图，运用"缩放区域"工具　放大显示机身左上角，在"编辑几何体"卷展栏下单击"切割"按钮，切割出一条边，如图 3-1-10所示。

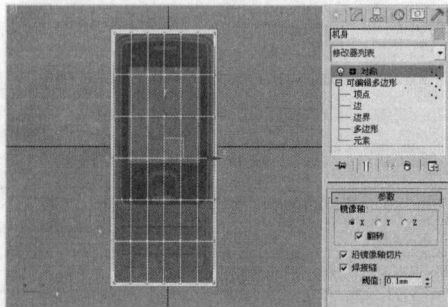

图 3-1-8　使用"对称"修改器

图 3-1-9 调节顶点位置

图 3-1-10 切割出一条边线

2. 制作屏幕区

提示:

① 参照底图调节屏幕左侧顶点;②选择屏幕及功能键区域多边形,使用"倒角""插入"命令制作向下凹陷区域;③参照底图切割出功能键区域多边形并向上挤出;④向上挤出屏幕区域,切割制作听筒;⑤制作液晶屏区域。

(1)用鼠标框选要调节的顶点,调节顶点位置,调整后如图 3-1-11 所示。

(2)在功能键区域左下角切割出一条边,调整顶点位置,如图 3-1-12 所示。

图 3-1-11 调整左上角顶点位置

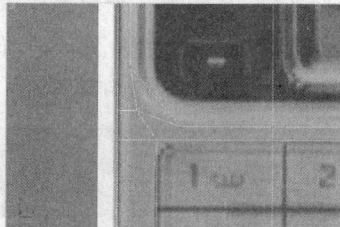

图 3-1-12 切割边并调整顶点位置

(3)进入"多边形"子对象层级,按住【Ctrl】键,选择屏幕及功能键区域多边形。单击"编辑多边形"卷展栏下"倒角"右侧按钮,在打开的"倒角多边形"对话框中设置"高度"为0.8 mm,"轮廓量"为-0.8 mm,如图 3-1-13 所示。

(4)单击"编辑多边形"卷展栏下的"插入"右侧按钮,在弹出的"插入多边形"对话框中设置"插入量"为 0.8 mm,如图 3-1-14 所示。

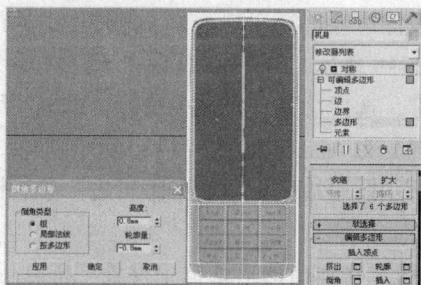

图 3-1-13 对选择面倒角

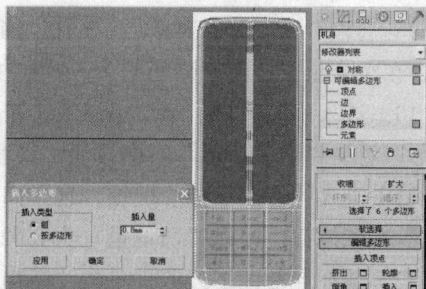

图 3-1-14 使用插入命令

（5）进入"边"子对象层级，调节图 3-1-14 中间几条竖线到屏幕中间轴线位置，如图 3-1-15 所示。

（6）进入"多边形"子对象层级，按住【Ctrl】键，选择屏幕及功能键区域多边形。单击"编辑多边形"卷展栏下的"挤出"右侧的按钮，在打开的"挤出多边形"对话框中设置"挤出高度"为-4 mm，如图 3-1-16 所示。

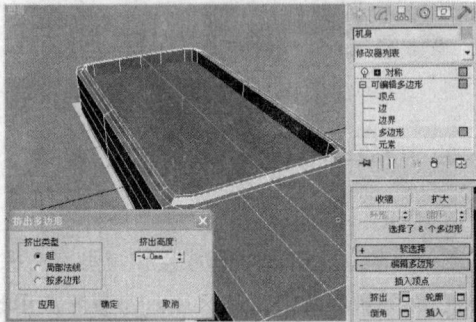

图 3-1-15　调整后线条位置

图 3-1-16　向下挤出屏幕、按键区域

（7）进入"边"子对象层级，按住【Ctrl】键，选择凹槽上边缘处的边，单击"编辑边"卷展栏下的"切角"右侧按钮，设置"切角量"为 0.02 mm，如图 3-1-17 所示。

（8）进入"多边形"子对象层级，按住【Ctrl】键，选择屏幕及功能键区域多边形。单击"编辑多边形"卷展栏下的"插入"右侧的按钮，设置"插入量"为 0.1 mm，并调整右边线到轴线位置，如图 3-1-18 所示。

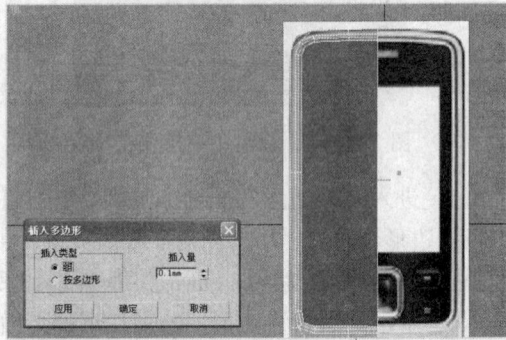

图 3-1-17　对凹槽上边缘边切角

图 3-1-18　使用插入命令

（9）进入"顶点"子对象层级，在功能键区域沿按键边缘进行切割，为了保持按键的正常形态，在每个顶点处向外再切割出一些边线，如图 3-1-19 所示。

（10）进入"多边形"子对象层级，按住【Ctrl】键，选择功能键区域多边形，单击"编辑多边形"卷展栏下"挤出"右侧按钮，设置"挤出高度"为 4mm，如图 3-1-20 所示。

（11）进入"边"子对象层级，选择如图 3-1-21 所示图中边线，单击"编辑边"卷展栏下"切角"右侧按钮，设置"切角量"为 0.02 mm。

（12）选择屏幕区多边形，单击"挤出"右侧的按钮，在弹出的对话框中设置"挤出高度"为 3.8 mm，如图 3-1-22 所示。

图 3-1-19　切割出功能键边线

图 3-1-20　挤出功能键区域

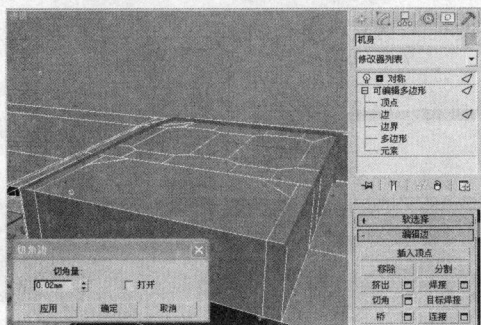

图 3-1-21　使用切角命令

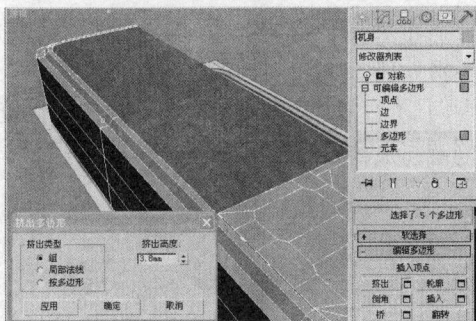

图 3-1-22　挤出屏幕区域

（13）单击"编辑几何体"卷展栏下的"分离"按钮，在弹出的对话框的"分离为"右侧文本框中输入"屏幕"，选择"以克隆对象分离"复选框，如图 3-1-23 所示。

（14）在顶视图中沿听筒边缘进行切割，如图 3-1-24 所示。

图 3-1-23　分离出屏幕

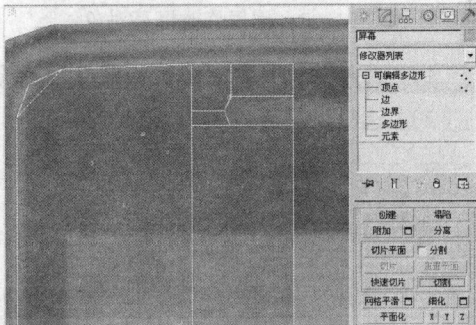

图 3-1-24　切割听筒边线

（15）选择屏幕区域除听筒以外的多边形并向上挤出，在弹出的对话框中设置"挤出高度"为 0.2 mm，如图 3-1-25 所示。

（16）选择屏幕及听筒四周边缘的边线进行切角，设置"切角量"为 0.02 mm，如图 3-1-26所示。

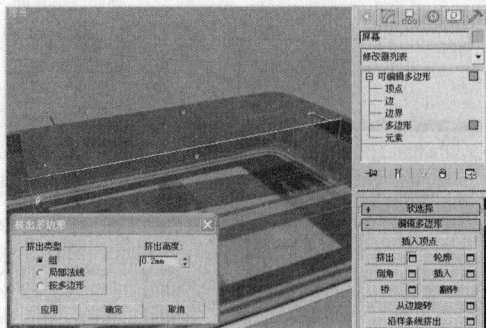

图 3-1-25　挤出"屏幕"区域

图 3-1-26　对屏幕区边缘线切角

（17）在修改器堆栈中添加"对称"修改器，在"参数"卷展栏勾选"翻转"复选框。再添加"涡轮平滑"修改器，在"涡轮平滑"卷展栏中设置"迭代次数"为 2，对"屏幕"对象进行平滑处理，如图 3-1-27 所示。

（18）右击"屏幕"对象，在弹出的快捷菜单中执行"隐藏当前选择"命令，将"屏幕"对象隐藏起来，如图 3-1-28 所示。

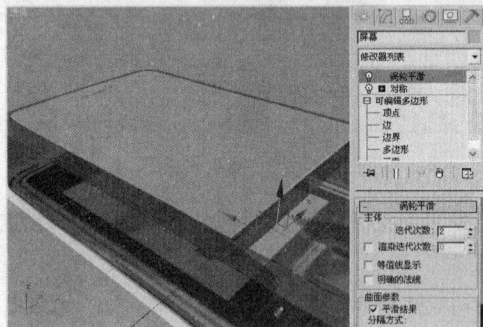

图 3-1-27　编辑修改屏幕对象

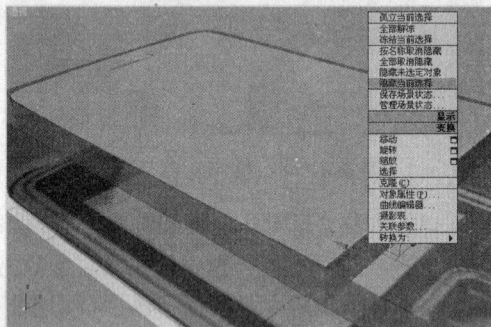

图 3-1-28　隐藏屏幕对象

（19）选择"机身"对象，沿液晶屏边缘切割出框中三条边，如图 3-1-29 所示。

（20）选择液晶屏区多边形向下挤出，设置"挤出高度"为–1 mm，如图 3-1-30 所示。

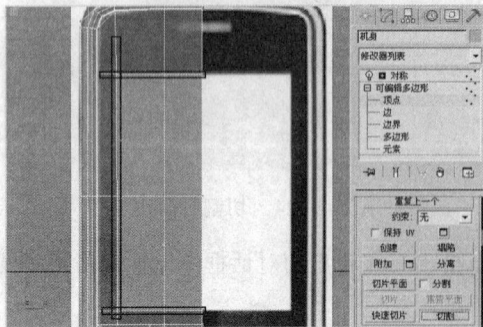

图 3-1-29　切割液晶屏边线

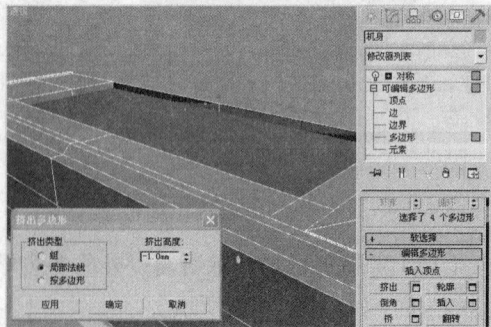

图 3-1-30　向下挤出液晶屏区

（21）删除液晶屏右侧多余面，选择液晶屏上下边缘及屏幕下边缘边线进行切角处理，在弹出的对话框中设置"切角量"为 0.02 mm，如图 3-1-31 所示。

3. 制作按键

> **提示:**
> ① 使用"切角""挤出"等命令制作功能按键区域;② 调节功能键四周边线,保证按键正常形态;③ 切割出数字按键区域多边形;④ 使用"切角""挤出""倒角"等命令对按键处理;⑤ 添加"涡轮平滑"修改器,完成机身制作。

(1)选择功能键四周边线,单击"切角"右侧的按钮,在弹出的对话框中设置"切角量"为 0.02 mm,如图 3-1-32 所示。

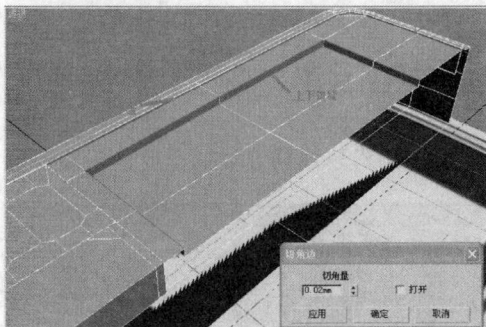

图 3-1-31 对屏幕边缘切角

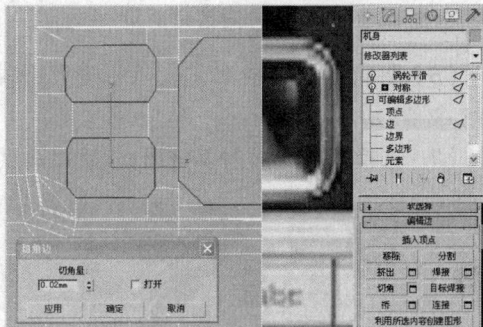

图 3-1-32 对功能键边线切角

(2)选择功能键多边形,单击"挤出"右侧按钮,在弹出的对话框中设置"挤出高度"为 -2 mm,单击"确定"按钮。再次使用"挤出"命令,设置"挤出高度"为 2.5 mm,如图 3-1-33 所示。

(3)选择按键顶部的边线,单击"切角"右侧的按钮,在弹出的对话框中设置"切角量"为 0.06 mm,如图 3-1-34 所示。

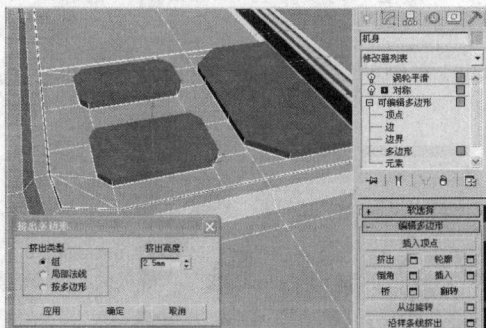

图 3-1-33 挤出功能键

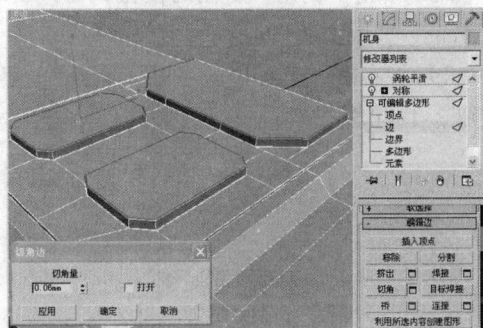

图 3-1-34 对按键顶部边线切角

(4)选择右侧按键顶面,单击"倒角"右侧的按钮,在弹出的对话框中设置"高度"为 -0.1 mm,"轮廓量"为 -1.5 mm,如图 3-1-35 所示。

(5)将上面挤出多边形的右侧边向右移动与对称轴重合,单击"挤出"右侧的按钮,在弹出的对话框中设置"挤出高度"为 -2 mm,如图 3-1-36 所示。

图 3-1-35　对按键倒角

图 3-1-36　向下挤出按键

（6）删除右侧多余面，选择凹槽上边线进行切角处理，设置"切角量"为 0.02 mm，如图 3-1-37 所示。

（7）选择凹槽底面向上挤出，"挤出高度"为 2mm，如图 3-1-38 所示。

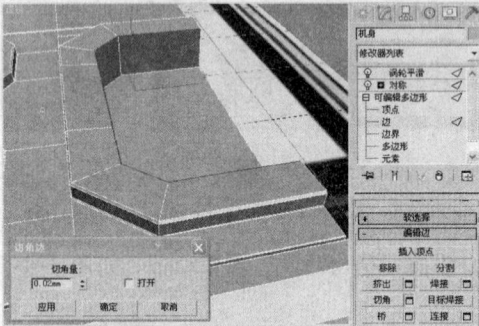

图 3-1-37　对按键边线切角

图 3-1-38　向上挤出按键

（8）单击"倒角"右侧的按钮，在弹出的对话框中设置"高度"为 -0.15mm，"轮廓量"为 -1.5mm，如图 3-1-39 所示。

（9）将右侧边向右移动与对称轴重合，单击"挤出"右侧的按钮，设置"挤出高度"为 -2 mm，如图 3-1-40 所示。

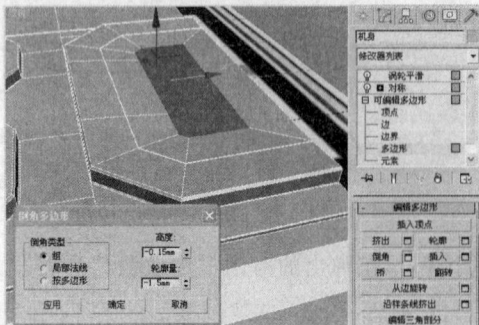

图 3-1-39　倒角

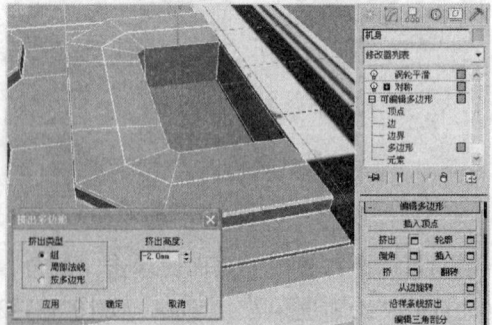

图 3-1-40　向下挤出按键

（10）删除右侧多余的面，选择凹槽上边线进行切角处理，设置"切角量"为 0.02 mm，如图 3-1-41 所示。

（11）选择凹槽底面向上挤出，设置"挤出高度"为 2.25 mm，如图 3-1-42 所示。

图 3-1-41 对边线切角

图 3-1-42 向上挤出按键

（12）对挤出多边形的边缘进行切角处理，设置"切角量"为 0.06 mm，如图 3-1-43 所示。

（13）选择切割工具，沿按键边缘进行切割，如图 3-1-44 所示。

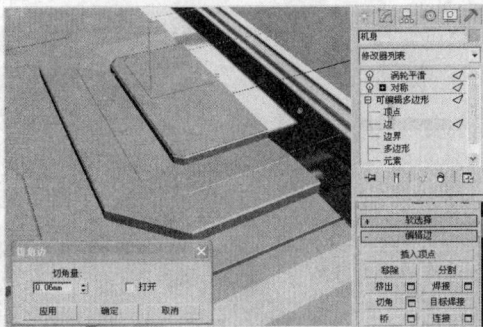

图 3-1-43 对按键顶部切角

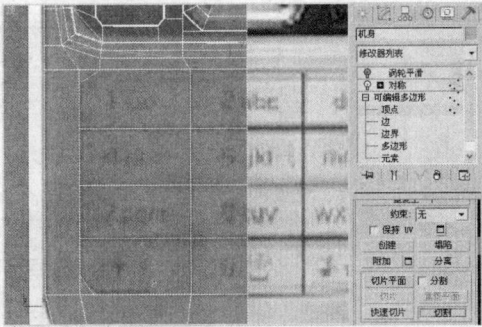

图 3-1-44 切割按键边线

（14）选择按键顶面多边形向下挤出，设置"挤出高度"为 -3 mm，如图 3-1-45 所示。

（15）删除凹槽右侧多余面，选择凹槽上边缘边线，单击"切角"右侧的按钮，设置"切角量"为 0.02 mm，如图 3-1-46 所示。

图 3-1-45 向下挤出按键区域

图 3-1-46 对边线切角

（16）选择凹槽底面多边形，单击"倒角"右侧的按钮，在弹出的对话框中设置"高度"为 3 mm，"轮廓量"为 -0.1 mm，如图 3-1-47 所示。

（17）在键盘区沿按键边缘再切割出一些边线，调节顶点位置，如图 3-1-48 所示。

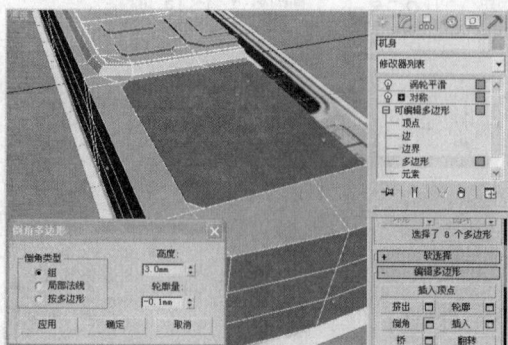

图 3-1-47 使用倒角命令

图 3-1-48 切割按键边线

（18）选择按键顶面向上挤出，设置"挤出高度"为 0.4 mm，如图 3-1-49 所示。

（19）参照前面功能键制作方法，选择按键四周边线进行切角，设置"切角量"为 0.02 mm，如图 3-1-50 所示。

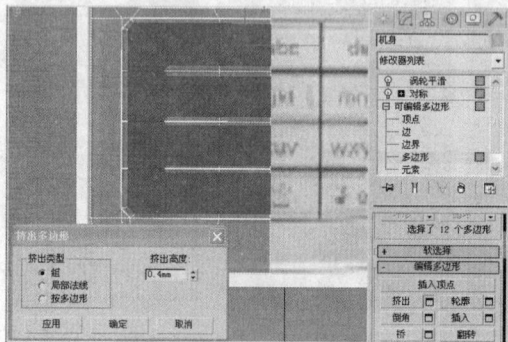

图 3-1-49 向上挤出按键

图 3-1-50 对边线切角

（20）在数字"5"的左侧切割出一个六边形，为保持正常形态，在顶点向外切割出一些边，如图 3-1-51 所示。

（21）选择六边形面向上挤出，设置"挤出高度"为 0.03 mm，如图 3-1-52 所示。

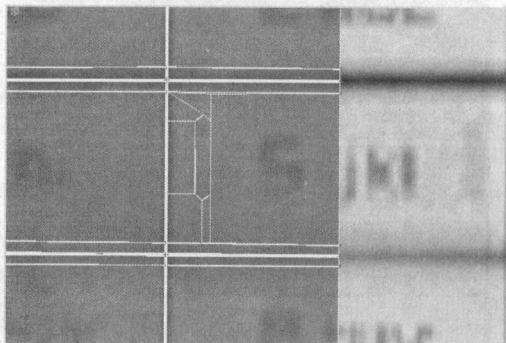

图 3-1-51 切割边线

图 3-1-52 向上挤出面

（22）在修改堆栈中添加"涡轮平滑"修改器，制作效果如图 3-1-53 所示。

（23）调整透视图到合适角度，按【F9】键渲染场景，效果如图 3-1-1 所示。

（24）单击"应用程序"按钮 ⑥，执行"文件"｜"保存"命令，弹出"文件另存为"对话框，将文件以"N6300 机身.max"为文件名进行保存。

图 3-1-53 手机制作效果

🔫 相关知识

1．"编辑多边形"修改器

右击对象，在弹出的快捷菜单中执行"转换为"｜"转换为可编辑多边形"命令。该命令提供了将所选对象转换为可编辑的多边形对象，有 5 个子对象层级进行操纵的元素，分别是"顶点""边""边界""多边形"和"元素"，如图 3-1-54 所示。将选择对象转化为可编辑多边形后，其创建参数将消失，不可再更改。用户也可在"修改"面板的"修改器列表"中选择"编辑多边形"修改器，此时对象创建参数不会消失，可以自由编辑。

2．"编辑顶点"卷展栏（见图 3-1-55）

- "移除"：删除选中的顶点，并接合起使用它们的多边形。
- "断开"：与选定顶点相连的每个多边形上都创建一个新顶点。
- "挤出"：以手动方式挤出选定顶点。
- "挤出设置" ▢：单击该按钮会打开"挤出顶点"对话框，它可以通过交互式操纵来进行挤出。
- "焊接"：对顶点进行焊接，在阈值内被选中的顶点会自动焊接。
- "焊接设置" ▢：单击该按钮会打开用于指定焊接阈值的"焊接"对话框。
- "切角"：对选中的顶点进行切角处理。
- "切角设置" ▢：单击该按钮可以通过交互操作对顶点进行切角，并且切换"打开"选项。
- "目标焊接"：将选中的点拖动到要焊接的点上进行焊接。

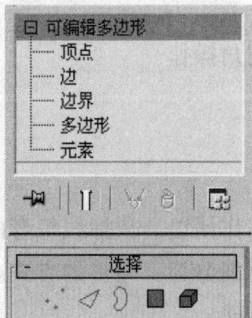

图 3-1-54 编辑多边形参数

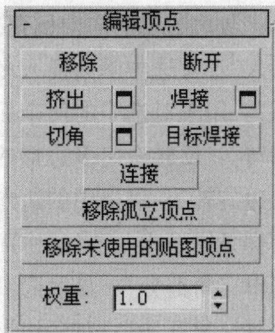

图 3-1-55 "编辑顶点"卷展栏

- "连接"：在选中的顶点之间创建新的边。
- "移除孤立的顶点"：删除所有孤立的点，不管是否选中该点。

3. "编辑边"卷展栏（见图 3-1-56）

- "插入顶点"：手动细分可视边，在边上单击可以在该位置处添加顶点。
- "移除"：移除当前选中的边，但不会删除面。
- "分割"：沿选定的边分割网格。
- "挤出"：对选中的边进行挤出操作。
- "焊接"：对边进行焊接，在焊接阈值内被选中的边会焊接到一起。
- "切角"：对选中的边进行切角处理。
- "目标焊接"：将选中的边拖动到要焊接的边上进行焊接。
- "连接"：在选中的边之间创建新的连接线，可以设置连接分段数来设置连线数量。
- "桥"：创建新的多边形来连接对象中的多边形或选定的多边形，建立多边形间的直线连接。在设置对话框中可以设置锥化使其平滑地跟随曲面，达到理想的连接效果。

4. "编辑多边形"卷展栏（见图 3-1-57）

- "插入顶点"：手动细分多边形，单击多边形即可在该位置处添加顶点。只要命令处于活动状态，就可以连续细分多边形。
- "挤出"：垂直拖动任何多边形，会沿着法线方向将其挤出。

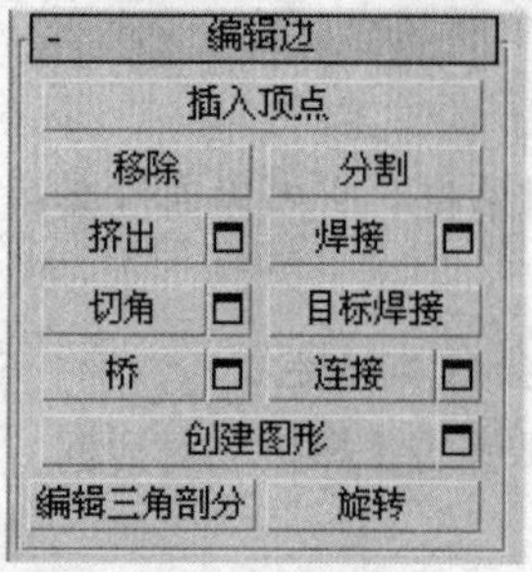

图 3-1-56 "编辑边"卷展栏 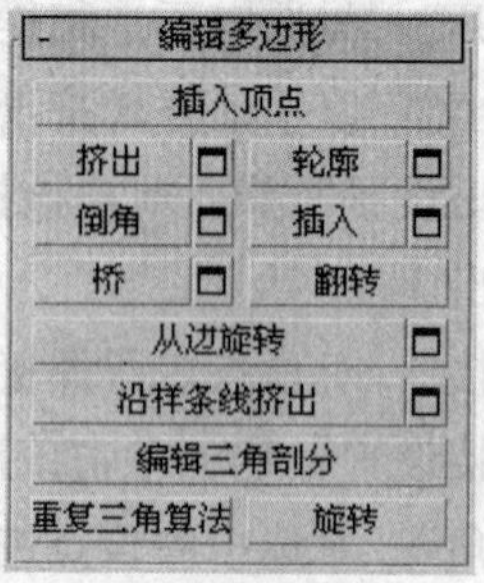　　　　　　　　　图 3-1-57 "编辑多边形"卷展栏

- "轮廓"：用于增加或减小每组连续的选定多边形的外边尺寸。
- "倒角"：与"挤出"功能一样有三种方式，倒角可以设置倒角参数，数值为正时向外倒角，数值为负时向内倒角。
- "插入"：对选中平面插入多边形，执行没有高度的倒角操作。
- "桥"：用于对选中的两个面进行桥接。
- "翻转"：反转选定多边形的法线方向。
- "从边旋转"：以选中的边作为轴执行手动旋转操作。
- "沿样条线挤出"：将选中面沿曲线进行拉伸，可以制作尾巴、鼠标线等弯曲造型。
- "编辑三角部分"：显示隐藏的三角面，以使多边形面细分为三角形的方式。
- "重复三角算法"：对多边形上不规则的三角面进行重建。
- "旋转"：单击对角线可以修改多边形细分为三角形的方向。

技能训练

闪存盘是日常生活中最常用的存储设备，下面以一款 U 盘为例，强化多边形建模的操作，效果如图 3-1-58 所示。

要求：

（1）创建长方体作为闪存盘的基础造型。

（2）使用编辑多边形制作闪存盘帽与主体间缝隙等部分。

（3）创建文本后使用"挤出"修改器来制作表面文字。

图 3-1-58 闪存盘制作效果

学习评价

任务评价表如表 3-1-1 所示。

表 3-1-1 任务评价表

类别	内容		评价		
	学习目标	评价项目	3	2	1
职业能力	能使用编辑多边形修改器	能掌握多边形建模的一般方法			
		能使用"插入"工具			
		能使用"挤出"工具			
		能使用"切角"工具			
		能使用"切割"工具			
	能使用常用修改器	能使用"对称"修改器			
		能使用"涡轮平滑"修改器			
通用能力	造型能力				
	审美能力				
	组织能力				
	解决问题的能力				
	自主学习的能力				
	创新能力				
综合评价					

思考与练习

（1）在多边形建模时，通过什么方式可以保证布线、编辑的准确与便捷？

（2）如何以透明、边面方式显示对象？

（3）制作手机过程中为什么要使用"对称"修改器？

（4）如何在长方体上制作出一个凸起的圆柱体？

任务二 侧面板制作——环境效果

任务描述

要制作一款生动逼真的手机，在制作好主体区域后，细节部分的调整、环境的渲染也是不可忽视的。本任务中继续使用编辑多边形方法完成手机侧面板接口、电源及音量按键等部分的制作与细节的调整。制作效果如图 3-2-1 所示。

任务分析

利用切割工具沿侧面板各插孔边缘切割出轮廓线，再利用"挤出""切角"等工具完成细节调整。将插孔轮廓挤出后，对孔内边线使用"切角"命令可制作方形孔，否则制作出来的插孔就是圆形的。当局部区域出现显示不正常时，可以进入顶点子对象层级，焊接或是调节顶点的位置就能解决问题。

图 3-2-1　任务二效果图

方法与步骤

1. 侧面板制作

> 提示：
> ① 框选并调整机身侧面边线；② 制作前面板金属部分下侧的分隔线；③ 制作手机后盖与机身的分隔线；④ 制作机身左侧面按钮；⑤ 在后视图制作机身顶部的电源开关键；⑥ 进一步调节机身边缘顶点。

（1）打开"N6300 机身.max"，在左视图中对边线进行调整，如图 3-2-2 所示。

（2）选择如图 3-2-3 所示的一段水平边线，单击"选择"卷展栏中的"循环"按钮，可以选择整条水平边线。

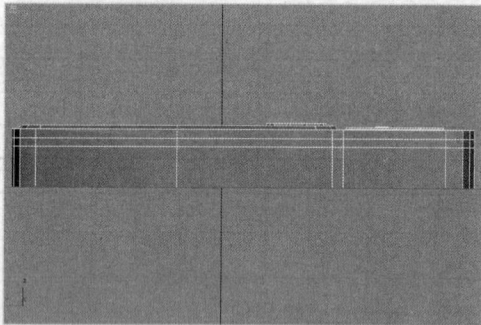

图 3-2-2　调整边线位置

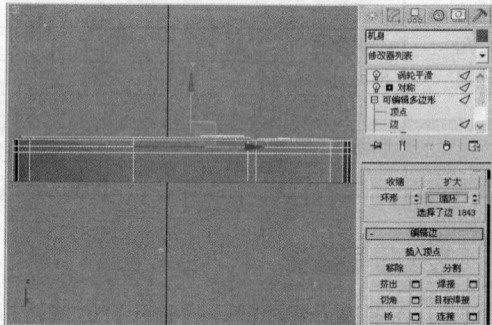

图 3-2-3　循环选择边

（3）单击"挤出"右侧的按钮，在弹出的对话框中设置"挤出高度"为-0.02 mm，"挤出基面宽度"为 0.02 mm，单击"应用"按钮，再次设置"挤出高度"为-1 mm，"挤出基面宽度"为 0.01 mm，单击"确定"按钮，如图 3-2-4 所示。

（4）使用"快速切片"工具在下侧切出一条水平边线，再使用"切割"工具切割出圈中线条，如图 3-2-5 所示。

（5）使用"切割"工具在前视图中切割出圈中线条，如图 3-2-6 所示。

（6）选择如图 3-2-7 所示的在不同面上的边线。单击"挤出"右侧按钮，设置"挤出高度"为-0.02 mm，"挤出基面宽度"为 0.02 mm，单击"应用"按钮，再次设置"挤出高度"为-1 mm，"挤出基面宽度"为 0.01 mm，单击"确定"按钮。

图 3-2-4 向内挤出边

图 3-2-5 切割边线

图 3-2-6 切割边线

图 3-2-7 选择并挤出边

（7）选择如图 3-2-8 所示三条边。单击"挤出"右侧的按钮，设置"挤出高度"为-0.02 mm，"挤出基面宽度"为 0.02 mm，单击"应用"按钮，再次设置"挤出高度"为-1 mm，"挤出基面宽度"为 0.01 mm，单击"确定"按钮，如图 3-2-8 所示。

（8）在后视图中将第二条竖线稍向左移，利用"切割"工具切割出图 3-2-9 所示左侧 4 条边。

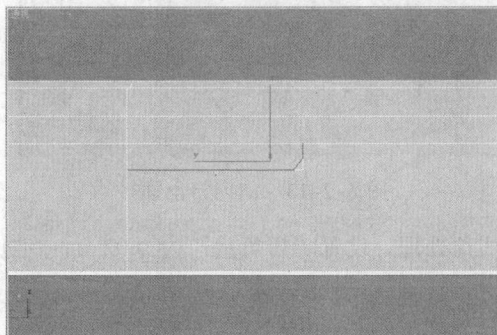

图 3-2-8 选择并挤出边

图 3-2-9 切割边线

（9）选择左侧 5 条边，单击"挤出"右侧的按钮，设置"挤出高度"为-0.02 mm，"挤出基面宽度"为 0.12 mm，单击"应用"按钮，再次设置"挤出高度"为-1 mm，"挤出基面宽度"为 0.01 mm，单击"确定"按钮，如图 3-2-10 所示。

（10）在各视图中，将圈中顶点稍向里移动，使机身看起来更圆润、自然，如图 3-2-11 所示。

图 3-2-10　挤出左侧 5 条边

图 3-2-11　调整边缘顶点

2. 制作插孔

> **提示：**
> ① 制作手机下侧面中间大方孔；② 制作方孔中间圆孔；③ 制作手机下侧面左面的方孔与圆孔。

（1）在前视图中切割出边线（圆圈处），右击方框处的边，在弹出的快捷菜单中执行"删除"命令，如图 3-2-12 所示。

（2）选择并向内挤出多边形，设置"挤出高度"为-4 mm，如图 3-2-13 所示。

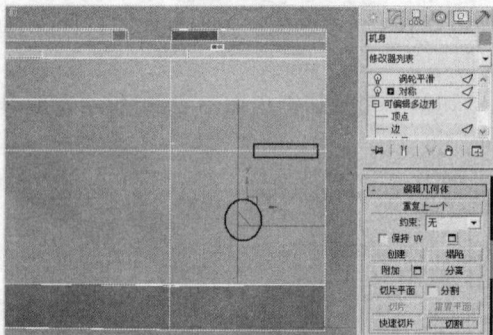

图 3-2-12　切割插口边线

图 3-2-13　向内挤出面

（3）删除右侧多余的面，选择边缘处边线进行切角处理，设置"切角量"为 0.02 mm，如图 3-2-14 所示。

（4）单击"轮廓"右侧的按钮，设置"轮廓量"为-0.1 mm，如图 3-2-15 所示。

（5）向外挤出多边形，设置"挤出高度"为 4 mm，如图 3-2-16 所示。

（6）对挤出的多边形四周边线进行切角，设置"切角量"为 0.03 mm，如图 3-2-17 所示。

（7）使用"切割"工具在前视图中按图 3-2-18 所示切割出 9 条边。

（8）选择并向内挤出多边形，设置"挤出高度"为-6 mm，如图 3-2-19 所示。

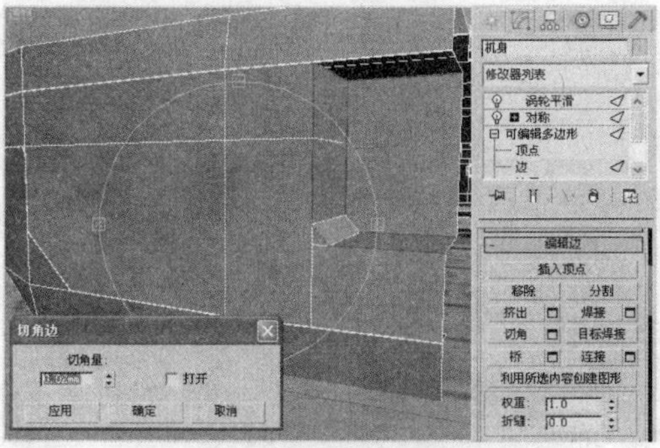

图 3-2-14 对边缘线切角

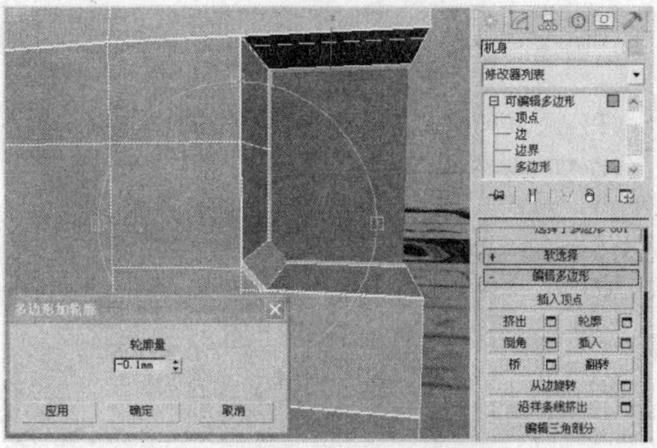

图 3-2-15 使用轮廓命令

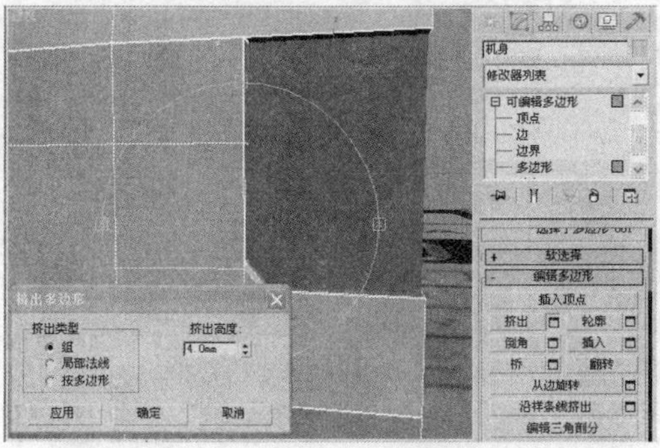

图 3-2-16 向外挤出

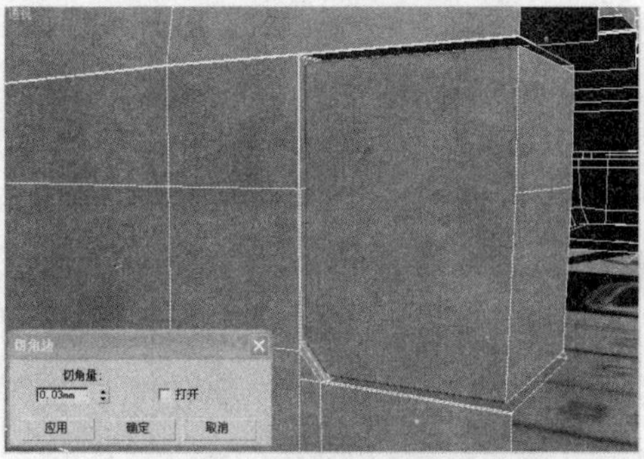

图 3-2-17 对边线进行切角

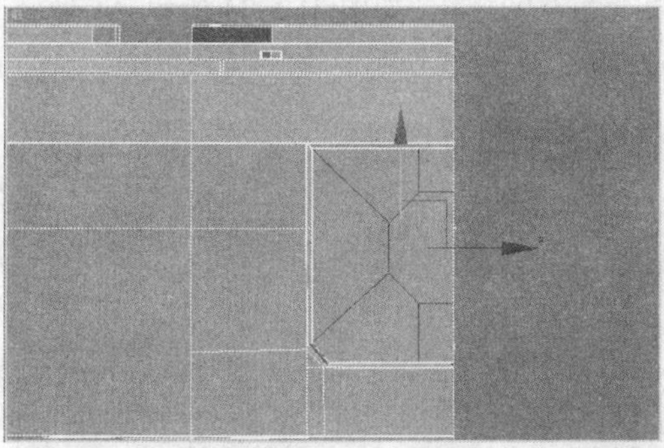

图 3-2-18 切割插孔边线

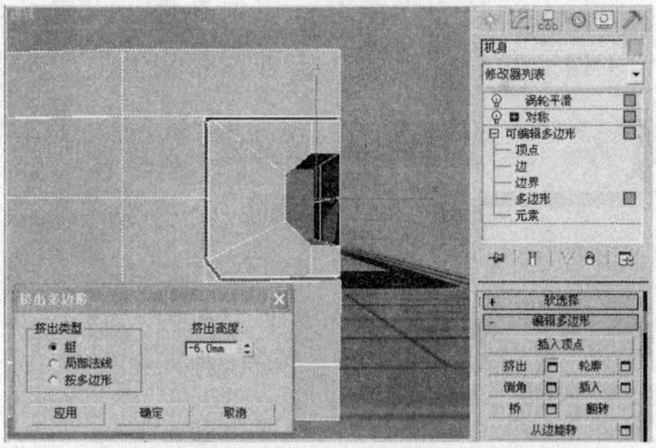

图 3-2-19 向内挤出插孔

（9）删除右侧多余的面，对边线进行切角处理，设置"切角量"为 0.02mm，如图 3-2-20 所示。

（10）在修改堆栈中单击"对称"修改器，然后在"修改器列表"中选择"编辑多边形"修改器，进入"边"子对象层级，切割出 8 条边，如图 3-2-21 所示。

（11）选择插孔多边形并向内挤出，设置"挤出高度"为-5 mm，如图 3-2-22 所示。

（12）单击"插入"右侧的按钮，设置"插入量"为 0.05 mm，如图 3-2-23 所示。

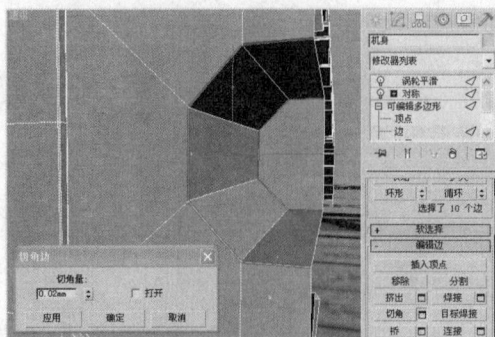

图 3-2-20　对边缘切角

图 3-2-21　切割出其他边线

图 3-2-22　向内挤出多边形

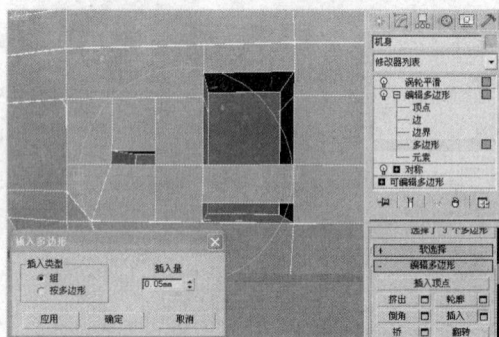

图 3-2-23　使用"插入"命令

（13）选择边缘线进行切角处理，设置"切角量"为 0.02 mm，如图 3-2-24 所示。

（14）向外挤出面，设置"挤出高度"为 5 mm，如图 3-2-25 所示。

图 3-2-24　对边缘线进行切角

图 3-2-25　向外挤出面

（15）对挤出多边形边线进行切角，设置"切角量"为 0.02 mm，如图 3-2-26 所示。

（16）在多边形上切割出几条边，如图 3-2-27 所示。

（17）选择中间的多边形并向内挤出，设置"挤出高度"为 –5 mm，如图 3-2-28 所示。

（18）选择边缘处四条边进行切角处理，设置"切角量"为 0.02 mm，如图 3-2-29 所示。

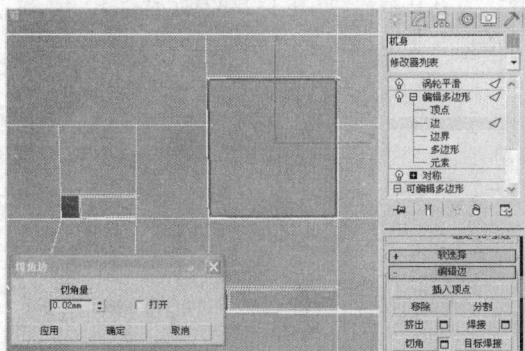

图 3-2-26　切角多边形边

图 3-2-27　切割插孔边线

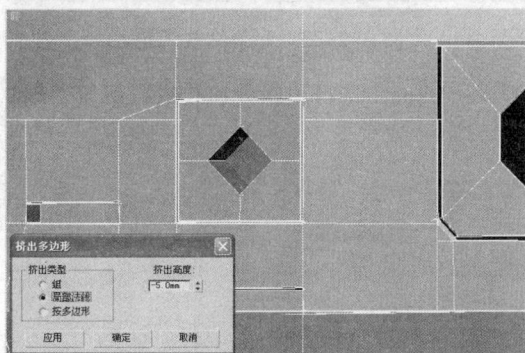

图 3-2-28　向内挤出面

图 3-2-29　对边缘线切角

3. 制作音量键

提示：

① 在机身右侧切割出音量键多边形；② 使用"挤出""插入"等命令制作按键。

（1）在右视图中切割出音量按键边线，如图 3-2-30 所示。

（2）选择并向内挤出多边形，设置"挤出高度"为-5 mm，如图 3-2-31 所示。

图 3-2-30　切割音量键边线

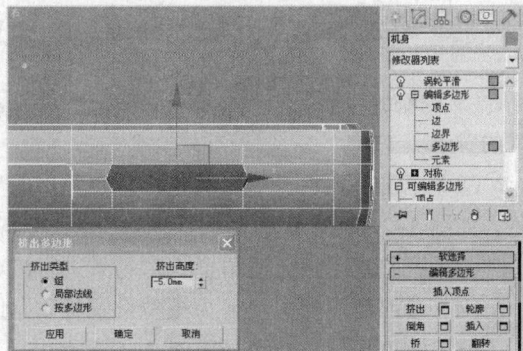

图 3-2-31　向内挤出多边形

（3）单击"插入"右侧的按钮，设置"插入量"为0.1 mm，如图3-2-32所示。

（4）选择边缘处边线进行切角处理，设置"切角量"为0.04 mm，如图3-2-33所示。

图3-2-32　对面插入操作

图3-2-33　对边缘线切角

（5）选择多边形面向外挤出，设置"挤出高度"为5 mm。选择边缘处边线进行切角处理，设置"切角量"为0.02 mm，如图3-2-34所示

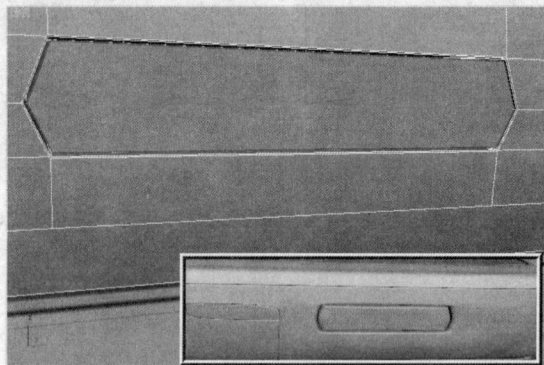

图3-2-34　向外挤出多边形

4. 渲染环境

提示：
① 打开"环境和效果"对话框；② 设置环境背景颜色。

（1）执行"渲染"|"环境"命令，打开"环境和效果"对话框，在对话中可以设置渲染窗口的背景。

（2）单击"颜色"下方颜色块，在弹出的"颜色选择器：背景色"对话框中选择一种背景色，如图3-2-35所示。

（3）调整视图到合适角度，对场景进行渲染，如图3-2-36所示。

（4）参照后面相关项目为模型设置材质贴图与灯光。

（5）渲染场景，效果如图3-2-1所示。

图 3-2-35 "环境和效果"对话框

图 3-2-36 手机整体效果

相关知识

设置渲染环境

当对场景渲染输出时，背景默认是黑色的。用户可以通过"环境和效果"对话框进行更改。执行"渲染"|"环境"命令，打开"渲染和效果"对话框，如图 3-2-37 所示。

（1）"公用参数"卷展栏：在该卷展栏中，用户可以设置场景背景颜色和背景图像。

- "颜色"：指定场景背景颜色。启用"自动关键点"，更改非零帧的背景颜色，可以设置颜色效果动画。
- "环境贴图"：指定场景环境贴图，单击下方的"无"按钮，使用"材质/贴图浏览器"对话框选择贴图，或将"材质编辑器"中示例窗或贴图按钮上的贴图拖放到"环境贴图"按钮上。为了模拟真实环境，可以加入 HDRI 环境贴图来增强反射的逼真程度。同时，HDRI贴图也可以作为一种特殊的光源照亮场景。

图 3-2-37 "环境和效果"对话框

- "使用贴图"：选择该项，渲染输出时使用背景贴图而不使用背景颜色。
- "染色"：如果此颜色不是白色，则为场景中的所有灯光（环境光除外）染色。单击色样显示"颜色选择器"，用于选择色彩颜色。可以为染色过程设置色彩颜色动画。
- "级别"：用于倍增场景中所有灯光的亮度。该参数可以设置动画。
- "环境光"：指定环境光的颜色。该参数可以设置动画。

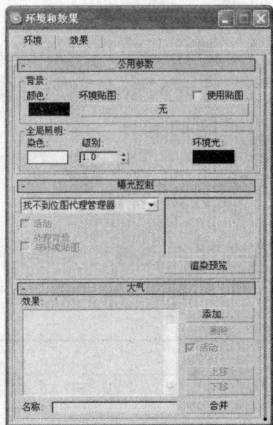

（2）"曝光控制"卷展栏：用于调整渲染的输出级别和颜色范围，就像调整胶片曝光一样，如图 3-2-38 所示。

- "对数曝光控制"下拉列表框：可以选择要使用的曝光控制。渲染静止图像时使用自动曝光控制；主照明从标准灯光（而不是光度学灯光）发出或使用移动摄影机拍摄动画时，应使用对数曝光控制。
- "活动"：渲染输出时使用曝光控制。
- "处理背景与环境贴图"：启用时，场景背景贴图和场景环境贴图受曝光控制的影响。

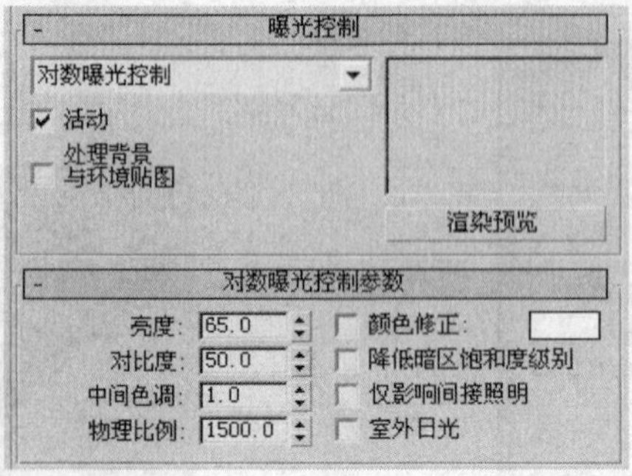

图 3-2-38 "曝光控制"卷展栏

技能训练

叉、勺是餐桌上必不可少的餐具，"编辑多边形"修改器可以轻松制作这些物体。制作效果如图 3-2-39 所示。

要求：

（1）制作长方体并转换为可编辑多边形。

（2）对可编辑多边形对象的顶点、多边形等子对象层级调节完成模型制作。

图 3-2-39 餐具刀叉效果

学习评价

任务评价表如表 3-2-1 所示。

表 3-2-1 任务评价表

类别	内容		评价		
	学习目标	评价项目	3	2	1
职业能力	能使用"编辑多边形"修改器	能掌握多边形建模的一般方法			
		能使用"插入"工具			
		能使用"挤出"工具			
		能使用"切角"工具			
		能使用"切割"工具			
	能设置渲染背景环境	能修改背景颜色			
		能设置背景环境图片			
通用能力	造型能力				
	审美能力				
	组织能力				
	解决问题的能力				
	自主学习的能力				
	创新能力				
综合评价					

思考与练习

（1）场景渲染时背景默认为黑色，如何更改为自己选定的一幅图片？

（2）制作手机侧面板接口时，如何控制孔的形状（圆形或方形）？

项目实训　制作鼠标

一、项目背景

下面运用多边形编辑工具制作一个鼠标及鼠标垫,制作效果如图 3-实训-1 所示。

二、项目要求

(1)能灵活运用可编辑多边形提供的编辑工具制作、修改模型。

(2)增强三维空间操作能力与想像能力。

图 3-实训-1　鼠标制作效果图

三、项目提示

(1)鼠标垫使用长方体创建制作。

(2)鼠标体由长方体转换为可编辑多边制作。

(3)鼠标滚轮可以由线条使用"车削"修改器编辑制作。

(4)鼠标线可以由多边形沿样条线挤出后制作,也可用直线制作。

四、项目评价

项目实训评价表如表 3-实训-1 所示。

表 3-实训-1　项目实训评价表

类　　别	内　　容		评　　价		
	学习目标	评价项目	3	2	1
职业能力	能制作与编辑几何体	能建立鼠标垫长方体对象			
		能创建鼠标长方体对象			
		能转换长方体到可编辑多边形			
		能使用"对称"修改器			
		能使用"涡轮平滑"修改器			
职业能力	能制作模型的二维截面	能绘制滚轮二维曲线			
		能使用"车削"修改器			
	能使用编辑多边形修改器	能掌握多边形建模的一般方法			
		能使用"插入"工具			
		能使用"挤出"工具			
		能使用"切角"工具			
		能使用"切割"工具			
通用能力	造型能力				
	审美能力				
	沟通能力				
	相互合作的能力				
	解决问题的能力				
	自主学习的能力				
	创新能力				
综合评价					

项目四

静物渲染

　　渲染是 3ds Max 制作中必不可少的环节，通过渲染可使模型效果充分展现出来，一幅好的渲染图可与照片相媲美。在本项目中，运用 V-Ray 渲染器完成牙膏、茶杯、饮料瓶等场景对象的渲染。

　　在本项目中，将静物渲染分为两个任务来完成。在任务一中，完成牙膏、茶杯模型的渲染与 V-Ray 分布式渲染；在任务二中，完成饮料瓶材质设置、渲染和水果红酒的材质、渲染。

学习目标

- ☑ 能使用 V-Ray 渲染器渲染场景
- ☑ 能设置 V-Ray 渲染器参数
- ☑ 能正确设置 HDR 贴图并渲染场景
- ☑ 能设定基本的 V-Ray 材质
- ☑ 能使用 V-Ray 分布式渲染渲染场景

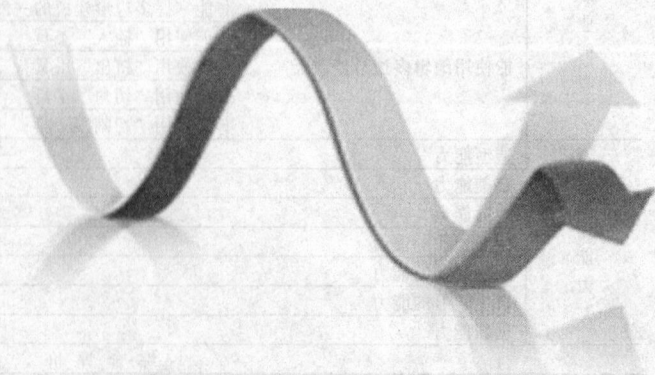

任务一 天光渲染——V-Ray 渲染器的运用

任务描述

V-Ray 渲染器作为目前主流的渲染器，在渲染方面有着出色的表现。本任务运用 V-Ray 渲染器对牙膏和茶杯场景进行渲染，通过简单的参数设置，得到真实质感的渲染效果。本任务实例的渲染效果如图 4-1-1 所示。

图 4-1-1 任务一效果图

任务分析

在牙膏渲染实例中，将渲染器更改为 V-Ray 渲染器，利用 V-Ray 环境天光为场景提供照明；在茶杯渲染实例中，采用环境天光结合 HDR 环境贴图的方式为场景提供光照，以体现茶杯的真实质感；采用 V-Ray 分布式渲染，对客户机和服务器分别进行设置，实现一图多机共同渲染。

方法与步骤

1. 牙膏渲染

> **提示：**
> ① 打开"渲染场景"对话框，更改渲染器为 V-Ray 渲染器；② 设置"VR_基项"参数；③ 设置"间接照明"参数；④ 渲染场景。

（1）启动 3ds Max 2012，打开素材文件夹下的"牙膏.max"，场景效果如图 4-1-2 所示。

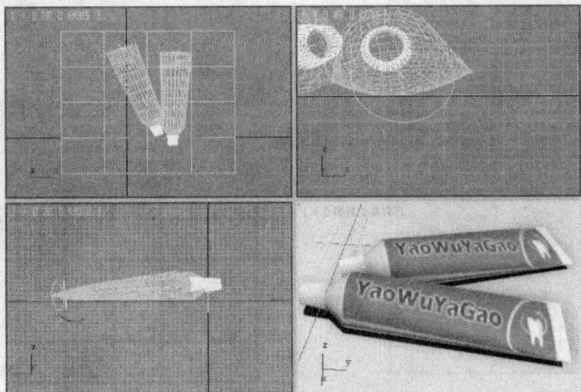

图 4-1-2 场景效果

（2）按【F10】键打开"渲染设置：默认扫描渲染器"对话框，在"公用"选项卡的"指定渲染器"卷展栏中单击产品级右侧 … 按钮，弹出"选择渲染器"对话框，选择"V-Ray Adv 2.00.03"，如图 4-1-3 所示。单击"确定"按钮，将渲染器更改为 V-Ray 渲染器。

（3）设置 V-Ray 基项参数。选择"VR_基项"选项卡，在"V-Ray：：全局开关"卷展栏中关掉"缺省灯光"。在"V-Ray::环境"卷展栏下，"全局照明环境（天光）覆盖"选择"开"复选框，设置"倍增器"强度为 0.85，如图 4-1-4 所示。

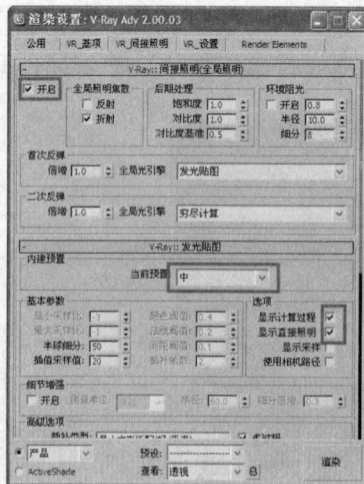

图 4-1-3　更改为"V-Ray Adv 2.00.03"渲染器

图 4-1-4　设置"VR_基项"参数

（4）设置"VR_间接照明"参数。在"V-Ray::间接照明（全局照明）"卷展栏下，选择"开启"复选框。在"V-Ray::发光贴图"卷展栏下，设置"当前预置"为"中"，选择"显示计算过程"和"显示直接照明"复选框，如图 4-1-5 所示。

（5）单击"渲染"按钮渲染场景，渲染效果如图 4-1-6 所示。单击"保存图像"按钮 🖫，以"牙膏渲染.max"为文件名保存文件。

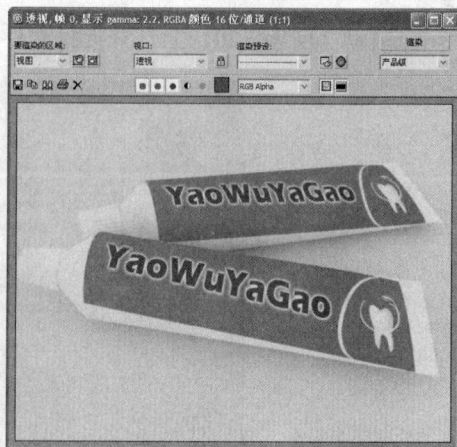

图 4-1-5　设置"VR_间接照明"参数

图 4-1-6　渲染效果

2. 茶杯渲染

（1）在牙膏渲染过程中，只运用了环境天光照亮场景，对象的高光反射不能很好地体现。下面在茶杯渲染过程中，通过使用 HDR 贴图模拟环境光照，实现材质的真实反射效果。打开素材文件下的 cupset.max，场景效果如图 4-1-7 所示。

（2）设置"V-Ray::全局开关"参数。按【F10】键打开"渲染设置"对话框，单击选择"VR_基项"选项卡，在"V-Ray::全局开关"卷展栏中关掉"缺省灯光"，如图 4-1-8 所示。

图 4-1-7　场景效果

图 4-1-8　设置"V-Ray::全局开关"参数

（3）设置 HDR 贴图参数。执行"渲染"|"材质编辑器"|"精简材质编辑器"命令，打开"材质编辑器"对话框。选择一个空白材质球，单击"获取材质"按钮，打开"材质/贴图浏览器"对话框，双击标准卷展栏中"VR_HDRI"。单击"浏览"按钮，选择素材文件夹下 HDR贴图文件 kitchen_probe.hdr。设置"贴图类型"为球体，"水平旋转"为 75°，"垂直旋转"为26°，"整体倍增器"为 0.7，如图 4-1-9 所示。

（4）设置"V-Ray::环境"参数。在"V-Ray::环境"卷展栏下，选择"开"复选框，将 HDR贴图拖动到"全局照明环境（天光）覆盖"和"反射/折射环境覆盖"区域的长按钮上，复制方式选择"实例"，如图 4-1-10 所示。

（5）设置"V-Ray::颜色映射"参数。在"V-Ray::颜色映射"卷展栏中，设置"类型"为"VR_指数"，选择"子像素映射"和"钳制输出"复选框，如图 4-1-11 所示。

（6）设置"VR_间接照明"参数。在"V-Ray::间接照明（全局照明）"卷展栏下，选择"开启"复选框。在"V-Ray::发光贴图"卷展栏下，设置"当前预置"为中，选择"显示计算过程"和"显示直接照明"复选框，如图 4-1-12 所示。

（7）单击"渲染"按钮渲染场景，渲染效果如图 4-1-13 所示。

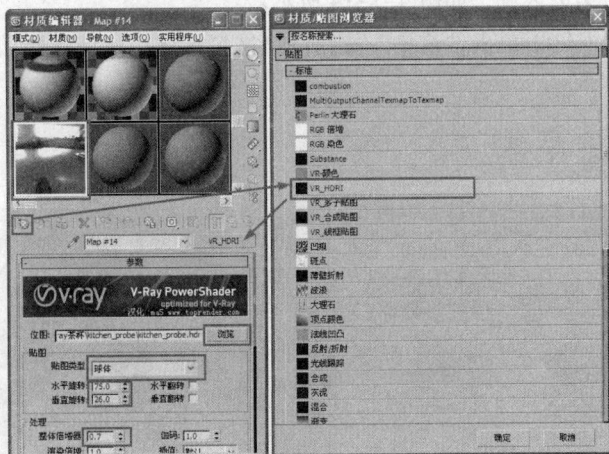

图 4-1-9　设置 HDR 贴图参数

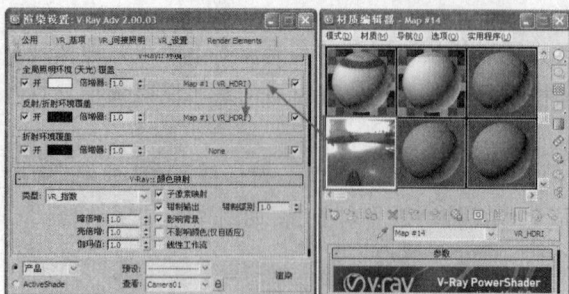

图 4-1-10　设置"V-Ray::环境"参数

图 4-1-11　设置"V-Ray::颜色映射"参数

图 4-1-12　设置"VR_间接照明"参数

图 4-1-13　茶杯渲染效果

（8）设置渲染区域。按【F10】键打开"渲染设置"对话框，在"公用参数"卷展栏下，在"要渲染的区域"下拉列表框选择"区域"选项，窗口中出现区域选择框，拖动选择框到要渲染的区域，如图 4-1-14 所示。

（9）单击"渲染"按钮渲染选定区域，渲染效果如图 4-1-15 所示。

图 4-1-14　设置渲染区域

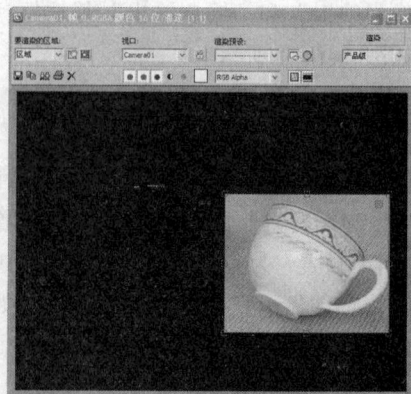

图 4-1-15　区域渲染效果

（10）更改渲染方式为"裁剪"，再次渲染场景，效果如图 4-1-16 所示。

（11）更改渲染方式为"放大"，渲染场景，效果如图 4-1-17 所示。

图 4-1-16 裁剪渲染效果

图 4-1-17 放大渲染效果

3. V-Ray 分布式渲染

（1）分布式渲染是一种能够把单帧图像的渲染分布到多台计算机（或多个 CPU）上渲染的一种网络渲染技术，主要思路是把单帧划分成不同的区域，由各个计算机或 CPU 单独计算。分布式渲染需要在网络环境下进行，多台计算机通过路由器连接且都能相互访问，如图 4-1-18 所示。A 机通过网络与 B、C、D 机相连接，通过分布式渲染，网络中的计算机可以同时渲染 A 机的效果图。分布式渲染需要分别对本机（A 机）和提供服务的计算机（B、C、D 机）分别进行设置。

（2）建立共享文件夹。在 A 机建立一个文件夹（webmax）并右击，在弹出的快捷菜单中执行"共享和安全"命令，把文件夹设为共享，并选择"允许网络用户更改我的文件"，如图 4-1-19 所示。

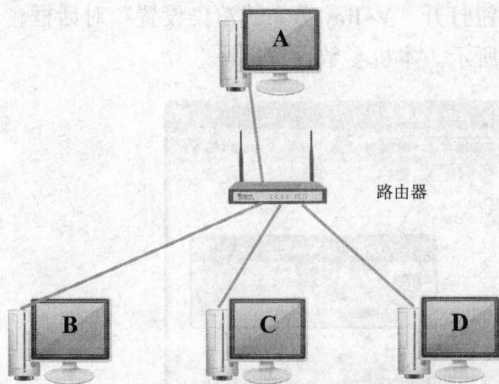

图 4-1-18 分布式渲染网络示意图

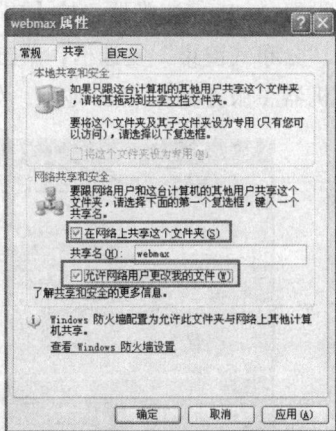

图 4-1-19 建立共享文件夹

（3）收集场景文件到共享文件夹。打开素材文件下的 cupset_ok.max 文件，单击"工具"按钮使用"资源收集器"，将场景里面所有的贴图和 Max 文件一起导出到刚建立的共享文件夹 webmax 中，如图 4-1-20 所示。需要注意的是，所有贴图、Max 文件名中不能有汉字，只能是英文或数字，否则就会出现渲染时贴图丢失的情况。

（4）在网络中打开场景文件。单击"快速访问"工具栏中的"打开文件"按钮，打开网上邻居路径中的共享文件夹 webmax 中的 cupset_ok.max 文件，如图 4-1-21 所示。

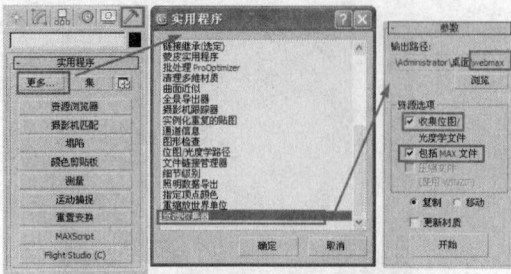

图 4-1-20　收集场景文件　　　　　　　图 4-1-21　网络中打开文件

（5）更改贴图路径。按【Shift+T】组合键打开"资源追踪"对话框，选择所有贴图文件，并设置路径，如图 4-1-22 所示。

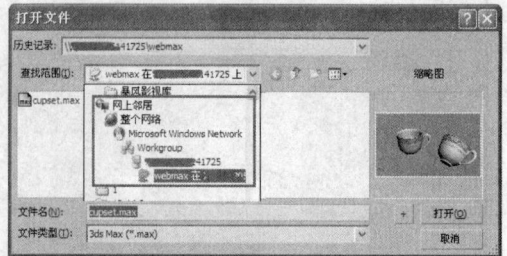

图 4-1-22　设置贴图路径

（6）设置 V-Ray 渲染器。按【F10】键打开"渲染设置"对话框，进入"VR_设置"选项卡，选择"分布式渲染"复选框，单击"设置"按钮打开"V-Ray 分布式渲染设置"对话框，添加其他机器（服务器）的 IP 地址，如图 4-1-23 所示。本机参数设置完毕。

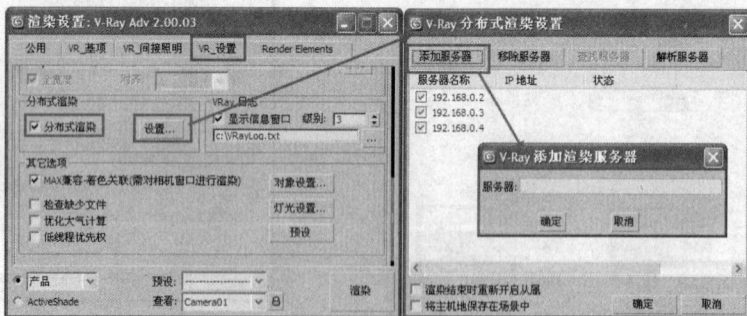

图 4-1-23　添加渲染服务器

（7）设置服务器。在服务器上（B、C、D 机）上运行 3ds Max 安装文件夹下的 vrayspawner2012.exe 即可（不需要运行 3ds Max 软件），如图 4-1-24 所示。

（8）按【F9】键渲染场景，能够观察到渲染窗口中多台计算机正在共同完成渲染，如图 4-1-25 所示。

图 4-1-24　运行 vrayspawner2012.exe

图 4-1-25　多机共同渲染效果

相关知识

1. 渲染器介绍

3ds Max 进行场景渲染时，需要在"渲染设置"窗口中进行参数设置，打开"渲染设置"窗口有以下几种方法：

- "渲染"菜单 | "渲染设置"；
- 主工具栏 | 🖼（渲染设置）；
- "渲染帧窗口" | 🖼（渲染设置）；
- 键盘 | 【F10】键。

3ds Max 2012 简体中文完整版安装 V-Ray 渲染器后，有以下 7 种渲染器："默认扫描线渲染器""iray 渲染器""mentral ray 渲染器""Quicksilver 渲染器""V-Ray Adv 2.00.03""V-Ray RT 2.00.02"和"VUE 文件渲染器"。执行"渲染" | "渲染设置"命令（快捷键：【F10】），在打开的"渲染设置：默认扫描线渲染器"窗口中"公用"选项卡下，单击"指定渲染器"卷展栏中"产品级"右侧的按钮，在打开的"选择渲染器"对话框中选择需要的渲染器，如图 4-1-26 所示。

（1）默认扫描线渲染器。默认扫描线渲染器是在 3ds Max 6 以前的版本中安装的唯一渲染器，也是现在各版本 3ds Max 安装后的默认渲染器。它不需要复杂的设置，具有渲染速度快的特点，一般只处理直接光照，有很多特效不能表现出来。现在大多数效果图的制作已经不再使用该渲染器。

（2）iray 渲染器。为了让更多的用户不需要担心渲染与灯光的设置问题，在 3ds Max 2012 版本里加入了一个强有力的渲染引擎——iray 渲染器。iray 渲染器，不管在使用的简易度上还是效果的真实度上都是前所未有的。iray 渲染器通过追踪灯光路径创建物理精确的渲染，与其他

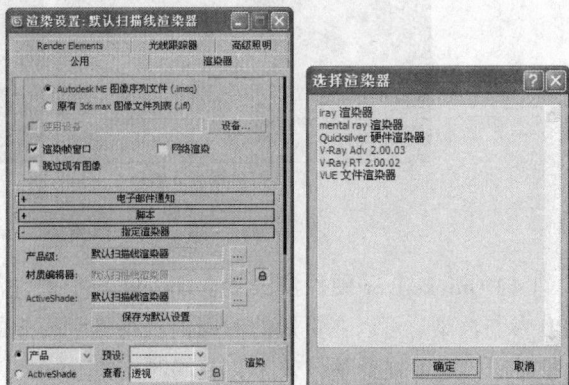

图 4-1-26　更改渲染器

渲染器相比，它几乎不需要进行设置。

iray 渲染器的主要处理方法是基于时间的，用户可以指定要渲染的时间长度、要计算的迭代次数，或者只需启动渲染一段不确定的时间后，对结果外观满意时将渲染停止。

与其他渲染器的渲染结果相比，iray 渲染器的头几次迭代渲染看上去颗粒更多一些。渲染的遍数越多，颗粒越就不明显。iray 渲染器特别擅长渲染反射，包括光泽反射；它也擅长渲染在其他渲染器中无法精确渲染的自发光对象和图形。同一场景不同渲染时间的渲染效果对比如图 4-1-27 所示。

（a）默认渲染时间 1 分钟　　　　　　　　　　（b）延长渲染时间

图 4-1-27　iray 渲染器效果

（3）mental ray 渲染器。mental ray 渲染器和 iray 渲染器都是德国 Mental Images 公司的产品。mental ray 是早期出现的两个重量级的渲染器之一（另外一个是 Renderman），在刚推出的时候，集成在著名的 3D 动画软件 Softimage 3D 中，作为其内置的渲染引擎。正是凭借着 mental ray 高效的速度和质量，Softimage 3D 一直在好莱坞 3ds Max 制作中作为首选的软件。

自 3ds Max7.0 以来，mental ray 渲染器完成了与 3ds Max 的集成，无须另外安装。mental ray 是一种通用渲染器，它可以生成灯光效果的物理校正模拟，包括光线跟踪反射、折射、焦散和全局照明。一般来说只需要在程序中设定好参数，然后"智能"地对需要渲染的场景自动计算，所以 mental ray 有了一个别名"智能"渲染器，而且效率非常高。图 4-1-28 所示为 mental ray 渲染和默认扫描线渲染器对同一场景的渲染效果对比。

（a）默认扫描线渲染效果　　　　　　　　　　（b）mental ray 渲染效果

图 4-1-28　默认扫描线与 mental ray 渲染对比

（4）Quicksilver 硬件渲染器。Quicksilver 硬件渲染器可以同时让计算机的 CPU 与显卡的 GPU 参与渲染，可以在更短的时间内获得非常理想的渲染效果，这样在测试渲染时可以节省下大量时间，进而提升整体效率，并同时支持 alpha、z-buffer、景深、动态模糊、动态反射、灯光、Ambient Occlusion、阴影等。对于可视化、动态脚本、游戏相关的材质有很大的帮助。

（5）V-Ray 渲染器。V-Ray 渲染器是由 chaosgroup 和 asgvis 公司出品，由中国曼恒公司负责推广的一款高质量渲染软件。V-Ray 是目前业界最受欢迎的渲染引擎，基于 V-Ray 内核开发的有 VRay for 3ds Max、Maya、Sketchup、Rhino 等诸多版本，为不同领域的优秀 3D 建模软件提供了高质量的图片和动画渲染。除此之外，VRay 也可以提供单独的渲染程序，方便用户渲染各种图片。

V-Ray 渲染器提供了一种特殊的材质——VrayMtl。在场景中使用该材质能够获得更加准确的物理照明（光能分布），更快的渲染，反射和折射参数调节更方便。使用 VrayMtl，可以应用不同的纹理贴图，控制其反射和折射，增加凹凸贴图和置换贴图，强制直接全局照明计算，选择用于材质的 BRDF。

3ds Max 2012 简体中文完整版中默认安装了两个 V-Ray 渲染器：V-Ray Adv 2.00.03 和 V-Ray RT 2.00.02。V-Ray Adv 用于进行正式的场景渲染，是利用 CPU 进行渲染的。V-Ray RT 是一种实时渲染，在渲染窗口旋转下视图也马上更新渲染效果，可以使用 CPU 或显卡 GPU 完成。

（6）VUE 文件渲染器。VUE 文件渲染器是个接口，需要安装 VUE 景观软件，与 3ds Max 进行文件的互调才起作用，它不能直接用于场景的渲染。

除上述渲染器外，常用的渲染器还有 Brazil 和 FinalRender 渲染器。

① Brazil 渲染器。Brazil 渲染器是由 SplutterFish 公司推出的 3ds Max 的渲染插件，它拥有强大的光线跟踪的折射、反射、全局光照、散焦等功能。Brazil 渲染器渲染效果极其强大，但渲染速度相对来说较慢，主要用于产品渲染。

② FinalRender 渲染器。FinalRender 渲染器是德国 Cebas 公司出品的渲染插件，其渲染效果虽然略逊色于 Brazil 渲染器，但由于其速度非常快，效果也很高，对于商业市场来说是非常合适的。相对别的渲染器来说，FinalRender 提供了 3S（次表面散射）的功能和用于卡通渲染仿真的功能，可以说是全能的渲染器。相对其他渲染器来说，FinalRender 设置比较多些，可以调节很多不同的细节，单纯就全局光而言是目前渲染器中最快的，其渲染速度比 Brazil 和 V-Ray 快很多。

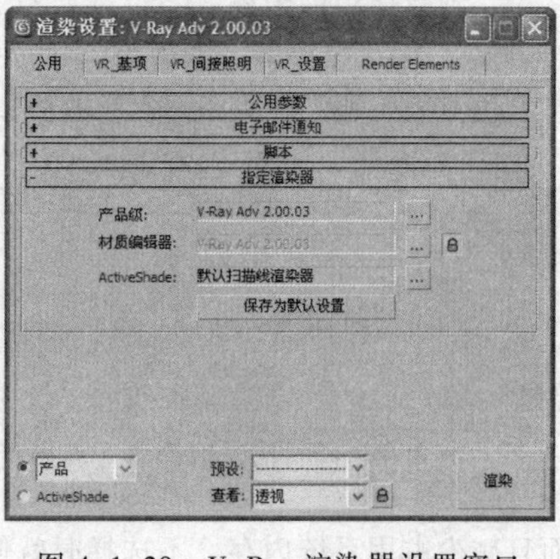

2. Vray 渲染器

按快捷键【F10】键打开"渲染设置"窗口，在"公用"选项卡下，单击"指定渲染器"卷展栏中"产品级"右侧的按钮，在打开的"选择渲染器"对话框中选择"V-Ray Adv 2.00.03"，单击"确定"按钮后将 V-Ray 渲染器设置为当前渲染器，此时"渲染设置"窗口中会显示 V-Ray 渲染器的相关设置参数，如图 4-1-29 所示。V-Ray 渲染器设置窗口包括"公用""VR_基项"、

图 4-1-29　V-Ray 渲染器设置窗口

"VR_间接照明""VR_设置""Render Elements（渲染元素）"等 5 个选项卡。下面介绍 V-Ray 渲染器的一些基本参数。

1）"公用"选项卡

用户无论选择的是哪种渲染器，"渲染设置"对话框的"公用"选项面板都包含应用到任

何渲染器的控件，并且允许选择渲染器。

（1）"公用参数"卷展栏。"公用参数"卷展栏用来设置所有渲染器的公用参数，如图 4-1-30 所示。

① "时间输出"选项组：选择要渲染输出的帧，可以对当前帧、显示在时间滑块内的所有帧、指定范围内连续帧、任意指定帧进行渲染。

② "要渲的区域"选项组：用于设置待渲染视图的渲染区域。

- "视图"：选择的视图被渲染。
- "选定"：选定的物体被渲染。
- "区域"：渲染之前出现红框以指定渲染区域。
- "裁剪"：渲染后只保留框内区域，框外区域被删除。
- "放大"：选定的区域渲染后被放大到设定的尺寸。

③ "输出大小"选项组：设置渲染输出图像的大小。可以指定预定义的大小或在"宽度"和"高度"字段（像素为单位）中输入的另一个大小。

④ "渲染输出"选项组：启用此选项后，进行渲染时3ds Max 会将渲染后的图像或动画保存到磁盘。使用"文件"按钮指定输出文件之后，"保存文件"才可用。

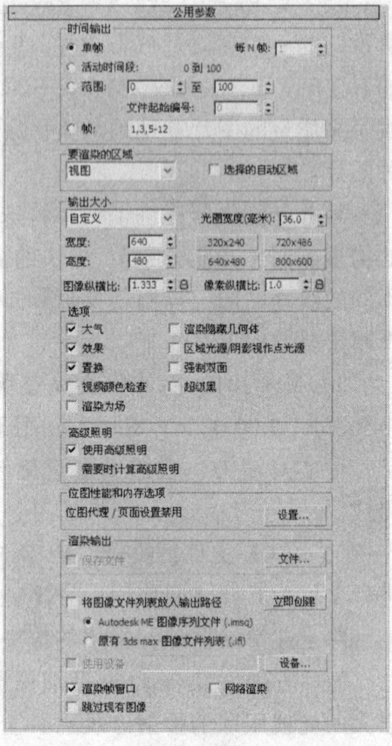

图 4-1-30 "公用参数"卷展栏

- "渲染帧窗口"：在渲染帧窗口中显示渲染输出。
- "网络渲染"：如果启用"网络渲染"，在渲染时将看到"网络作业分配"对话框。
- "跳过现有图像"：启用此选项且启用"保存文件"后，渲染器将跳过序列中已经渲染到磁盘中的图像。

（2）"指定渲染器"卷展栏。"指定渲染器"卷展栏显示指定给"产品级"、ActiveShade（动态着色渲染）和"材质编辑器"的渲染器，如图 4-1-31 所示。单击右侧的按钮，在弹出的"选择渲染器"对话框中选择需要的渲染器。

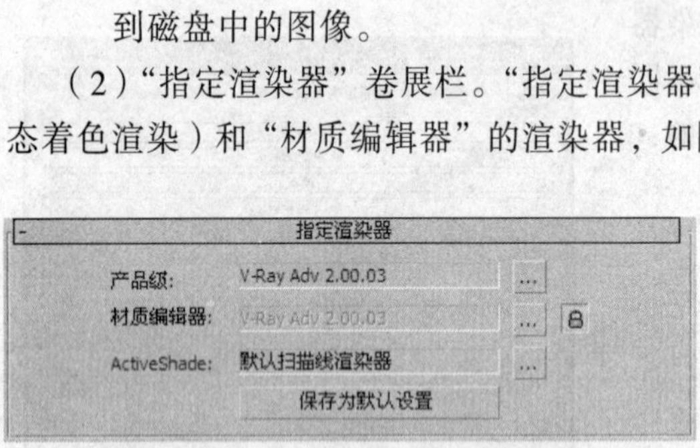

2）"VR_基项"选项卡（见图 4-1-32）。

（1）"V-Ray:: 帧缓存"卷展栏，如图 4-1-33 所示。

图 4-1-31 "指定渲染器"卷展栏

① "启用内置帧缓存"：选择后将使用V-Ray 渲染器的内置帧缓冲器，V-Ray 渲染器不会渲染任何数据到 Max 自身的帧缓存窗口，而且减少占用系统内存。不选择时就使用 Max 自身的帧缓冲器。

② "显示上次帧缓存 VFB"：显示上次渲染的 VFB 窗口，单击按钮就会显示上次渲染的VFB 窗口。

③ "渲染到内存帧缓存"：选择的时候将创建 V-Ray 的帧缓存，并使用它来存储颜色数据以便在渲染时或者渲染后观察。如果需要渲染高分辨率的图像时，建议使用渲染到 V-Ray 图像文件，以节省内存。

④ "从 MAX 获得分辨率"：选择时 V-Ray 将使用设置的 3ds Max 的分辨率。

⑤"渲染为 V-Ray Raw 格式图像"：渲染到 VRay 图像文件。类似于 3ds Max 的渲染图像输出，不会在内存中保留任何数据。为了观察系统是如何渲染的，可以选择后面的"产生预览"选项。

⑥"保存单独的渲染通道"：选择该项允许用户将缓存中指定的特殊通道作为一个单独的文件保存在指定的目录。

图 4-1-32　"VR_基项"选项面板

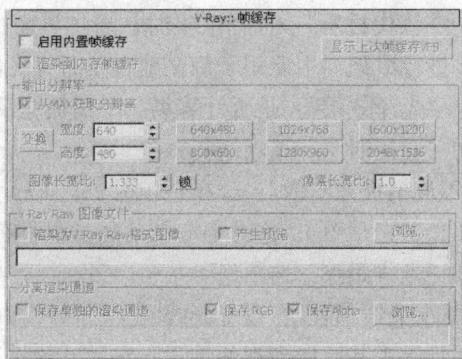

图 4-1-33　"V-Ray::帧缓存"卷展栏

（2）"V-Ray::全局开关"卷展栏，如图 4-1-34 所示。

① "几何体"选项组：

- "置换"：决定是否使用 V-Ray 置换贴图。此选项不会影响 3ds Max 自身的置换贴图。
- "背面强制隐藏"：V-Ray 默认是强制渲染双面的，如果要用法线修改器反转法线后看到里面，选择此项，就能够渲染到里面。

② "灯光"选项组：

图 4-1-34　"V-Ray::全局开关"卷展栏

- "灯光"：开启 VR 场景中的直接灯光，不包含 max 场景的默认灯光。如果不选择，系统自动使用场景默认灯光渲染场景。
- "缺省灯光"：指的是 3ds Max 的默认灯光。右侧下拉框中有三个选项：关掉、开启、不产生全局照明。不产生全局照明是指当打开 V-Ray 的 GI（全局照明）以后自动关闭。
- "隐藏灯光"：选择时隐藏的灯光也会被渲染。
- "阴影"：灯光是否产生阴影。
- "只显示全局照明"：选择该项时直接光照不参与最终的图像渲染。GI 在计算全局光的时候直接光照也会参与，但是最后只显示间接光照。

③ "材质"选项组：

- "反射/折射"：是否考虑计算 V-Ray 贴图或材质中的光线的反射/折射效果。
- "最大深度"：用于用户设置 V-Ray 贴图或材质中反射/折射的最大反弹次数。不选择时，反射/折射的最大反弹次数使用材质/贴图的局部参数来控制。当选择该项时，所有的局部参数设置将会被它所取代。
- "贴图"：是否使用纹理贴图。
- "过滤贴图"：是否使用纹理贴图过滤。选择时，V-Ray 用自身抗锯齿对纹理进行过滤。
- "最大透明级别"：控制透明物体被光线追踪的最大深度。值越高被光线跟踪深度越深，效果越好，速度越慢，保持默认。
- "透明中止阈值"：控制对透明物体的追踪何时中止。如果光线透明度的累计低于这个设定的极限值，将会停止追踪。
- "替代材质"：选择该项时，通过后面指定的一种材质可覆盖场景中所有物体的材质来进行渲染。主要用于测试建模是否存在漏光等现象，及时纠正模型的错误。
- "光泽效果"：是否计算场景中的模糊反射。

④ "间接照明"选项组：

"不渲染最终图像"：选择该项时，V-Ray 只计算相应的全局光照贴图（光子渲染贴图、灯光贴图和发光贴图），这对于渲染动画过程很有用。

⑤ "光线跟踪"选项组：

"二次光线偏移"：设置光线发生二次反弹的时候的偏移距离，主要用于检查建模时有无重面，并且纠正其反射出现的错误，在默认的情况下将产生黑斑，一般设为 0.001。

（3）"V-Ray：图像采样器（抗锯齿）"卷展栏，如图 4-1-35 所示。

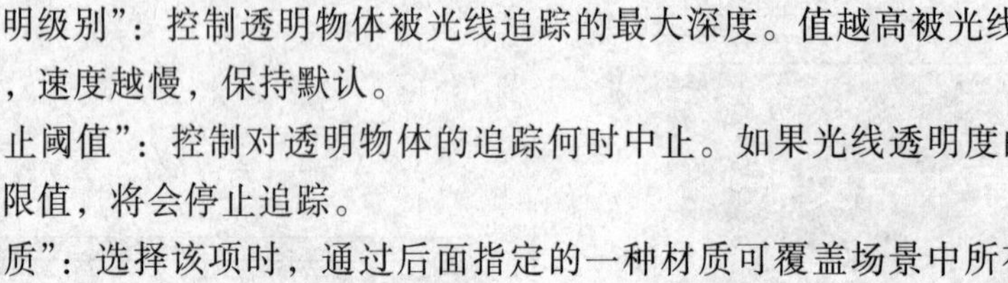

图 4-1-35　"V-Ray：图像采样器（抗锯齿）"卷展栏

① "图像采样器"选项组。图像采样器类型右侧下拉框中有三个选项：固定、自适应 DMC、自适应细分。

- "固定"：V-Ray 中最简单的采样器，对于每一个像素它使用一个固定数量的样本。
- "细分"：确定每一个像素使用的样本数量，数值越大所花费时间越长。当取值为 1 的时候，意味着在每一个像素的中心使用一个样本，虽然时间较快但此时锯齿较大；当取值为 4 的时候，将按照低差异的蒙特卡罗序列来产生样本，虽然锯齿有所改善，但时间花费较长。对于具有大量模糊特效（比如运动模糊，景深模糊，反射模糊，折射模糊）或高细节的纹理贴图场景，使用（固定图像采样器）是兼顾图像品质与渲染时间的最好选择。一般，固定方式由于其速度较快而用于测试，细分值保持默认，在最终出图时选用自适应 DMC 或者自适应细分。
- "自适应 DMC"：根据每个像素和它相邻像素的明暗差异 DMC 产生不同数量的样本，使用时细节显得平滑。适用于场景中有大量模糊和细节情况。它与 VR 的 DMC 采样器是关联的，它没有自身的极限控制值，不过可以使用 VR 的 DMC 采样器中的噪波阈值参数来控制品质。

- "最小细分"：决定每个像素使用的样本的最小数量，主要用在对角落等不平坦地方采样，数值越大图像品质越好，所花费的时间也会越长。一般情况下，你很少需要设置这个参数超过 1，除非有一些细小的线条无法正确表现。
- "最大细分"：决定每个像素使用的样本的最大数量，主要用在对角落等平坦地方采样，数值越大图像品质越好，所花费的时间也会越长。

对于那些具有大量微小细节，如 VRayFur 物体，或模糊效果（景深、运动模糊灯）的场景或大量几何体面，这个采样器是首选。它也比下面提到的自适应细分采样器占用的内存要少。渲染商业图时可设得低些，因为平坦部分需要采样不多。

此采样器没有自身的极限控制值，它受"Vray：自适应 DMC 图像采样器"中"颜色阈值"的制约，因此不可分开来看。当一个场景具有高细节的纹理贴图或大量几何学细节而只有少量模糊特效的时候，特别是这个场景需要渲染动画时，使用这个采样器是不错的选择。自适应 DMC 比固定所用时间长些，通常情况下最小细分 1 最大细分为 4 时或者最小细分 1 最大细分为 3 可以得到较为理想的效果。

- "自适应细分"：它是用得最多的采样器，对于模糊和细节要求不太高的场景，它可以得到速度和质量的平衡。在室内效果图的制作中，这个采样器几乎可以适用于所有场景。
- "最小比率"：决定每个像素使用的样本的最小数量。值为 0 意味着一个像素使用一个样本，值为 –1 意味着每两个像素使用一个样本，值为 –2 则意味着每四个像素使用一个样本，采样值越大效果越好。
- "最大比率"：决定每个像素使用的样本的最大数量。值为 0 意味着一个像素使用一个样本，值为 1 意味着每个像素使用四个样本，值为 2 则意味着每个像素使用八个样本，采样值越大效果越好。

通常情况下最小比率为 –1 最大细分为 2 时就能得到较好的效果，如果要得到更好的质量可以设置最小比率为 0 最大细分为 3，或最小比率为 0 最大细分为 2，但渲染时间会很长。

- "颜色阈值"：表示像素亮度对采样的敏感度的差异。值越小效果越好，所花时间也会较长，值越高效果越差边缘颗粒感越重。一般设为 0.1 可以得到清晰平滑的效果。这里的颜色指的是色彩的灰度。
- "随机采样数"：略微转移样本的位置以便在垂直线或水平线条附近得到更好的效果，建议选择。
- "显示采样"：勾选可以看到样本的分布情况。
- "对象轮廓"：选择该项表示采样器强制在物体的边进行高质量超级采样而不管它是否需要进行超级采样。注意，这个选项在使用景深或运动模糊的时候会失效，通常选择。
- "法线阈值"：选择该项将使超级采样取得好的效果。同样，在使用景深或运动模糊的时候会失效。此项决定自适应细分在物体表面法线的采样程度，当达到此什以后就停止对物体表面进行判断，具体一点就是分辨哪些是交叉区域，哪些不是交叉区域，一般设为 0.04 即可。

② "抗锯齿过滤器"选项组：用于采用了图像采样后控制图像的光滑度、清晰度和锐利度的。通常是测试时关闭抗锯齿过滤器，最终渲染选用 Mitchell–Netravali 或 Catmull Rom。

- "区域"：可得到相对平滑的效果，但图像稍有些模糊。
- Mitchell-Netravali：可得到较平滑的图像（很常用的过滤器）。
- Catmull-Rom：可得到清晰锐利的图像（常被用于最终渲染）。
- 柔化：设置尺寸为 2.5 时（得到较平滑和较快的渲染速度）。

（4）"V-Ray:: 环境"卷展栏，如图 4-1-36 所示。

① "全局照明环境（天空光）覆盖"选项组：只有在这个选项选择后才会计算 GI 的过程指定的环境色或纹理贴图，否则，使用 Max 默认的环境参数设置。

"倍增器"：控制天空光亮度。如果环境指定了使用纹理贴图，这个倍增值不会影响贴图。如果环境贴图自身无法调节亮度，可以指定一个 Output 贴图来控制其亮度。在默认情况下，环境和效果在 VR 中是可以控制环境天光和环境的反/折射的。

None：使用贴图作为环境光时，颜色值及倍增值都是无效的。

② "反射/折射环境覆盖"选项组：在计算反射/折射的时候替代 Max 自身的环境设置。当然，也可以选择在每一个材质或贴图的基础设置部分来替代 Max 的反射/折射环境。

（5）"V-Ray:: 颜色映射"卷展栏主要用于场景曝光的控制，如图 4-1-37 所示。

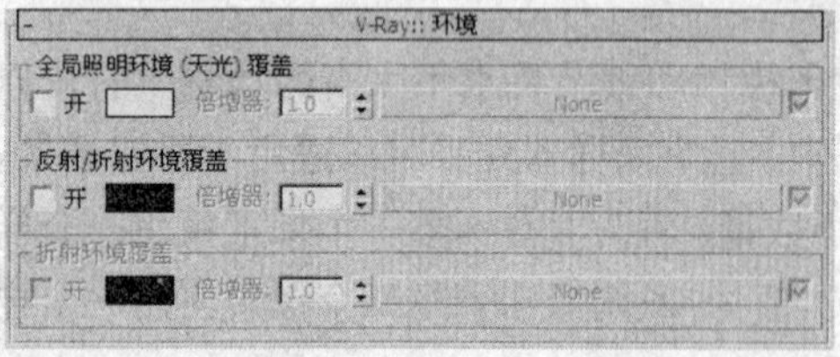

图 4-1-36　"V-Ray:: 环境"卷展栏 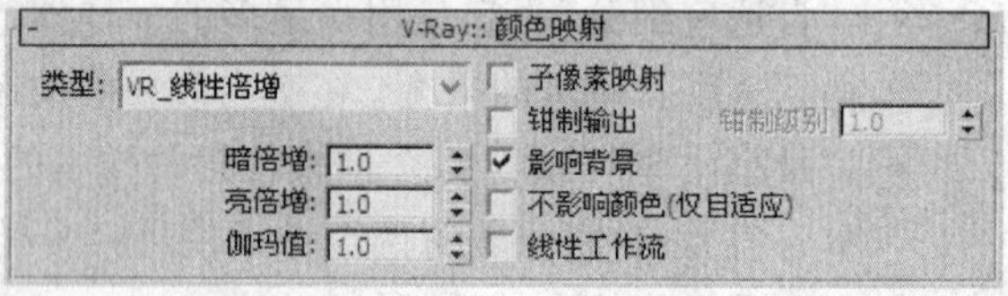　　　　图 4-1-37　"V-Ray:: 颜色映射"卷展栏

- "颜色映射"类型：
  - "VR_线性倍增"：可以得到明暗比较明显的效果，也是最容易曝光的，这种模式将基于最终图像色彩的亮度来进行简单的倍增，那些太亮的颜色成分（在 1.0 或 255 之上）将会被钳制。但是这种模式可能会导致靠近光源的点过分明亮。基于最终色彩亮度进行倍增
  - "VR_指数"：与线性倍增相比，不容易曝光，而且明暗对比也没有它明显。这个模式将基于亮度来使之更饱和。这对预防非常明亮的区域（例如光源的周围区域等）曝光是很有用的。这个模式不限制颜色范围，而是代之以让它们更饱和。可降低光源处表面曝光。
  - "VR_HSV 指数"：与上面提到的两种倍增相比，它的颜色浓度比较低，明暗对比比较平，指数模式非常相似，但是它会保护色彩的色调和饱和度。可保持场景物体的颜色饱和度，取消高光。
  - "VR_亮度指数"：与"指数"接近，它保持了画面的色调和颜色，同时加强了色彩的亮度。
  - "VR_伽玛校正"：伽玛校正是对图像的伽玛曲线进行调节编辑。伽玛校正通常是指计算机显卡中将强度数据转化为曲线值的计算方式。
  - "VR_亮度伽玛"：这是一类对图像亮度的伽玛曲线进行编辑的颜色模式。
  - "VR_Reinhard（莱恩哈德）"：这是一种把"线性倍增"和"指数"混合的模式。

当混合值为 1.0 时，它无限接近于"线性倍增"的效果；当混合值为 0.0 时，它无限接近于"指数"的效果。

- "暗倍增"：提高光线较弱区域的亮度。
- "亮倍增"：提高光线较亮区域的亮度。

注意：不要把明暗倍增提得太高，那样会使场景明暗显得很平。一般可调至 1.5 ~ 2.5 就可以了。

- "伽玛值"：提升整个画面的亮度。
- "子像素映射"：一般在高光处有黑色的圈子圈住时，可以勾取它来解决。
- "钳制输出"：限制输出，使颜色亮度不超过屏幕最亮度值 1。选择子像素映射和钳制输出，可避免图像中某些杂点，让物体高光部分更光滑一些，可以解决高光部分抗锯齿及黑边等一些不正确的问题，但子像素映射不支持抗锯齿。
- "影响背景"：选择该项时，当前的色彩贴图控制会影响背景颜色。
- "不影响颜色（仅自适应）"：不影响最终的渲染图像。
- "线性工作流"：是一种通过调整图像 Gamma 值来使得图像得到线性化显示的技术流程，启用该项后，会使图像更加明亮。

3）"VR_间接照明"选项卡（见图 4-1-38）

（1）"V-Ray∷ 间接照明（全局照明）"卷展栏：

① "开启"：场景中的间接光照明开关。

② "全局照明焦散"选项组：控制 GI 产生的反射折射的现象。它可以由天光、自发光物体等产生。但是由直接光照产生的焦散不受这里参数的控制，它是与焦散卷展栏的参数相关的。

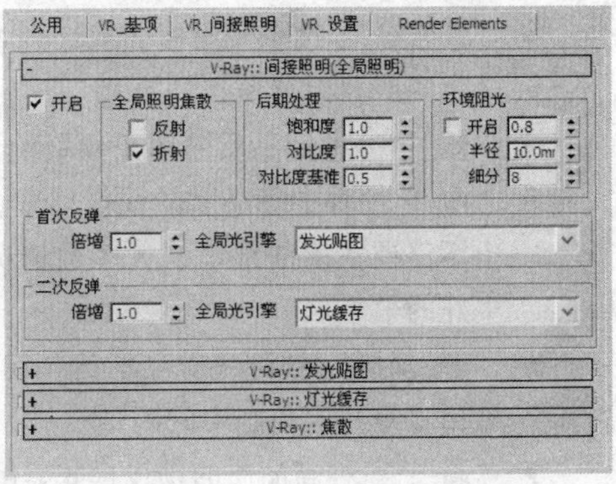

图 4-1-38 "VR_间接照明"选项卡

- "反射"：间接光照射到镜射表面的时候会产生反射焦散，能够让其外部阴影部分产生光斑，可以使阴影内部更加丰富。默认情况下，它是关闭的，不仅因为它对最终的 GI 计算贡献很小，而且还会产生一些不希望看到的噪波。
- "折射"：间接光穿过透明物体（如玻璃）时会产生折射焦散，可以使其内部更丰富些。注意这与直接光穿过透明物体而产生的焦散不是一样的。例如，在表现天光穿过窗口的情形的时候可能会需要计算 GI 折射焦散。

③ "后期处理"选项组：主要是对间接光照明进行加工和补充，一般情况下使用默认参数值。

- "饱和度"：可以控制场景色彩的浓度，值调小降低浓度，可避免出现溢色现象，可取 0.5 ~ 0.9；物体的色溢比较严重的话，就在它的材质上加个包裹器，调小它的产生 GI 值。
- "对比度"：可使明暗对比更为强烈。亮的地方越亮，暗的地方越暗。
- "对比度基准"：主要控制明暗对比的强弱，其值越接近对比度的值，对比越弱，通常设为 0.5。

④ "首次反弹"选项组：直接光照设置。

- "倍增值"：主要控制其强度的，一般保持默认即可，如果其值大于1.0，整个场景会显得很亮。
- "全局光引擎"：主要是控制直接光照的方式，最常用的是发光贴图。更改不同全局光引擎后，相应设置参数将出现在下面卷展栏中。

⑤ "二次反弹"选项组：间接光照设置。

- "倍增"值：决定为受直接光影响向四周发射光线的强度。默认值1.0可以得到一个很好的效果。其他数值也是允许的，但是没有默认值精确。但有的场景中边与边之间的连接线模糊，可以适当调整倍增值，一般在0.5~1.0之间。
- "全局光引擎"：主要是控制直接光照的方式，一般选用灯光缓存或者是穷尽计算（准蒙特卡罗）。

（2）"V-Ray：:发光贴图"卷展栏，如图4-1-39所示。

① "当前预置"：系统提供了8种系统预设的模式可供选择，如无特殊情况，这几种模式应该可以满足一般需要。

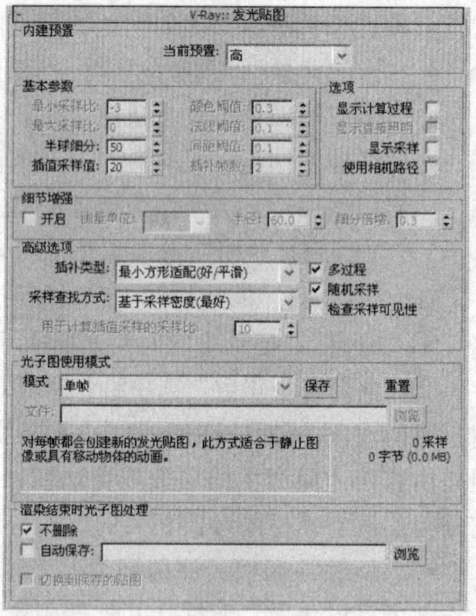

- "自定义"：选择这个模式可以根据自己的需要设置不同的参数，这也是默认的选项。
- "非常低"：这个预设模式只表现场景中的普通照明，仅对预览目的有用。
- "低"：一种低品质的用于预览的预设模式。
- "中"：一种中等品质的预设模式，如果场景中不需要太多的细节，大多数情况下可以产生好的效果。
- "中-动画"：一种中等品质的预设动画模式，目标就是减少动画中的闪烁。

图4-1-39 "V-Ray：:发光贴图"卷展栏

- "高"：一种高品质的预设模式，可以应用在最多的情形下，即使是具有大量细节的动画。
- "高-动画"：主要用于解决"高"预设模式下渲染动画闪烁的问题。
- "非常高"：一种极高品质的预设模式，一般用于有大量极细小的细节或极复杂的场景。

② "基本参数"选项组：

- "最小采样比"：主要控制场景中比较平坦面积比较大的面的质量受光，这个参数确定GI首次传递的分辨率。0意味着使用与最终渲染图像相同的分辨率，这将使得发光贴图类似于直接计算GI的方法；-1意味着使用最终渲染图像一半的分辨率。通常需要设置它为负值，以便快速地计算大而平坦的区域的GI。测试时可以给到-6或-5，最终出图时可以给到-5或-4。数值越大渲染速度越慢。
- "最大采样比"：主要控制场景中细节比较多、弯曲较大的物体表面或物体交汇处的质量。这个参数确定GI传递的最终分辨率，类似于自适应细分图像采样器的最大比率参数。测试时可以给到-5或-4，最终出图时可以给到-2或-1或0。
- "半球细分"：决定单独的GI样本的质量，对整图的质量有重要影响。较小的取值可以获得较快的速度，但是也可能会产生黑斑，较高的取值可以得到平滑的图像。它类似与直接计算的细分参数。测试时可以给到 10~15，能提高速度，但图质量很差，最终出图时可以设到 30~60。值越高表现光线越多，样本精度也越高，品质也越好。

- "插值采样值"：控制场景中黑斑，越大黑斑越平滑，数值设得太大阴影不真实。较大的值会趋向于模糊 GI 的细节，虽然最终的效果很光滑；较小的取值会产生更光滑的细节，但是也可能会产生黑斑。测试时默认，最终出图时可以给到 30~40。
- "颜色阈值"：确定发光贴图算法对间接照明变化的敏感程度。较大的值意味着较小的敏感性，较小的值将使发光贴图对照明的变化更加敏感。
- "法线阈值"：确定发光贴图算法对表面法线变化的敏感程度，主要让渲染器分辨哪些是交叉区域哪些不是交叉区域。
- "间距阈值"：确定发光贴图算法对两个表面距离变化的敏感程度。主要让渲染器分辨哪些是弯曲区域哪些不是弯曲区域，值越高表明弯曲表面样本就更多，区分更强。

③ "选项"选项组：

- "显示计算过程"：选择该项时，V-Ray 在计算发光贴图的时候将显示发光贴图，一般选择。
- "显示直接照明"：选择该项时，用户可以看到整个渲染过程，一般选择。
- "显示采样"：选择该项时，V-Ray 渲染的图出现雪花一样的小白点，不选择。

④ "细节增强"选项组：

细节增强主要是在物体的边沿部分。通常情况下不需要打开这个细节增强。对于低参数的情况下细节方面的增加、缩放，对于动画有作用，如果要做调整，一般选用屏幕方式，半径一般调整到 10。

⑤ "光子图使用模式"选项组：

- 单帧模式：默认的模式，在这种模式下对于整个图像计算一个单一的发光贴图，每一帧都计算新的发光贴图。在分布式渲染的时候，每一个渲染服务器都各自计算它们自己的针对整体图像的发光贴图。这是渲染移动物体动画的时候采用的模式，但是用户要确保发光贴图有较高的品质以避免图像闪烁。
- 多重帧增加模式：这个模式在渲染仅摄像机移动的帧序列的时候很有用。V-Ray 将会为第一个渲染帧计算一个新的全图像的发光贴图，而对于剩下的渲染帧，V-Ray 设法重新使用或精炼已经计算了的存在的发光贴图。如果发光贴图具有足够高的品质也可以避免图像闪烁。这个模式也能够被用于网络渲染中——每一个渲染服务器都计算或精炼它们自身的发光贴图。
- 从文件模式：使用这种模式，在渲染序列的开始帧，V-Ray 简单地导入一个提供的发光贴图，并在动画的所有帧中都是用这个发光贴图。整个渲染过程中不会计算新的发光贴图。
- 增加到当前贴图模式：在这种模式下，V-Ray 将计算全新的发光贴图，并把当前贴图增加到内存中已经存在的贴图中。在这种模式下，V-Ray 将使用内存中已存在的贴图，仅仅在某些没有足够细节的地方对其进行精炼。选择哪一种模式需要根据具体场景的渲染任务来确定，没有一个固定的模式适合任何场景。
- 浏览：在选择从文件模式的时候，点击这个按钮可以从硬盘上选择一个存在的发光贴图文件导入。
- 保存：单击"保存"按钮将保存当前计算的发光贴图到内存中已经存在的发光贴图文件中。前提是选择"渲染结束时光子图处理"选项组中的"不删除"复选框，否则 V-Ray

会自动在渲染任务完成后删除内存中的发光贴图。

（3）"V-Ray::灯光缓存"卷展栏，如图 4-1-40 所示。

灯光缓存对于细节能得到较好的效果，时间上也可以得到一个好的平衡。是一种近似于场景中全局光照明的技术，与光子贴图类似，但是没有其他的许多局限性。

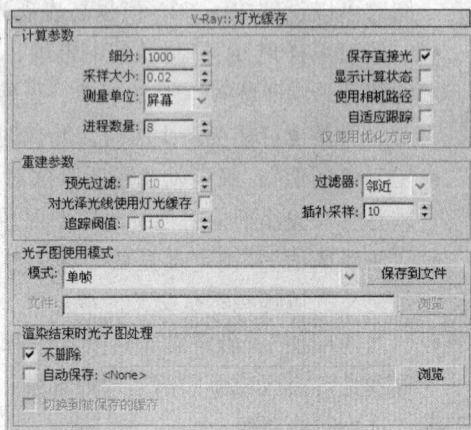

图 4-1-40 "V-Ray:: 灯光缓存"卷展栏

① "计算参数"选项组：

- "细分"：对于整体计算速度和阴影计算影响很大。值越大质量越好。测试时可以设为 100 ~ 300，最终渲染时可设为 1000 ~ 1500。

- "采样大小"：决定灯光贴图中样本的间隔。较小的值意味着样本之间相互距离较近，灯光贴图将保护灯光锐利的细节，不过会导致产生噪波，并且占用较多的内存，反之亦然。

- "测量单位"：这个参数可以使用世界单位，也可以使用相对图像的尺寸，保持默认即可。

- "保存直接光 "：选择该项后，灯光贴图中也将储存和插补直接光照明的信息。这个选项对于有许多灯光，使用发光贴图或直接计算 GI 方法作为初级反弹的场景特别有用。

- "显示计算状态 "：打开这个选项可以显示被追踪的路径。它对灯光贴图的计算结果没有影响，只是可以给用户一个比较直观的视觉反馈。

② "重建参数"选项组：

- "预先过滤"：选择该项时，在渲染前灯光贴图中的样本会被提前过滤。它与灯光贴图的过滤是不一样的，那些过滤是在渲染中进行的。

- "过滤器"：这个选项确定灯光贴图在渲染过程中使用的过滤器类型。过滤器是确定在灯光贴图中以内插值替换的样本是如何发光的。

③ "光子图使用模式"选项组：确定灯光贴图的渲染模式。

- "单帧"：意味着对动画中的每一帧都计算新的灯光贴图。

- "穿行"：使用这个模式将意味着对整个摄像机动画计算一个灯光贴图，仅仅只有激活时间段的摄像机运动被考虑在内，此时建议使用世界比例，灯光贴图只在渲染开始的第一帧被计算，并在后面的帧中被反复使用而不会被修改。

- "来自文件"：在这种模式下灯光贴图可以作为一个文件被导入。注意灯光贴图中不包含预过滤器，预过滤的过程在灯光贴图被导入后才完成。

4）"VR_设置"面板（见图 4-1-41）

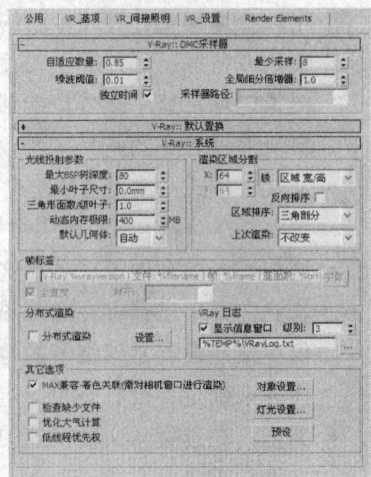

图 4-1-41 "V-Ray:: DMC 采样器"卷展栏

（1）"V-Ray::DMC 采样器"卷展栏：

- "自适应数量"：控制早期终止应用的范围，值为 1.0 意味着在早期终止算法被使用之前被使用的最小可能的样本数量。值为 0 则意味着早期终止不会被使用。测试时设置为 0.97，最终出图时可设为 0.7 ~ 8.5。

- "最小采样"：确定在早期终止算法被使用之前必须获得的最少的样本数量。较高的取值将会减慢渲染速度，但同时会使早期终止算法更可靠。

- "噪波阈值"：在评估一种模糊效果是否足够好的时候，控制 V-Ray 的判断能力。在最后的结果中直接转化为噪波。较小的取值意味着较少的噪波、使用更多的样本以及更好的图像品质。测试时可设置为 0.05，最终出图时可设为 0.002 ~ 0.005。

- "全局细分倍增器"：在渲染过程中这个选项会倍增任何地方任何参数的细分值。可以使用这个参数来快速增加/减少任何地方的采样品质。

（2）"V-Ray::系统"卷展栏，如图 4-1-41 所示。在这部分用户可以控制多种 V-Ray 参数，一般保持默认即可。

- 帧标签：就是人们经常说的"水印"，可以按照一定规则以简短文字的形式显示关于渲染的相关信息，它是显示在图像底端的一行文字。

- 全宽度：选择该项时，显示的信息将占用图像的全部宽度，否则使用文字信息的实际宽度

- 分布式渲染：是一种能够把单帧图像的渲染分布到多台计算机（或多个 CPU）上渲染的一种网络渲染技术。有许多方法可以实现这种技术，主要的思路是把单帧划分成不同的区域，由各个计算机或 CPU 各自单独计算。

- V-Ray 日志：
  - 显示窗口：选择该项时，在每一次渲染开始的时候都显示信息窗口。
  - 级别：确定在信息窗口中显示哪一种信息：1——仅显示错误信息；2——显示错误信息和警告信息；3——显示错误、警告和情报信息；4——显示所有 4 种信息。

- %TEMP%\VRayLog.txt：这个选项确定保存信息文件的名称和位置。

技能训练

使用 V-Ray 渲染器对耳机场景进行渲染，最终效果如图 4-1-42 所示。

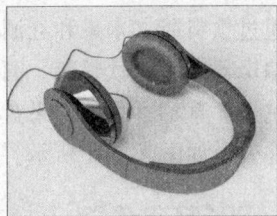

图 4-1-42　耳机渲染效果

要求：

（1）更改渲染器为 V-Ray 渲染器。

（2）设置 HDR 贴图并实例复制到环境。

（3）设置 V-Ray 参数，渲染场景。

学习评价

任务评价表如表 4-1-1 所示。

表 4-1-1　任务评价表

类　别	内　　容		评　　价		
	学 习 目 标	评 价 项 目	3	2	1
职业能力	能够完成 Vray 渲染	能够更改渲染器			
		能够设置 V-Ray 渲染参数			
		能够设置 HDR 贴图			
		能够正确渲染场景			
	能够运用 Vray 分布式渲染场景	能够收集场景文件到共享文件夹			
		能够设置资源文件网络路径			
		能够设置 V-Ray 参数			
通用能力	渲染能力				
	审美能力				
	组织能力				
	解决问题的能力				
	自主学习的能力				
	创新能力				
综 合 评 价					

思考与练习

（1）使用 V-Ray 渲染器渲染场景时，需要进行哪些设置？

（2）简述运用 V-Ray 分布式渲染场景的基本过程。

任务二　饮料瓶渲染——材质编辑器的运用

任务描述

材质赋予了模型生命力，3ds Max 中材质的编辑是在材质编辑器中完成。本任务中将通过饮料瓶、水果和红酒两个场景，在材质编辑器中完成饮料瓶、酒杯、红酒、苹果、桃子、草莓、香蕉、果盘等材质的设置，最终效果如图 4-2-1 所示。

图 4-2-1　任务二效果图

任务分析

饮料瓶渲染任务中采用 HDR 环境贴图提供场景照明，并在材质编辑器中完成瓶子、瓶盖、瓶贴等对象材质的编辑设置；在水果与红酒渲染任务中完成了酒杯、香蕉、草莓、苹果、果盘等材质的编辑。

方法与步骤

1. 饮料瓶渲染

> **提示:**
> ① 设置瓶盖材质;② 设置瓶圈材质;③ 设置瓶体材质;④ 设置瓶贴材质;⑤ 设置地面材质;⑥设置 HDR 贴图;⑦ 设置渲染参数。

(1)打开素材文件下的 md_bottle.max,场景效果如图 4-2-2 所示。

(2)设置瓶盖材质。执行"渲染"|"编辑编辑器"|"精简材质编辑器"命令,打开"材质编辑器"对话框,选择第一个材质球命名为"瓶盖"。

(3)设置"漫反射"颜色为 RGB(14,65,159),"高光级别"为 45,"光泽度"为 40。设置"贴图"卷展栏中"凹凸"贴图为 bump.jpg,"数量"为 600,如图 4-2-3 所示。

图 4-2-2 场景效果

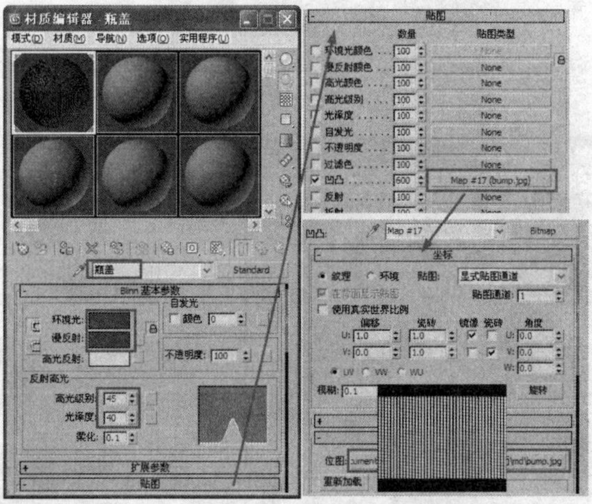

图 4-2-3 设置瓶盖材质

(4)设置瓶圈材质。选择第二个材质球,命名为"瓶圈"。设置"漫反射"颜色为 RGB(14,65,159),"高光级别"为 30,"光泽度"为 40,如图 4-2-4 所示。

(5)设置瓶体材质。选择第三个材质球,命名为"瓶体"。设置"漫反射"颜色为 RGB(40,65,110),"高光级别"为 36,"光泽度"为 32。

(6)在"贴图"卷展栏,设置"不透明度"贴图类型为 Falloff,"反射"贴图类型为"VR_贴图",反射数量为 70,如图 4-2-5 所示。

(7)设置瓶贴材质。选择第四个材质球,命名为"瓶贴"。设置"漫反射"贴图为素材文件夹下的 md001.jpg。设置"高光级别"为 30,"光泽度"为 90。在"贴图"卷展栏,设置"反射"贴图类型为"VR_贴图"反射数量为 5,如图 4-2-6 所示。

(8)设置地面材质。选择第五个材质球,命名为"地面"。设置"漫反射"颜色为白色,"高光级别"为 0,"光泽度"为 10,如图 4-2-7 所示。

(9)设置 HDR 贴图。选择第 6 个材质球,单击 "获取材质"按钮 ,在弹出的"材质/贴图浏览器"对话框中选择 VR_HDRI。位图文件为素材文件夹下的 kitchen.hdr,"贴图类型"

设为"球体"，如图 4-2-8 所示。

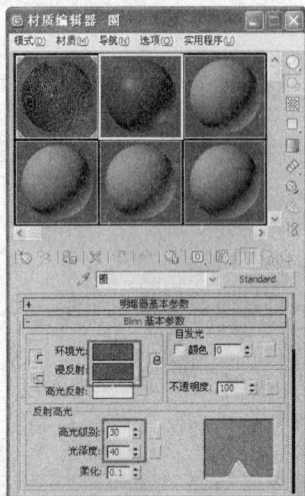

图 4-2-4　设置瓶圈材质

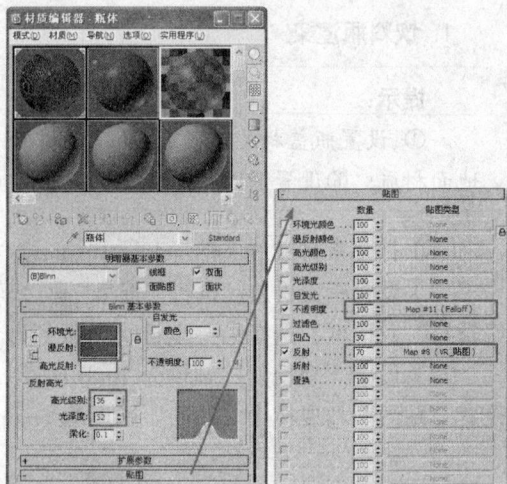

图 4-2-5　设置瓶体材质

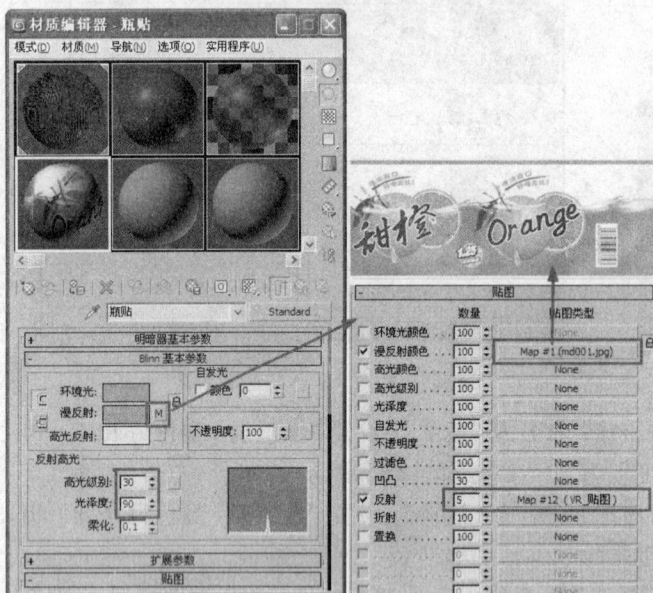

图 4-2-6　设置瓶贴材质

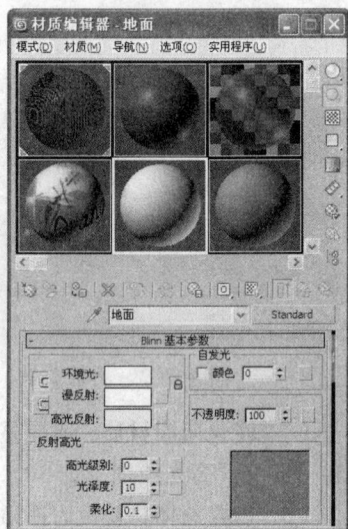

图 4-2-7　设置地面材质

（10）将瓶体、瓶盖、圈、瓶贴等材质赋予场景对象。

（11）设置渲染参数。按【F10】键打开"渲染设置"对话框，打开"VR_基项"选项卡，在"V-Ray：：环境"卷展栏选择"全局照明环境（天光）覆盖"和"反射/折射环境覆盖"选项组中"开启"复选框。打开"材质编辑器"对话框，将 HDR 贴图拖动到"倍增器"右侧长按钮，选择复制方式为实例，如图 4-2-9 所示。

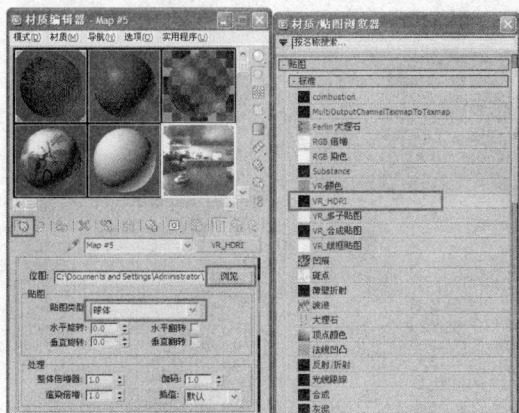

图 4-2-8 设置 HDR 贴图

图 4-2-9 设置环境参数

（12）渲染场景，最终渲染效果如图 4-2-10 所示。

2. 水果与红酒渲染

> **提示：**
> ① 设置酒杯材质；② 设置红酒材质；③ 设置苹果材质；④ 设置桃子材质；⑤ 设置草莓材质；⑥ 设置香蕉材质；⑦ 设置桌面材质；⑧ 设置 HDR 贴图；⑨ 设置渲染参数。

（1）打开素材文件下的"水果与红酒.max"，场景效果如图 4-2-11 所示。

图 4-2-10 场景渲染效果

图 4-2-11 水果与红酒场景效果

（2）设置酒杯材质。选择一个空白材质球，命名为"酒杯"。单击 Standard 按钮在弹出的"材质/贴图浏览器"对话框中选择 VrayMtl 材质，设置"漫反射"颜色为黑色，"反射"颜色为白色，"反射"贴图为衰减（Falloff），"高光光泽度"为 0.98。设置"折射"颜色为白色，"折射率"为 1.66，如图 4-2-12 所示。

（3）设置红酒材质。选择一个空白材质球，命名为"红酒"。更改材质为 VrayMtl 材质，单击漫反射右侧按钮，在打开的"材质/贴图浏览器"对话框选择"渐变"贴图。设置"反射"颜色为白色，"细分"为 50，如图 4-2-13 所示。

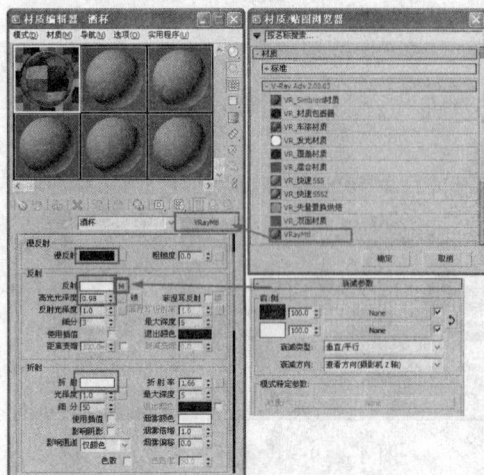

图 4-2-12　设置酒杯材质

图 4-2-13　设置红酒材质

（4）设置苹果材质。选择一个空白材质球，命名为"苹果"。单击"漫反射"右侧按钮，在弹出的"材质/贴图浏览器"对话框选择"位图"，位图文件为素材文件下的"苹果材质 2.jpg"。设置"高光级别"为 9，"光泽度"为 20，如图 4-2-14 所示。

（5）设置桃子材质。选择一个空白材质球，命名为"桃子"。单击"漫反射"右侧按钮，在弹出的"材质/贴图浏览器"对话框选择"位图"，位图文件为素材文件下的 taozi.jpg。设置"高光级别"为 5，"光泽度"为 20，如图 4-2-15 所示。

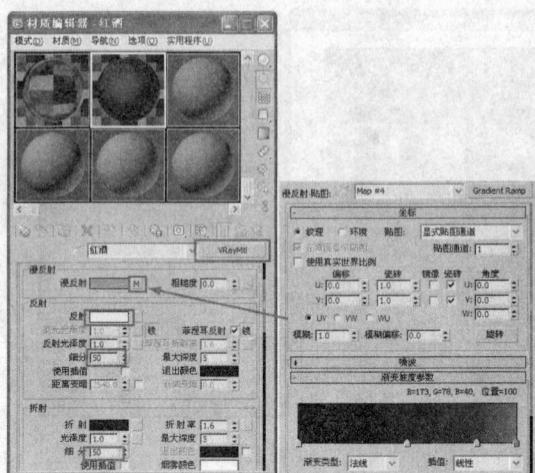

图 4-2-14　设置苹果材质

图 4-2-15　设置桃子材质

（6）设置草莓材质。选择一个空白材质球，命名为"草莓"。设置"高光级别"为 147，"光泽度"为 35。设置漫反射贴图和凹凸贴图为素材文件夹下的 caomei.jpg，如图 4-2-16 所示。

（7）设置香蕉材质。选择一个空白材质球，命名为"香蕉"。设置"高光级别"为 11，"光泽度"为 26。单击"漫反射"右侧按钮选择"渐变"贴图，将颜色 1 设为 RGB（241，223，53），将颜色 2 设为 RGB（43，43，43），将颜色 3 设为 RGB（255，255，255），将颜色 2 位置设为 0.97。

（8）设置颜色 2 后面贴图为"泼溅"。在泼溅参数中，将大小设为 5，迭代次数设为 4，阈值设为 0.15。将颜色 1 设为 RGB（241，223， 53），将颜色 2 设为 RGB（65，65，65）。

（9）回到上一级别，设置颜色 3 后面贴图为"渐变"。在"渐变参数"卷展栏中，将颜色 1、颜色 2 设为 RGB（241，223，53），颜色 3 设为 RGB（85，85，85），颜色 2 位置设为 0.08，如图 4-2-17 所示。

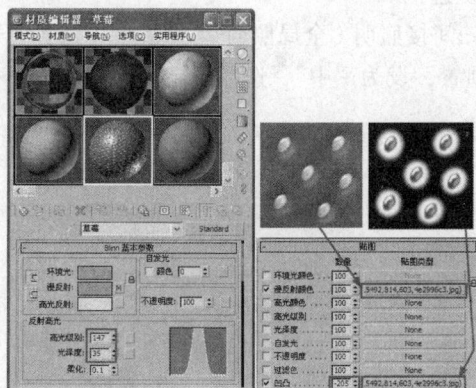

图 4-2-16　设置草莓材质

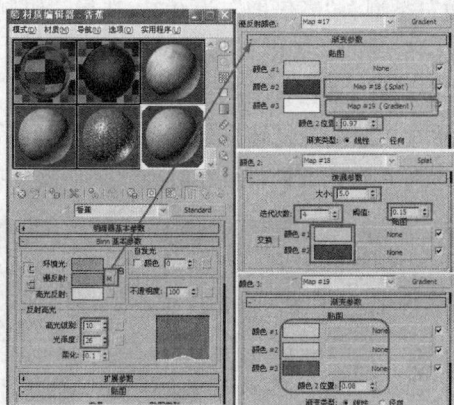

图 4-2-17　设置香蕉材质

（10）设置桌布材质。选择一个空白材质球，命名为"桌布"，更改材质为 VrayMtl 材质，设置"漫反射"贴图为素材文件夹下的"花格布.jpg"，设置"凹凸"贴图为"7814536.jpg"，如图 4-2-18 所示。

（11）将各材质赋予场景对象。

（12）设置 HDR 贴图。选择第一个材质球，单击"获取材质"按钮，在弹出的"材质/贴图浏览器"对话框中选择 VR_HDRI。位图文件选择素材

图 4-2-18　设置桌布材质

文件夹下的 kitchen.hdr，设置"贴图类型"为"球体"，"水平旋转"设为 150，"垂直旋转"设为 20，"整体倍增器"设为 0.7，如图 4-2-19 所示。

（13）按【8】键打开"环境和效果"对话框，将 HDR 贴图拖动到环境贴图下面的长按钮上，如图 4-2-20 所示。

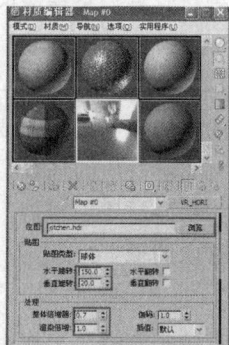

图 4-2-19　设置 HDR 贴图

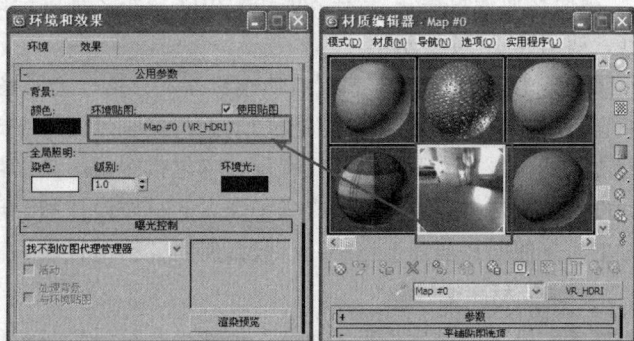

图 4-2-20　设置环境贴图

（14）设置渲染参数。按【F10】键打开"渲染设置"对话框，打开"VR_基项"选项卡。在"V-Ray::全局开关"卷展栏中关掉缺省灯光，在"V-Ray::颜色映射"卷展栏中选择"VR_指数"类型，"亮倍增"为0.7，选择"钳制输出"复选框。

（15）进入"VR_间接照明"选项卡，在"V-Ray::间接照明（全局照明）"卷展栏中选择"开启"复选框。"V-Ray::发光贴图"卷展栏下"当前预置"设为"中"，选择"显示计算过程"和"显示直接照明"复选框，如图4-2-21所示。

（16）渲染场景，最终渲染效果如图4-2-22所示。

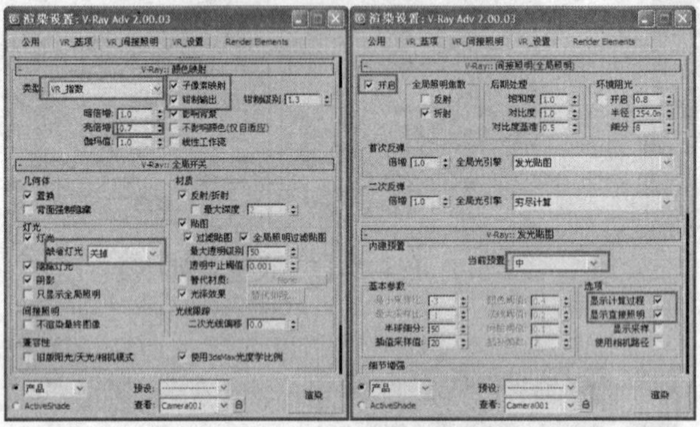

图4-2-21　设置渲染参数

图4-2-22　渲染效果

相关知识

1."材质编辑器"

材质是指物体表面的色彩、纹理、光滑度、透明度、反射率、折射率、光泽度等特性，依据这些不同的特性可以制作出现实世界中的任何物体。物体材质上的图形称为贴图。在3ds Max中，"材质编辑器"是非常重要的，因为所有材质贴图的编辑都是在这里完成的。打开"材质编辑器"窗口的方法主要有以下两种：

方法1：执行"渲染"|"材质编辑器"|"精简材质编辑器"命令或执行"渲染"|"材质编辑器"|"Slate材质编辑器"命令，如图4-2-23所示。

方法2：按【M】键打开"材质编辑器"窗口，这是一种最常用的方法。

在3ds Max 2012中有两个材质编辑器界面："精简材质编辑器"和"Slate材质编辑器"。

"精简材质编辑器"：是在3ds Max 2011版本之前唯一的材质编辑器，它是一个精简的小对话框，如图4-2-24所示。

"Slate材质编辑器"（"板岩材质编辑器"）：是一个完整的材质编辑器界面，如图4-2-25所示。它在用户设计和编辑材质时使用节点和关联以图形方式显示材质的结构。如果用户要设计新材质，则板岩材质编辑器尤其有用，它包括搜索工具以帮助管理具有大量材质的场景。

虽然"板岩材质编辑器"提供了强大的材质设计和管理能力，但"精简材质编辑器"在使用时更为方便，在实际工作中，一般都使用"精简材质编辑器"进行材质编辑。

2."精简材质编辑器"

材质编辑器对话框分为4部分，顶部为菜单栏，菜单栏的下面为材质示例窗，示例窗的右侧和下侧的按钮区为工具栏，其余部分为参数控制区，如图4-2-26所示。

图 4-2-23　执行菜单命令打开"材质编辑器"窗口

图 4-2-24　"精简材质编辑器"窗口

图 4-2-25　"Slate 材质编辑器"窗口

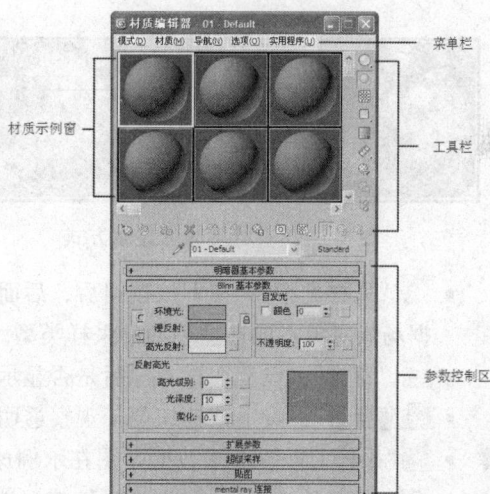

图 4-2-26　"材质编辑器"窗口

（1）菜单栏提供了调用各种材质编辑器工具的方式，包含"模式""材质""导航""选项""实用程序"等 5 项菜单。在"模式"菜单下可以实现"精简材质编辑器"和"Slate 材质编辑器"窗口的切换。

（2）材质示例窗是显示材质效果的窗口，它直观地显示出材质的基本属性，如反光、纹理等。窗口中默认显示 6 个材质球，窗口默认都以黑色边框显示，当前正在编辑的材质称为激活材质，它具有白色边框。双击材质球会弹出一个独立的材质显示窗口，放大或缩小该窗口观察材质效果，如图 4-2-27 所示。

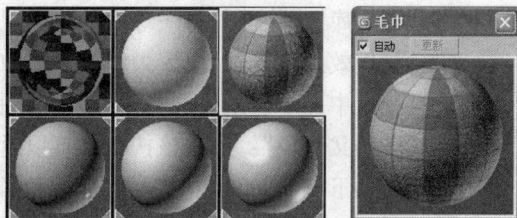

图 4-2-27　示例窗与材质球放大效果

如果要对材质进行编辑，首先要在其上单击将它激活。当示例窗中的材质指定给场景中的一个或多个对象时，示例窗是"热"的。当使用"精简材质编辑器"调整热示例窗时，场景中的材质也会同时更改。通过示例窗材质球的 4

个边角就能判断材质是否是热材质，如图 4-2-28 所示。若图的边角为实心白色三角形，材质
是热材质，而且已经应用到当前选定的对象上；若图的边角为空心白色三角形，材质是热材质，
它已经在场景中实例化，在示例窗中对材质进行更改，也会更改场景中显示的材质；若图的边
角没有三角形，材质是冷材质，表明材质尚未在场景中使用。

要将示例窗材质指定给场景对象，有以下两种方法。

方法 1：直接拖动示例窗中材质球到场景中对象。

方法 2：选中场景中要设置材质的对象，再单击示例窗下方水平材质工具栏中的 "将材质
指定给选定对象" 按钮。

（3）常用工具按钮（见图 4-2-29）：

图 4-2-28 材质球的显示方式 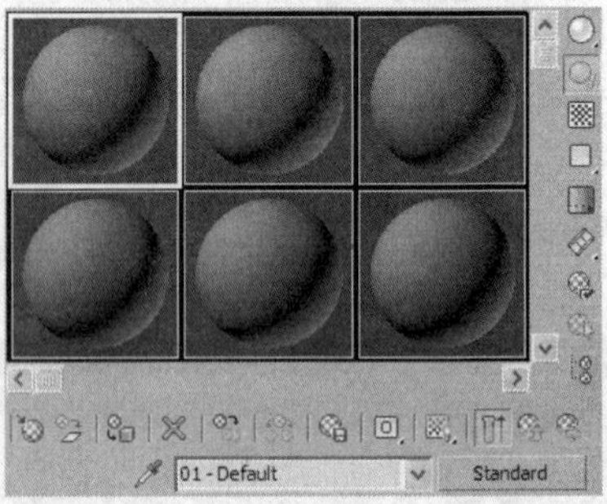 图 4-2-29 材质编辑器面板

- "采样类型"：按下该按钮后，后面出现球体、柱体和方体三个按钮，可以根据场景对象不同选择不同的采样类型。
- "背光"：设置在样本球后是否显示背光效果。
- "背景"：按下该按钮便于观察透明材质，其背景显示为棋盘格。
- "采样 UV 平铺"：改变贴图在示例球上的平铺次数，不对效果图中的三维物体起作用。
- "按材质选择"：可以通过该按钮选择场景中赋予当前材质球材质的对象。
- "获取材质"：单击该按钮可打开 "材质/贴图浏览器" 对话框。
- "将材质指定给选定对象"：将当前材质球中的材质赋给场景中选择对象。
- "重置贴图/材质为默认设置"：使当前材质球回到原来从来没有编辑过的默认状态。
- "生成材质副本"：创建当前选定材质球的副本。
- "使唯一"：单击该按钮将材质的关联分离出来，单独进行修改。
- "放入库"：将当前材质球中的材质保存到当前材质库中。
- "材质效果通道"：设置最终效果的 ID 通道。
- "视口中显示明暗处理材质"：使贴图在场景中赋有当前材质的对象中显示出来。
- "转到父对象"：单击该按钮，可以返回到当前层级的上一个层级。
- "转到下一个同级项"：可以进到和当前材质同层级的另一个层级。
- "从对象获取材质"：如果场景对象被赋予了材质，但是示例窗中没有显示出该对象的材质。使用该工具将对象上的材质吸取出来，显示到当前选择的材质球上。

（4）材质参数控制区用于调节材质的参数，基本上所有材质参数的调节都是在这里完成的。
不同材质的材质控制区参数是不同的，下面将介绍常用材质及其基本参数。

3. 标准材质参数控制区介绍

（1）"明暗器基本参数"卷展栏，如图4-2-30所示。该卷展栏可用于选择要用于标准材质的明暗器类型。明暗器下拉列表中有8种材质明暗器：

- "各向异性"：可以在模型表面产生椭圆形高光，用于模拟具有反光的材料，如头发，玻璃和刮削后的金属表面等。
- Blinn（胶性）：默认的材质明暗属性，主要用于柔软物质，如地毯、织物、床罩、窗帘等，是使用最多的一个属性。
- "金属"：专门用来模拟金属的一种属性模式，一般在制作金属材质时选择该属性模式。
- "多层"：可以产生椭圆形高光，可以生成复杂的高光效果，使用该属性可以创造出生动的材质效果。
- Oren-Nayar-Blinn（明暗处理）：适合用来制作水果材质。
- Phong（塑性）：以光滑的方式进行表面渲染，适合用来制作塑料等质感的材质。
- Strauss（金属加强）：用来制作金属材质，与"金属"相近，但比"金属"要简单。
- "半透明明暗器"：同Blinn相似，与灯光配合使用可以制作灯光透射效果。

在选择材质明暗器后，也可选择下列复选项渲染对象：

- "线框"：选择该项时，将以线框方式渲染对象。
- "双面"：选择该项时，对象内外表面都被赋予材质。
- "面贴图"：对象材质会按面方式贴图。
- "面状"：会将对象的每个面都以平面的状态显示。

（2）"Blinn基本参数"卷展栏，如图4-2-31所示。

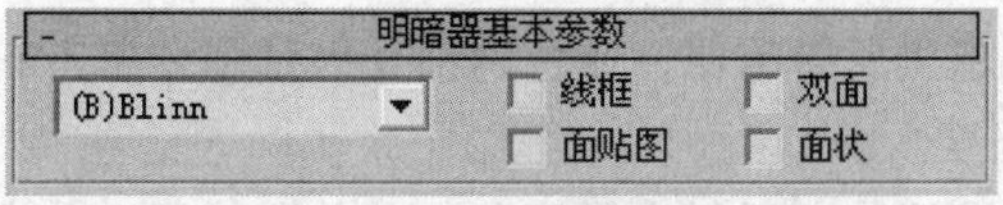

图4-2-30　"明暗器基本参数"卷展栏 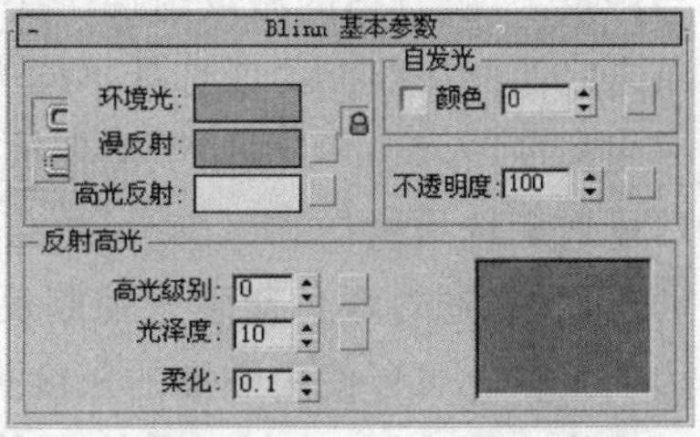　　　　图4-2-31　"Blinn基本参数"卷展栏

- "环境光"：指物体阴暗部分的颜色。
- "漫反射"：指物体本身的颜色。
- "高光反射"：指物体高光部分（亮点，反光最强的部分）的颜色。
- "自发光"：可以使对象自身发光，自发光的对象不受外部光线的影响。选择该项时，用户可以通过单击右面的色块来改变光线的颜色。不选择时可以通过设置它右面的数值来调整发光强度，这时光线的颜色就是物体自身"漫反射"颜色。可以通过单击最右面的按钮，打开"贴图浏览器"对话框来为自发光设置贴图。
- "不透明度"：设置材质不透明度。
- "高光级别"：数值越大，高光部分的亮度就越大。
- "光泽度"：数值越大，高光部分的亮点就越小，表示对象的反光能力越强。
- "柔化"：数值越大，高光处的亮度就显得越柔和。

4. VrayMtl 材质

VrayMtl 材质是使用频率最高的一种材质，常用于室内外效果图制作。在场景中使用该材质能够获得更加准确的物理照明（光能分布），更快地渲染，发射和折射参数调节更方便。使用 VrayMtl 材质，你可以应用不同的纹理贴图，控制其反射和折射，增加凹凸贴图和置换贴图，强制直接全局照明计算，选择用于材质的 BRDF，其参数设置面板如图 4-2-32 所示。

（1）"基本参数"卷展栏，如图 4-2-33 所示。

图 4-2-32　VrayMtl 材质面板

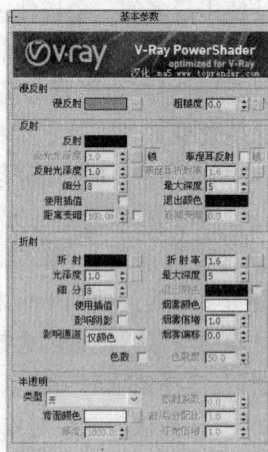

图 4-2-33　VrayMtl "基本参数"卷展栏

① "漫反射"选项组：

- "漫反射"：物体的漫反射用于决定物体的表面颜色。单击颜色块可以调整漫反射颜色。单击右边的按钮▇可以选择不同类型的贴图。
- "粗糙度"：该项可以用于模拟绒布的效果，数值越大，效果越明显。

② "反射"选项组：

- "反射"：通过颜色灰度来控制反射，颜色越黑反射越弱，颜色越白反射越强。单击右边的按钮▇可以使用贴图的灰度控制反射强度。
- "高光光泽度"：控制材质的高光的大小，默认与"反射光泽度"一起关联控制，单击右边的按钮▇解除锁定后可以对高光光泽度单独调整。
- "反射光泽度"：这个值表示材质的光泽度大小，也通常被称为反射模糊。值为 0 意味着得到非常模糊的反射效果，值为 1.0 表示没有反射效果。单击右边的按钮▇可以使用贴图的灰度控制反射模糊的强弱。
- "细分"：控制光线的数量，较高的值可以取得较平滑的效果，较低的值可以让模糊区域产生颗粒效果。取值越大，渲染越慢。
- "使用插值"：选择该项时，V-Ray 使用类似于"发光贴图"的缓存方式加快反射模糊的计算。
- "菲涅耳反射"：选择该项时，反射将具有真实世界的玻璃反射。当角度在光线和表面法线之间角度值接近 0 度时，反射将衰减（当光线几乎平行于表面时，反射可见性最大；当光线垂直于表面时几乎没反射发生）。同时，菲涅尔反射的效果也和"菲涅尔折射率"有关，当"菲涅尔折射率"为 0 或 100 时，将产生完全反射；当"菲涅尔折射率"从 1 ~

0 或从 1 ~ 100 时，反射越强烈。

- "菲涅耳折射率"：调节菲涅耳反射的反射强弱衰减率。
- "最大深度"：指反射的次数，数值越大效果越真实，但渲染时间也会更长。
- "退出颜色"：当物体的反射次数达到最大次数时就会停止计算反射，这时由于反射次数不够造成的反射区域的颜色就用退出颜色来代替。

③ "折射"选项组：

- "折射"：通过颜色灰度来控制折射，颜色越黑物体越不透明，产生的折射光线越少；颜色越白物体透明，产生的折射光线就越多。单击右边的按钮■可以使用贴图的灰度控制折射强度。
- "光泽度"：用来控制物体的折射模糊程度。值越小，模糊程度越明显；默认值 1 不产生折射模糊。单击右边的按钮■可以使用贴图的灰度控制折射模糊程度。
- "细分"：用于控制折射模糊的程度，较高的值可以取得较平滑的效果，但渲染速度越慢；较低的值可以让模糊区域产生颗粒效果，但渲染速度会变快。
- "使用插值"：选择该项时，Vray 使用类似于"发光贴图"的缓存方式加快光泽度的计算。
- "影响阴影"：该项用于控制透明物体产生的阴影。选择该项时，透明物体将产生真实的阴影。该项仅对"Vray 光源"和"Vray 阴影"有效。
- "折射率"：设置透明物体的折射率。
- "最大深度"：与反射中最大深度原理一样，用于控制折射的最大次数。
- "烟雾颜色"：该选项可以让光线通过透明物体后使光线变少，就像和物理世界中的半透明物体一样，默认颜色为白色。
- "烟雾倍增"：烟雾的浓度，值越大，烟雾浓度越大，光线穿透物体的能力越差。

④ "半透明"选项组：半透明效果（即 3S 效果）的类型有三种，分别是"硬（蜡）模型""软（水）模型"和"混合模型"。

- "背面颜色"：用来控制半透明效果的颜色。
- "厚度"：控制光线在物体内部被追踪的深度，值越大，会让整个物体被穿透，较小的值，可以让物体较薄的地方产生半透明效果。
- "散射系数"：物体内部的散射总量。
- "灯光倍增"：设置光线穿透能力的倍增值。值越大，散射效果越强。

（2）"BRDF-双向反射分布功能"卷展栏，如图 4-2-34 所示。BRDF 用于设置物体表面的反射特性，当反射颜色不为黑色和高光光泽度不为 1 时，这个功能才有效。主要用于制作像不锈钢锅底的高光形状呈两个锥形的现象（常见的一种不锈钢拉丝效果）。

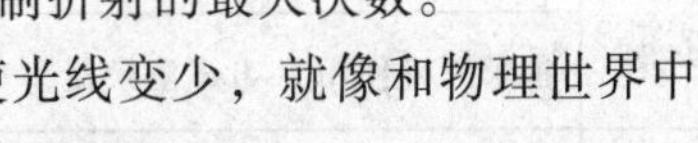

图 4-2-34 "BRDF-双向反射分布功能"卷展栏

- "明暗器"下拉列表：包括三种明暗器类型，分别是 Blinn、Phong 和 Ward。Blinn 适合大多数物体，高光区适中；Phong 适合硬度很高的物体，高光区很小；Ward 适合表面柔软或粗糙的物体，高光区最大。
- "各向异性"：控制高光区的形状，该参数可以用来设置拉丝效果。

- "旋转"：控制高光区的旋转方向。

技能训练

完成水果与果盘材质的编辑制作，使用 V-Ray 渲染器渲染场景，最终效果如图 4-2-35 所示。

要求：

（1）参照"任务二"中水果材质的编辑方法，完成水果材质制作。

（2）设置 HDR 环境贴图。

（3）运用 V-Ray 渲染器渲染场景。

图 4-2-35　水果与果盘效果图

学习评价

任务评价表如表 4-2-1 所示。

表 4-2-1　任务评价表

类　别	内　容		评　价		
	学 习 目 标	评 价 项 目	3	2	1
职业能力	能够使用材质编辑器编辑材质	能够设置标准材质			
		能够设置 V-Ray 材质			
		能够更改材质贴图			
		能够将材质赋予场景对象			
	能够正确使用 V-Ray 渲染器	能够正确设置 V-Ray 渲染器参数			
		能够对效果图进行简单的处理			
通用能力	渲染能力				
	审美能力				
	组织能力				
	解决问题的能力				
	自主学习的能力				
	创新能力				
	综 合 评 价				

思考与练习

（1）打开场景文件后，材质编辑器的材质显示为黑色是什么原因？

（2）要使场景中的对象都以线框方式渲染显示，该如何操作？

项目实训　茶具渲染

一、项目背景

中国茶文化源远流长，茶具有独有的文化。闲暇时刻，约上朋友聚会品茶，享受惬意时刻。本实训项目要求完成茶具的渲染，制作的最终效果如图 4-实训-1 所示。

二、项目要求

（1）能设置 HDR 环境贴图。

（2）能正确设置 V-Ray 渲染器参数。

（3）能运用 V-Ray 分布式渲染技术渲染场景。

三、项目提示

（1）完成场景制作或导入素材文件夹下模型文件

图 4-实训-1　实训效果图

chaju.3ds。

（2）设置多维子对象材质，分别设置杯体、杯边等材质。

（3）设置 HDR 环境贴图。

（4）正确设置 V-Ray 参数，使用 V-Ray 分布渲染完成场景渲染。

四、项目评价

项目实训评价表如表 4-实训-1 所示。

表 4-实训-1　项目实训评价表

类　别		内　容	评　价		
	学 习 目 标	评 价 项 目	3	2	1
职业能力	V-Ray 渲染器	能够设置场景渲染器			
		能设置 V-Ray 全局开关参数			
		能设置 V-Ray 环境参数			
		能设置 V-Ray 间接照明参数			
		能设置 HDR 贴图			
		能设置 V-Ray 分布式渲染参数			
		能调整视角、渲染场景			
	V-Ray 材质	能够正确操作材质编辑器			
		能完成材质的基本编辑			
		能使用 VrayMtl 材质			
		能编辑 HDR 贴图			
		能编辑 V-Ray 金属、玻璃等材质			
		能够将材质赋予场景对象			
通用能力	渲染能力				
	审美能力				
	沟通能力				
	相互合作的能力				
	解决问题的能力				
	创新能力				
	自主学习能力				
综 合 评 价					

项目五

制作卫生间场景

在室内效果图制作过程中，灯光和材质起着举足轻重的作用，画面层次、材质质感、空间氛围都要靠灯光来体现。如果要达到较为理想的效果，就需要对各种光源特性进行深入研究，并按其客观规律进行布光。卫生间效果设计是室内效果设计中必不可少的一部分。

本项目中通过两个任务来完成卫生间效果图的制作。在任务一中完成卫生间、水龙头、洗面盆、牙刷等场景模型的制作与 V-Ray 渲染器的设置、使用；在任务二中完成场景对象材质的编辑设置、渲染输出与 Photoshop 后期处理。

学习目标

☑ 能使用"编辑多边形"修改器完成卫生间、水龙头、洗面盆、牙刷等模型的制作
☑ 能完成 V-Ray 渲染器参数设置与场景渲染
☑ 能完成常用材质的编辑与设置
☑ 能正确使用渲染器制作真实场景效果
☑ 能使用 Photoshop 完成简单后期处理

任务一　场景模型与渲染——灯光的运用

任务描述

灯光是构成场景的一个重要组成部分，也是表现场景基调和烘托气氛的重要手段。一幅好的效果图，不仅是模型和材质的制作，更重要的是灯光的设置。本任务中在制作好场景模型的同时，采用 V-Ray 渲染器完成场景渲染，使用 V-Ray 灯光为场景提供真实的灯光照明，场景渲染效果如图 5-1-1 所示。

图 5-1-1　任务一效果图

任务分析

卫生间的窗户由长方体转换为可编辑多边形后，切割出窗洞边线，使用"挤出"等工具完成；水龙头和洗面盆可以用圆柱体对象转换为可编辑多边形，经"挤出"等修改编辑而成；镜子由切角长方体创建组合而成；牙刷柄由长方体编辑制作；刷毛用线条复制制作；毛巾环、毛巾、淋浴器、浴缸等对象由文件合并而成。

方法与步骤

1. 制作卫生间

> 提示：
> ① 设置单位；② 创建长方体并转换为可编辑多边形；③ 切割出窗框边线并挤出制作窗户；④ 设置不同区域多边形 ID，便于后面多维材质设置。

（1）启动 3ds Max 2012，执行"自定义"|"单位设置"命令，在"单位设置"对话框中设置单位为"毫米"。

（2）在透视图中创建长方体，命名为"卫生间"，"长度"为 2 500 mm，"宽度"为 1 800 mm，"高度"为 2 800 mm，"高度分段"为 2，如图 5-1-2 所示。

（3）右击长方体对象，在弹出的快捷菜单中执行"转换为可编辑多边形"命令，进入"边"子对象层级。在前视图框选中间边线向下移动，单击"编辑边"卷展栏下"切角"右侧的按钮，设置"切角量"为 40 mm，如图 5-1-3 所示。

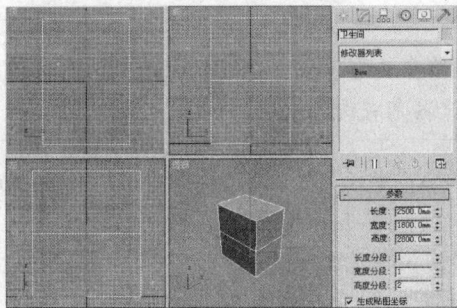

图 5-1-2　创建卫生间模型

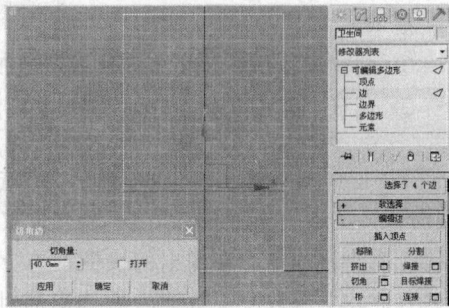

图 5-1-3　调整边线

（4）单击"编辑几何体"卷展栏下的"切割"按钮，在前视图中切割出窗框边线，如图 5-1-4 所示。

（5）进入"多边形"子对象层级，选择窗框多边形，单击"编辑多边形"卷展栏下"挤出"右侧的按钮，设置"挤出高度"为 150 mm，如图 5-1-5 所示。

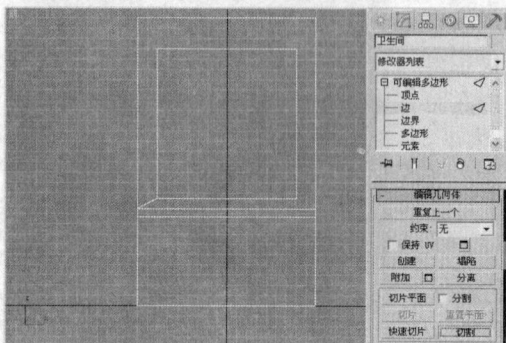

图 5-1-4　切割窗框边线

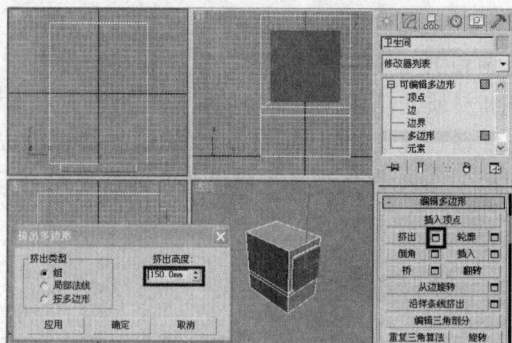

图 5-1-5　挤出窗框

（6）框选 1 区多边形，在"多边形属性"卷展栏下"设置 ID"右侧文本框中输入 1，按【Enter】键确认，如图 5-1-6 所示。同理，框选 2、3 区域多边形，分别设置 ID 为 2、3。

（7）选择所有多边形面，单击"编辑多边形"卷展栏下的"翻转"按钮，按【F4】键以边面方式显示对象，如图 5-1-7 所示。

图 5-1-6　设置材质 ID

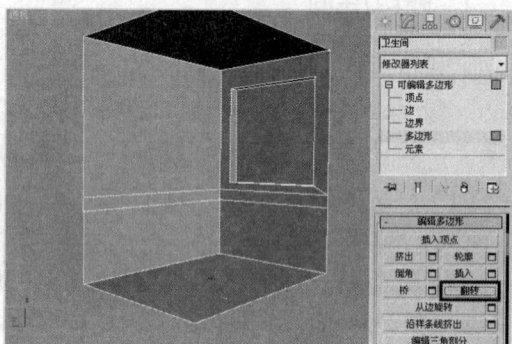

图 5-1-7　翻转多边形

2. 制作洗面盆

> 提示：
> ① 创建圆柱体并转换为可编辑多边形；② 调节多边形顶点，向下挤出形成洗面盆凹槽；③ 调节下部顶点位置，添加"涡轮平滑"修改器完成洗面盆制作。

（1）在顶视图中创建圆柱体，命名为"洗面盆"，设置"半径"为 280 mm，"高度"为 200 mm，"高度分段"为 5，"端面分段"为 3，"边数"为 14，如图 5-1-8 所示。

（2）右击洗面盆，在弹出的快捷菜单中执行"转换为可编辑多边形"命令。右击工具栏中的"选择并均匀缩放"工具 🔲，在弹出的对话框中设置 X 为 84，如图 5-1-9 所示。

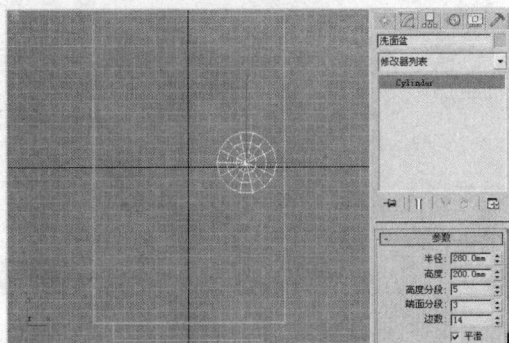

图 5-1-8　创建洗面盆

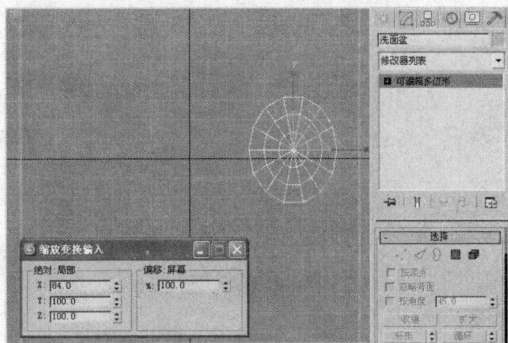

图 5-1-9　对洗面盆 X 轴缩放

（3）在顶视图中对洗面盆各顶点进行调节，调节后的位置如图 5-1-10 所示。

（4）选择图 5-1-11 左侧的多边形向下挤出 -15 mm。再次选择右侧图中多边形向下挤出 -120 mm，形成洗面盆凹槽，如图 5-1-11 所示。

图 5-1-10　调整顶点位置

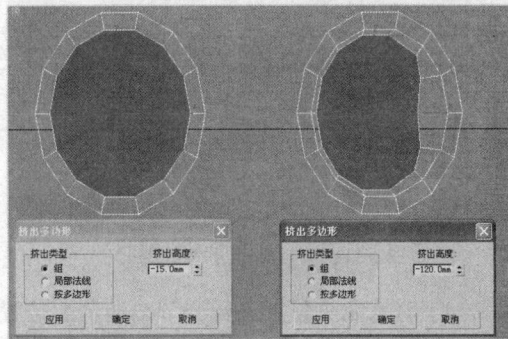

图 5-1-11　制作洗面盆凹槽

（5）调节顶点位置。在"修改器列表"中选择"涡轮平滑"修改器，设置"迭代次数"为 2，如图 5-1-12 所示。

3. 制作水龙头

> **提示：**
> ① 创建圆柱体并转换为可编辑多边形；② 向两侧挤出入水口多边形；③ 挤出出水口多边形并对顶点进行调节；④ 挤出并调整把手多边形；⑤ 添加"涡轮平滑"修改器。

（1）在顶视图创建圆柱体，命名为"水龙头"，设置"半径"为 20 mm，"高度"为 75 mm，"高度分段"为 5，"端面分段"为 1，"边数"为 18，如图 5-1-13 所示。

（2）将其转换为可编辑多边形，进入"多边形"对象层级，在左视图中框选左下角多边形并向外挤出，设置"挤出高度"为 40 mm，如图 5-1-14 所示。选择右侧对称区域，同样挤出 40 mm。

（3）在左视图中选择中间区域多边形向外挤出，设置"挤出高度"为 25 mm，两次单击"应用"按钮，然后单击"确定"按钮，如图 5-1-15 所示。

图 5-1-12　使用"涡轮平滑"修改器

图 5-1-13　创建水龙头

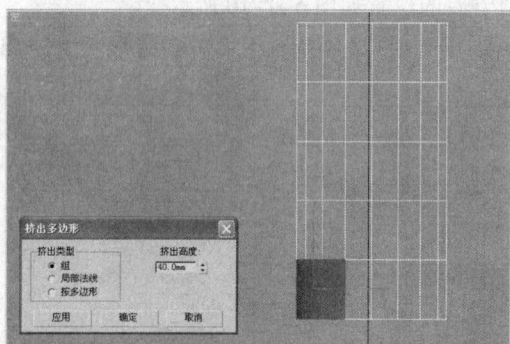

图 5-1-14　制作进水口部分

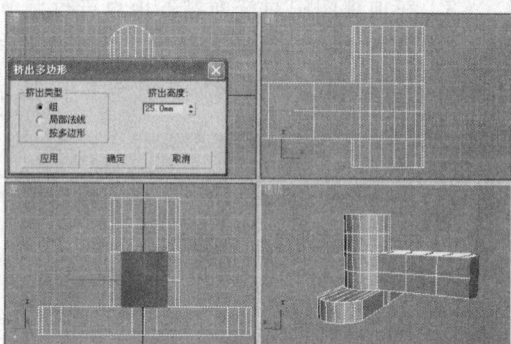

图 5-1-15　挤出水嘴

（4）对水龙头顶点进行调节，调节后位置如图 5-1-16 所示。

（5）选择水龙头顶部多边形进行"倒角"处理，设置"高度"为 -10 mm，"轮廓量"为 2 mm，如图 5-1-17 所示。

图 5-1-16　调节水嘴顶点

图 5-1-17　使用"倒角"修改器

（6）在前视图绘制光滑曲线。单击"沿样条线挤出"右侧的按钮，单击"拾取样条线"按钮，选择刚绘制的曲线，设置"分段"为 2，如图 5-1-18 所示。

（7）使用"选择并非均匀缩放"工具对挤出部分进行调整，调整后如图 5-1-19 所示。

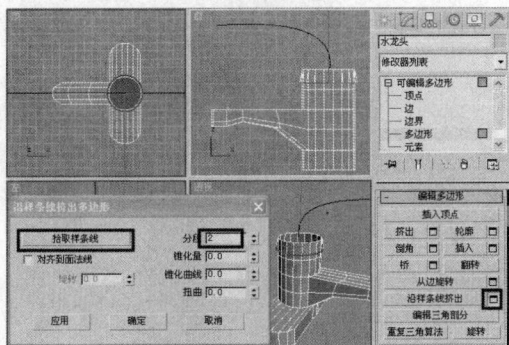

图 5-1-18　沿样条线挤出多边形

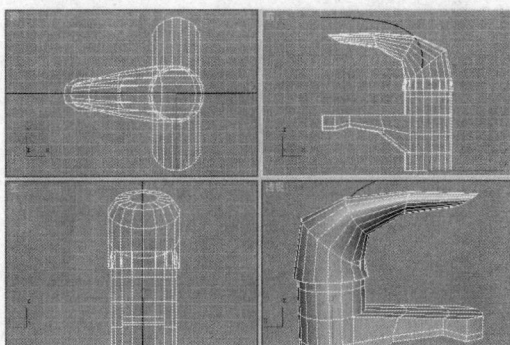

图 5-1-19　挤出部分细节调节

（8）在"修改器列表"中选择"涡轮平滑"修改器，设置"迭代次数"为2，如图 5-1-20 所示。

4. 制作玻璃杯与牙刷

> 提示：
> ① 创建截面并车削生成杯子模型；② 创建长方体转换为可编辑多边形，调节顶点位置制作牙刷把；③ 绘制直线并复制制作刷毛。

（1）在前视图绘制一条曲线并进行调整，如图 5-1-21 所示。

图 5-1-20　使用"涡轮平滑"修改器

图 5-1-21　制作玻璃杯截面曲线

（2）在"修改器列表"中选择"车削"修改器，选择"焊接内核"复选框，设置"分段"为 30，然后单击"对齐"选项组中"最大"按钮，如图 5-1-22 所示。

（3）在前视图创建长方体，命名为"牙刷把"，"长度"为 8 mm，"宽度"为 4 mm，"高度"为 145 mm，"高度分段"为 5。将其转换为可编辑多边形，按图 5-1-23 所示对顶点进行调整。

（4）选择所有边并进行切角处理，设置"切角量"为 0.3 mm，如图 5-1-24 所示。

（5）在顶视图绘制直线，进入"修改"面板，选择"渲染"卷展栏下的"在渲染中启用"和"在视口中启用"复选框，设置"厚度"为 0.25 mm，如图 5-1-25 所示。

图 5-1-22　车削形成玻璃杯

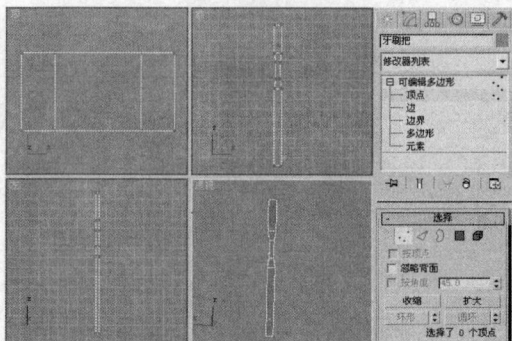

图 5-1-23　创建牙刷把长方体

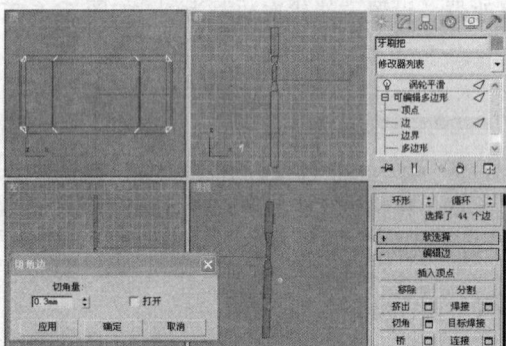

图 5-1-24　使用切角命令

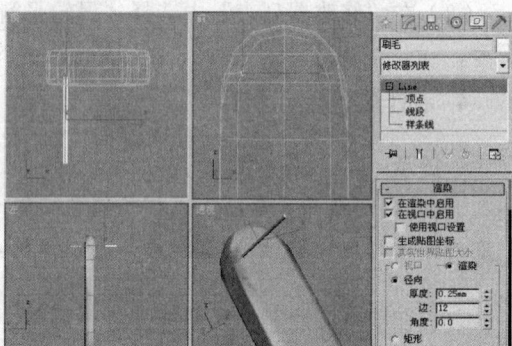

图 5-1-25　制作刷毛

（6）进入"样条线"对象层级，按住【Shift】键移动直线进行复制，制作效果如图 5-1-26 所示。

5. 制作镜子与挂画

> **提示：**
> ① 创建切角长方体制作镜框；② 制作镜子搁物架；③ 制作挂画对象；④ 设置挂画材质 ID。

（1）创建切角长方体，命名为"镜框"，"长度"为 800 mm，"宽度"为 50 mm，"高度"15 mm，"圆角"为 2 mm。转换为可编辑多边形，进入"元素"子对象层级，向右移动复制出另一边框，如图 5-1-27 所示。

（2）创建切角长方体，命名为"镜框1"，"长度"为 35 mm，"宽度"为 510 mm，"高度"为 13 mm，"宽度分段"为 2，"圆角"为 2 mm。将其转换为可编辑多边形，进入"元素"子对象层级，向下移动复制出另一边框，如图 5-1-28 所示。

（3）对顶点进行调节，如图 5-1-29 所示。添加"涡轮平滑"修改器，"迭代次数"为 2。

（4）再次创建切角长方体，命名为"搁物架"，设置"长度"为 15 mm，"宽度"为 600 mm，"高度"120 mm，"圆角"为 2 mm。沿镜框边缘创建长方体，命名为"镜面"，如图 5-1-30 所示。

图 5-1-26　复制制作刷毛

图 5-1-27　制作镜子边框

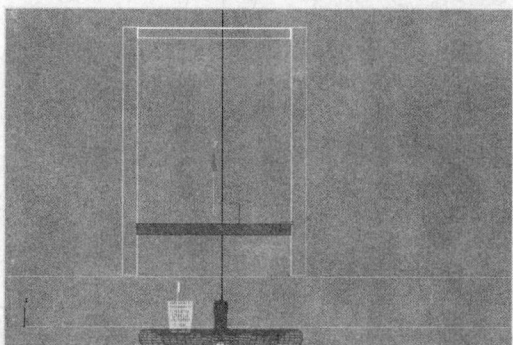

图 5-1-28　制作镜子边框

图 5-1-29　使用"涡轮平滑"修改器

（5）在左视图创建矩形，命名为"挂画"，设置"长度"为 350 mm，"宽度"为 350 mm。将其转换为可编辑多边形，进入"多边形"对象层级，选择多边形向外挤出，设置"挤出高度"为 12 mm，如图 5-1-31 所示。

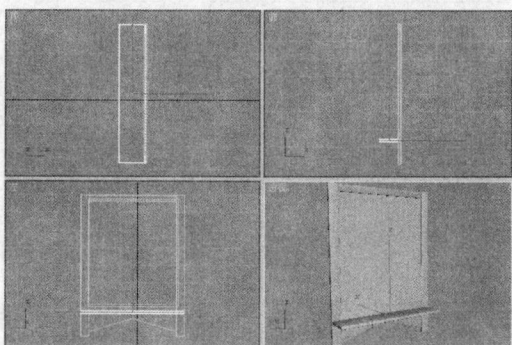

图 5-1-30　镜子制作效果

图 5-1-31　制作挂画

（6）单击"插入"右侧的按钮，设置"插入量"为 15 mm，如图 5-1-32 所示。

（7）单击"倒角"右侧的按钮，设置"高度"为-2 mm，"轮廓量"为-2 mm，如图 5-1-33 所示。

（8）单击"插入"右侧的按钮，设置"插入量"为 60 mm，单击"应用"按钮，再次设置"插入量"为 10 mm，单击"确定"按钮，如图 5-1-34 所示。

图 5-1-32 使用"插入"命令

图 5-1-33 使用"倒角"命令

（9）按图 5-1-35 所示分别选择不同区域多边形，为其设置相应 ID。

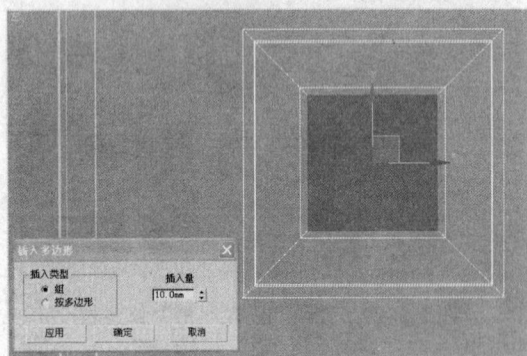

图 5-1-34 插入多边形

图 5-1-35 设置材质 ID

6. 合并对象并设置摄像机

> **提示：**
> ① 合并场景模型并调整对象位置； ② 为对象赋予统一材质； ③ 添加摄像机。

（1）单击"应用程序"按钮，在下拉菜单中执行"导入"|"合并"命令，选择"洗浴用品.max"，单击"打开"按钮，在"合并-洗浴用品.max"对话框中选择所有对象，如图 5-1-36 所示，单击"确定"按钮将对象合并到当前场景中。

（2）将合并到场景的对象调整到如图 5-1-37 所示位置。

（3）激活透视图，按【Ctrl+C】组合键在场景中自动添加一架摄像机，同时透视图将切换到摄像机视图，如图 5-1-38 所示。

7. 设置场景灯光

（1）在"创建"面板 中选择"灯光"类别 ，在"对象类型"下拉框中选择 V-Ray 项。单击"VR_光源"按钮，在前视图中创建一个 V-Ray 灯光，调整位置到窗外，如图 5-1-39 所示。

（2）修改灯光参数。进入"修改"面板 ，设置"倍增器"数值为 15，如图 5-1-40 所示。

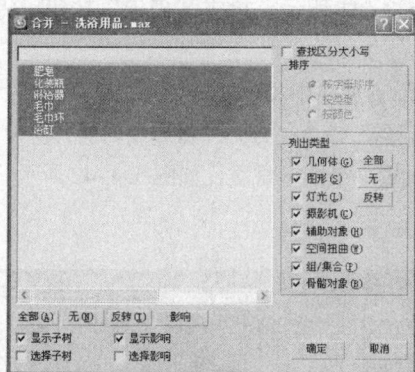

图 5-1-36　合并场景对象

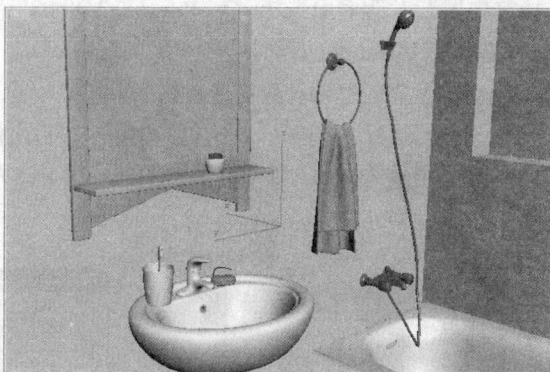

图 5-1-37　调整对象位置

图 5-1-38　摄像机视图

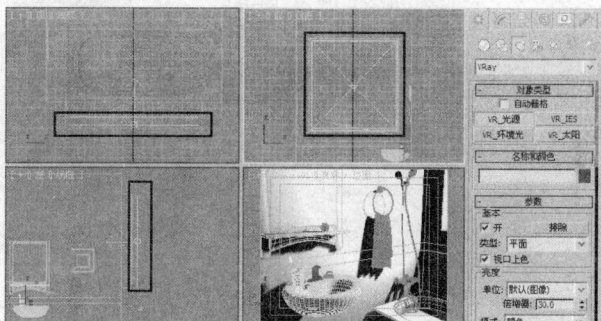

图 5-1-39　创建灯光

图 5-1-40　修改灯光参数

8. 设置 Vray 渲染器并渲染场景

提示：

　　① 设置渲染器为 V-Ray 渲染器；② 设置 V-Ray 渲染器参数；③ 场景素模渲染输出。

（1）按【F10】键打开"渲染设置"对话框，3ds Max 安装后的默认渲染器为"默认扫描线渲染器"，在"公用"选项卡的"指定渲染器"卷展栏中单击产品级右侧的 ⋯ 按钮，在弹出的

"选择渲染器"对话框中选择"V-Ray Adv2.00.03"，如图 5-1-41 所示。单击"确定"按钮，将渲染器更改为 V-Ray 渲染器。

（2）进入"VR_基项"选项卡，在"V-Ray∷全局开关"卷展栏中关掉缺省灯光。选择"替代材质"复选框。执行"渲染"|"材质编辑器"|"精简材质编辑器"命令，打开"材质编辑器"窗口，将第一个空白材质球拖动到替代材质右侧的按钮上，为场景设置一个统一材质，如图 5-1-42 所示。

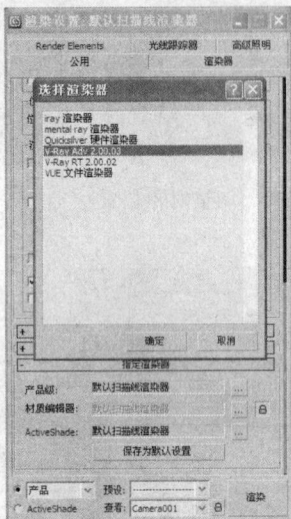

图 5-1-41　更改"V-Ray Adv 2.00.03"渲
　　　　　染器

图 5-1-42　设置"V-Ray∷全局开关"参数

（3）在"V-Ray∷颜色映射"卷展栏中，更改类型为"VR_指数"，同时选择"钳制输出"和"子像素贴图"复选框，如图 5-1-43 所示。

（4）进入"VR_间接照明"选项卡，在"V-Ray∷间接照明（全局照明）"卷展栏中选择"开启"复选框，启用间接照明。在"V-Ray∷发光贴图"卷展栏中设置"当前预置"为中，选择"显示计算过程"和"显示直接照明"复选框，如图 5-1-44 所示。

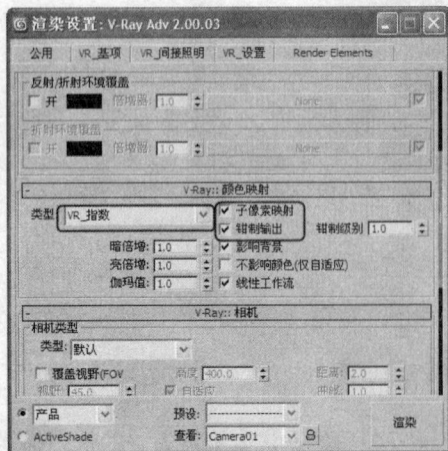

图 5-1-43　设置"V-Ray∷颜色映射"参数　　图 5-1-44　设置"V-Ray∷间接照明（全局照明）"参数

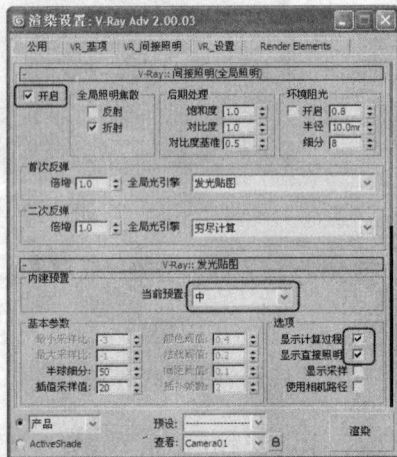

（5）进入"VR_设置"选项卡，在"V-Ray：：DMC采样器"卷展栏中，设置"噪波阈值"为0.002，如图5-1-45所示。

（6）单击"渲染"按钮，V-Ray渲染器会按照渲染参数设置对当前选择视图进行渲染，场景渲染过程如图5-1-46所示。渲染时间取决于场景对象、材质贴图、渲染参数等不同因素。渲染过程中如果发现图像过亮或是过暗，可以按【ESC】键中止当前渲染。如果渲染视图为其他视图（如前、左、顶等视图），可以通过选择"视口"下面的下拉列表框，选择相应视图后重新渲染即可。

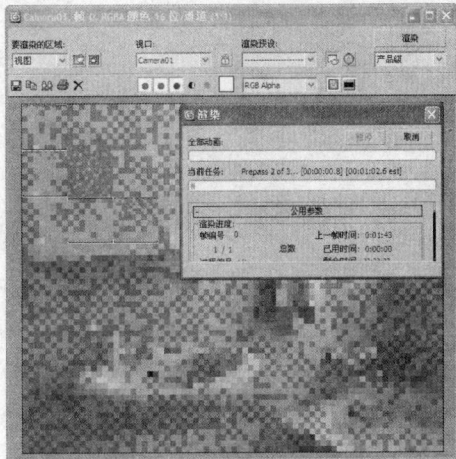

图5-1-45 设置"V-Ray：：DMC采样器"参数

图5-1-46 V-Ray渲染过程

（7）稍等片刻，渲染完成后，场景的渲染效果如图5-1-47所示。单击窗口上方的"保存图像"按钮以 ■ "卫生间白模.jpg"为名保存当前渲染的效果图。

（8）单击"应用程序"按钮，在下拉菜单中执行"另存为"|"另存为"命令，弹出"文件另存为"对话框，将文件以"卫生间1.max"为文件名进行保存。

相关知识

在3ds Max中，灯光是构成场景一个重要的组成部分。一幅好的效果图，不仅是造型和材质的制作与设置，更重要的是灯光的设置。灯光照亮了场景空间，使场景体现出层次感、真实感，直接影响到场景的最终渲染效果。

图5-1-47 场景渲染效果图

3ds Max提供三种类型的灯光：V-Ray灯光、标准灯光和光度学灯光。

标准灯光是基于计算机的模拟灯光对象，如家用或办公室灯、舞台和电影工作时使用的灯光设备和太阳光本身。不同种类的灯光对象可用不同的方法投射灯光，模拟不同种类的光源。与光度学灯光不同，标准灯光不具有基于物理的强度值。

光度学灯光可以更精确地定义灯光，就像在真实世界一样。用户可以设置它们分布、强度、色温和其他真实世界灯光的特性。

1. Vray 灯光

Vray 灯光提供了 4 种类型的灯光：VR_光源、VR_IES、VR_环境光、VR_太阳，如图 5-1-48 所示。

单击"VR_光源"按钮在场景中创建灯光，灯光参数如图 5-1-49 所示。

图 5-1-48　VRay 灯光　　　　　　　　图 5-1-49　VR_光源参数

（1）"基本"选项组：

- "开"：灯光开关。
- "排除"：排除灯光照射对象。
- "类型"：灯光类型分为平面、穹顶、球体、网格体，默认为平面类型。

（2）"亮度"选项组：

- "倍增器"：控制 Vray 光源强度。

（3）"尺寸"选项组：

- "半长"：光源的 U 向尺寸（如果选择球形光源，该尺寸为球体的半径）。
- "半宽"：光源的 V 向尺寸（当选择球形光源时，该选项无效）。
- "W 尺寸"：光源的 W 向尺寸（当选择球形光源时，该选项无效）。

（4）"选项"选项组：

- "双面"：当 VRay 灯光为平面光源时，该选项控制光线是否从面光源的两个面发射出来。
- "不可见"：控制 VRay 光源的形状是否在最终渲染场景中显示出来。该择选项，发光体不可见。
- "忽略灯光法线"：当被追踪的光线照射到光源上时，该项让你控制 VRay 计算发光的方法。
- "不衰减"：该项选中时，VRay 产生的光线将不会随距离而衰减。
- "天光入口"：选择此选项，则灯光的强度、颜色、尺寸等将不受控制不起作用，而将会在 VRay 环境卷展栏中进行控制。
- "存储在发光贴图"中：选中选项并且全局照明设定为发光贴图时，VRay 将再次计算灯光的效果并且将其存储到光照贴图中。
- "影响漫反射"：控制灯光是否影响物体的漫反射。
- "影响高光"：控制灯光是否影响物体的高光。
- "影响反射"：控制灯光是否影响物体的反射。

2. 标准灯光

1）分类

（1）泛光灯是一种可以向四面八方均匀照射的点光源。泛光灯用于照亮整个场景，易于建立和调节，但不宜建立过多，否则会使场景平淡而无层次感。在早期效果图制作中，泛光灯是应用最广泛的一种光源。

（2）3ds Max 中聚光灯分为两大类：目标聚光灯和自由聚光灯。目标聚光灯产生一种类似于手电筒、舞台灯光等锥形照明区域。它由投射点、目标点两部分组成，可以单独调节这两个点的位置。可以用来制作车灯、台灯、路灯等照射效果。

（3）自由聚光灯产生锥形照明区域，是一种没有目标点的光源，无法通过调节目标点和投射点的方法改变投射范围，但可以通过"选择并旋转"工具来改变投射方向，通常用于动画的制作。

（4）目标平行光是一种圆柱状的平行照射区域，其他功能与目标聚光灯基本相似。目标平行光主要用于模拟阳光、探照灯、激光光束等效果。

（5）自由平行光是一种类似于自由聚光灯的平行光束，照射范围是圆柱状的，也是一种没有目标点的光源。

（6）天光是 3ds Max 中的一种高级灯光，适用于模拟真实的室内和室外光线。天光好比是一个圆球空间，把里面的物体从各个角度照亮，因此天光的建立对位置无特殊要求，如图 4-1-50 所示。当使用默认扫描线渲染器时需要与菜单"渲染/高级照明"下的"光跟踪器"或"光能传递"一起使用。在使用 mental ray 渲染器时也要结合其他配置才能使用，当在"渲染"卷展栏中打开"间接照明"选项卡中的"最终聚焦"设置时，天光才能产生效果。

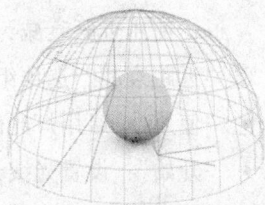

图 5-1-50 天光照射模拟

2）标准灯光常用参数

因为所有灯光共用标准灯光的大多数参数，下面以目标聚光灯为例介绍灯光常用参数。

（1）"常规参数"卷展栏，如图 5-1-51 所示。

① "灯光类型"选项组：

"启用"：打开或关闭灯光。

② "阴影"选项组：

- "阴影"：设置灯光是否产生阴影以及使用哪种方式产生阴影。
- "启用"：控制灯光是否产生阴影。
- "使用全局设置"：打开此项，把阴影参数设置应用到场景中所有投射阴影的灯光上。
- "阴影类型"：确定阴影投射的方式，有高级光线跟踪、区域阴影、mental ray 阴影贴图、光线跟踪阴影、阴影贴图。
- "排除"：将物体排除在本灯光照射范围之外。勾选对话框中"包含"选项，可以把物体包含在本灯光照射范围之内。

（2）"强度/颜色/衰减"卷展栏，如图 5-1-52 所示。

- "倍增"：对灯光的照射强度进行倍增控制，其默认值为 1。如果将倍增设为 2，灯光的强度将增加一倍；如果该值为负值，将产生吸光的效果。

图 5-1-51 "常规参数"卷展栏

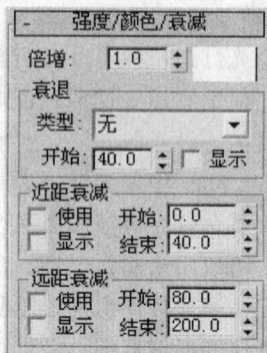

图 5-1-52 强度/颜色/衰减卷展栏

- "颜色块"：用来调整灯光的颜色，默认白色，可通过颜色选择器改变颜色。

① "衰减"选项组：

- "类型"：设置灯光衰减类型。有无、倒数、平方反比三种类型可供选择。
- "开始"：衰减的开始点，取决于是否使用衰减。如果不使用衰减，则从光源处开始衰退；使用近距衰减，则从近距结束位置开始衰退。

② "近距衰减"选项组：

- "使用"：启用灯光的近距衰减。
- "开始"：设置光线开始出现的位置。
- "结束"：光线强度达到最大时的位置。
- "显示"：在视图中显示近距衰减范围设置。

③ "远距衰减"选项组：

- "使用"：启用灯光的远距衰减。
- "开始"：设置光线开始变弱的位置。
- "结束"：光线强度减为 0 时的位置。
- "显示"：在视图中显示远距衰减范围设置。

（3）"高级效果"卷展栏，如图 5-1-53 所示。

- "对比度"：调整物体的漫反射区域和高光区域之间的对比度。
- "柔化漫反射边"：柔化曲面的漫反射部分与环境光部分之间的边缘。
- "漫反射/高光反射/仅环境光"：允许灯光对漫反射区、高光区和环境色单独照射。
- "贴图"：启用该项，可以通过"贴图"按钮投射选定的贴图。

（4）"阴影参数"卷展栏，如图 5-1-54 所示。

- "颜色"：设置阴影的颜色，默认设置为黑色。
- "密度"：调整阴影的密度。增加密度值可以增加阴影的密度（暗度）。
- "贴图"：为阴影指定贴图。启用此项，贴图的颜色将与阴影色混合。

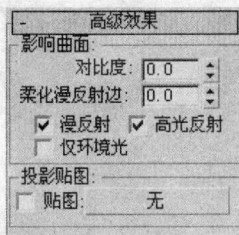

图 5-1-53 "高级效果"卷展栏

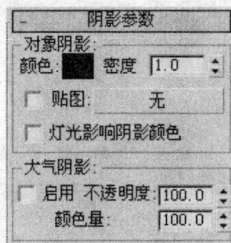

图 5-1-54 "阴影参数"卷展栏

（5）"聚光灯参数"卷展栏，如图 5-1-55 所示。

- "泛光化"：选中该项，使聚光灯兼有泛光灯的功能，向四周照射光线，同时保留聚光灯特性。
- "聚光区/光束"：设置光线照射范围，默认值为 43。
- "衰减区/区域"：调节灯光的衰减区域，默认值为 45。
- "圆/矩形"：设置是圆形灯光还是矩形灯光。
- "纵横比"：设置矩形长宽比例。

3. 光度学灯光常用参数

目标灯光和自由灯光具有相同的灯光参数，下面介绍几个常用的灯光参数卷展栏。

（1）"模板"卷展栏，如图 5-1-56 所示。

选择模板下拉列表框中预设了若干类型灯光，用户可以在这些预设的灯光类型中进行选择。选择灯光后，在下面其他卷展栏中灯光参数将显示为该选择灯光的各项参数。选择一种合适的灯光对于实现真实场景照明起着重要作用。

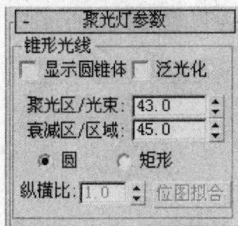

图 5-1-55 "聚光灯参数"卷展栏

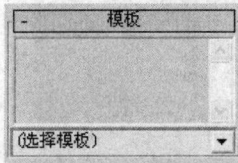

图 5-1-56 "模板"卷展栏

（2）"常规参数"卷展栏，如图 5-1-57 所示。

- "灯光属性"与"阴影"选项组与标准灯光基本相同，具体使用参见前面介绍。
- "灯光分布（类型）"选项组：光源发射光线的方向分布。下拉列表框中有 4 种灯光分布方式：统一球形、统一漫反射、聚光灯和光度学 Web。选择光度学 Web 时，可以添加灯光光域网文件制作特殊灯光效果，如图 5-1-58 所示。

（3）"强度/颜色/衰减"卷展栏，如图 5-1-59 所示。

① "颜色"选项组：

- 灯光：从下拉框中选择具有光谱特征的灯光。
- "开尔文"：通过调整色温微调按钮来设置灯光的颜色，色温以开尔文度数显示。
- "过滤颜色"：使用颜色过滤器模拟置于光源上的过滤色的效果。

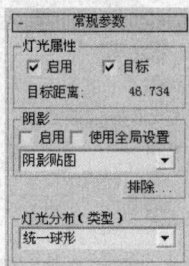

图 5-1-57　"常规参数"卷展栏

图 5-1-58　光域网效果

② "强度"选项区域：

- lm/cd/lx：灯光强度的设置单位。
- 倍增：对灯光的照射强度进行倍增控制。

（4）"图形/区域阴影"卷展栏，如图 5-1-60 所示。

用于选择可以生成阴影的灯光图形，有以下 6 种生成方式。

- "点光源"：灯光以点光源方式发射光线并计算灯光阴影。
- "线"：以线的方式发射灯光并计算灯光阴影。
- "矩形"：计算阴影时，就如同从矩形区域发射灯光一样。
- "圆形"：以圆形方式发射灯光。
- "球体/圆柱体"：从球体或圆柱体内发射出灯光光线。

图 5-1-59　"强度/颜色/衰减"卷展栏

图 5-1-60　"图形/区域阴影"卷展栏

技能训练

练习运用 V-Ray 渲染器的使用，按照任务一中"设置 V-Ray 渲染器并渲染场景"部分所示步骤完成阳光休闲室的渲染，渲染效果如图 5-1-61 所示。

要求：

（1）根据场景适当设置"V-Ray::环境"倍增器参数，以得到正常的光照效果。

图 5-1-61　阳光休闲室渲染效果

（2）比较"V-Ray::全局开关"卷展栏中"替代材质"启用与关闭时场景的渲染器效果。

（3）比较"V-Ray::颜色映射"卷展栏中 VR_指数与 VR_线性倍增对场景效果的影响。

学习评价

任务评价表如表 5-1-1 所示。

表 5-1-1　任务评价表

类　别		内　　容	评　价		
	学习目标	评价项目	3	2	1
职业能力	能正确对场景进行布光设置	熟悉灯光的特性			
		能对室内场景分析并正确选择合适光源			
		能创建灯光并调整参数			
	能正确渲染场景	能正确选择 mental ray 渲染器			
		能设置参数并渲染输出			
通用能力	造型能力				
	审美能力				
	组织能力				
	解决问题的能力				
	自主学习的能力				
	创新能力				
综　合　评　价					

思考与练习

（1）标准与光度学灯光分别提供了哪几种灯光，都用于什么场合？

（2）要制作真实的室外光线，应该选用哪种灯光？

（3）如何使灯光投影产生柔和的边缘？

任务二　室内材质与渲染——V-Ray 材质的运用

任务描述

材质在效果图制作中起着至关重要的作用，用户可以通过不同方法制作模型材质。3ds Max 2012 中专门针对 V-Ray 渲染器提供了多种 V-Ray 材质，其中运用 VRayMtl 材质可以快速制作陶瓷、玻璃、金属等。本任务（见图 5-2-1）中，主要完成各种常用材质的制作，包括陶瓷、瓷砖、不锈钢、镜面、塑料、玻璃、木材等；同时也分析了材质和灯光对效果图的影响，使效果图更具真实性。

图 5-2-1　任务二效果图

任务分析

本任务中墙体对象需要设置多张贴图，这样可以为其设置多维/子对象材质，不同贴图部分以不同的 ID 号区分；V-Ray 材质设置灵活、方便，场景中玻璃、金属、陶瓷等材质均可通过简单设置轻松制作出来；制作效果图一般都需要 Photoshop 的润色、加工，通过 Photoshop 完成对效果图的较色等处理。

方法与步骤

1. 设置墙体材质

> **提示：**
> ① 打开材质编辑；② 选择多维子对象材质；③ 为 ID1、ID2、ID3 设置 VRayMtl 材质。

（1）打开"卫生间 1.max"，执行"渲染"|"材质编辑器"|"精简材质编辑器"命令打开精简"材质编辑器"。选择第 2 个材质球，命名为"墙体"，单击 Standard 按钮，在"材质/贴图浏览器"对话框中双击"多维/子对象"，在"替换材质"对话框中选择"丢弃旧材质"，单击"确定"按钮，如图 5-2-2 所示。

（2）单击"设置数量"按钮，在"设置材质数量"对话框中设置"材质数量"为 3，如图 5-2-3 所示。

图 5-2-2　指定"多维/子对象"材质

图 5-2-3　设置"材质数量"

（3）单击 ID1 右侧的长按钮，在"材质/贴图浏览器"中"材质"卷展栏下选择 V-Ray 项中的 VRayMtl 材质，进入 VRayMtl 材质设置界面，命名材质为"墙体下"。单击"漫反射"右侧的按钮，在"材质/贴图浏览器"对话框单击"位图"，选择素材目录下的文件"669.jpg"，如图 5-2-4 所示。

（4）单击"反射"右侧颜色块，更改颜色值为 RGB（140，140，140），反射光泽度：0.85，选择"菲涅耳反射"复选框，如图 5-2-5 所示。

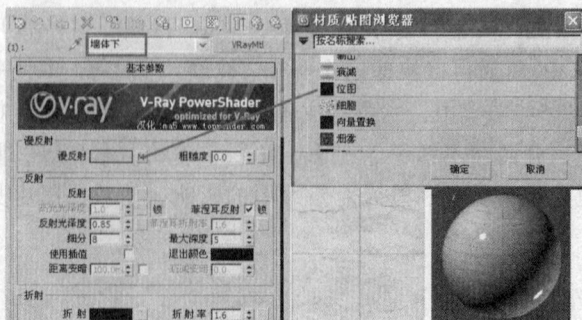

图 5-2-4　设置漫反射贴图

（5）单击水平材质工具栏中 "返回到父对象"按钮，返回到"多维/子对象"设置界面，同理，设置 ID2、ID3 参数，如图 5-2-6 所示。

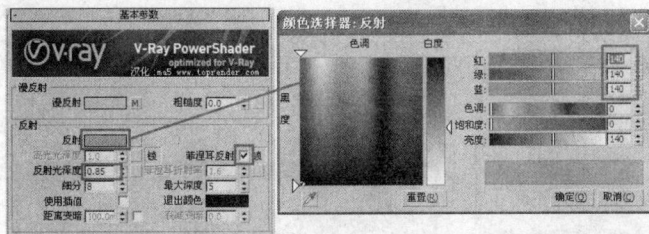

图 5-2-5　设置反射参数　　　　　　　图 5-2-6　"多维/子对象参数"卷展栏

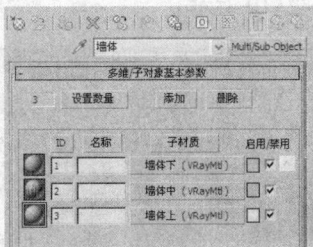

（6）ID2 的 VRayMtl 参数设置，如图 5-2-7 所示。

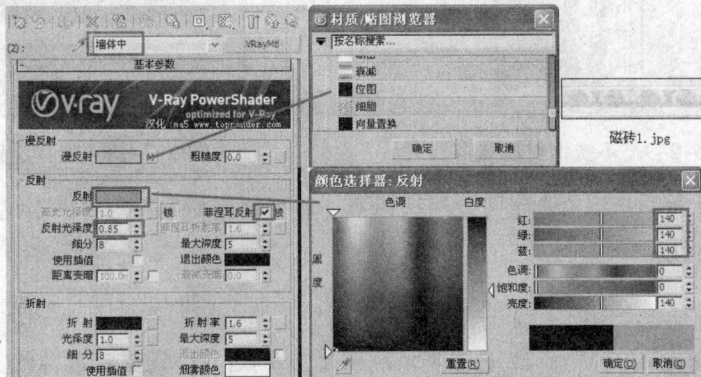

图 5-2-7　ID2 材质参数

（7）ID3 与 ID1 的 VRayMtl 参数设置除位图平铺次数外，其他相同，如图 5-2-8 所示。

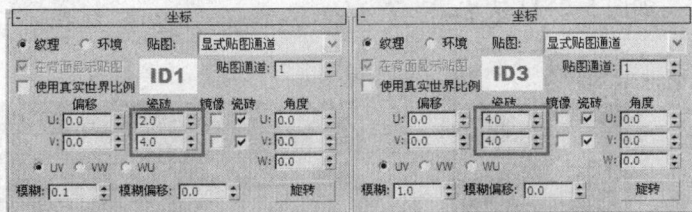

图 5-2-8　ID1、ID3 位图平铺次数设置

（8）在场景中选择墙体对象，单击材质编辑器中水平工具上"将材质指定给选定对象"按钮，将墙体材质赋予墙体对象，也可以直接将材质球拖动到场景对象上。

2. 设置不锈钢材质

提示：

① 选择 VRayMtl 材质；② 更改漫反射和反射颜色；③ 将材质赋予水龙头等对象。

（1）选择一个空白材质球命名为"不锈钢"，单击 Standard 按钮，在"材质/贴图浏览器"中"材质"卷展栏下选择 V-Ray 项中的 VRayMtl 材质。

（2）更改漫反射和反射右侧颜色块颜色为白色，RGB（255，255，255），如图 5-2-9 所示。

（3）按【H】键打开"从场景选择"对话框，选择需要设置不锈钢材质的对象名称，如图 5-2-10 所示。

图 5-2-9　不锈钢材质参数

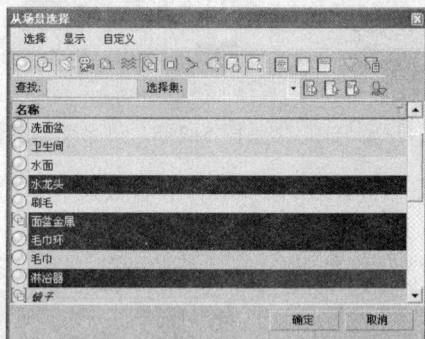

图 5-2-10　选择不锈钢材质对象

（4）单击"将材质指定给选定对象"按钮 ，将不锈钢材质指定给"水龙头"等对象。

3. 设置陶瓷材质

> **提示：**
> ① 选择 VRayMtl 材质；② 设置高级照明覆盖参数；③ 设置反射贴图。

（1）选择一个空白材质球命名为"陶瓷"，单击 Standard 按钮，在"材质/贴图浏览器"对话框中"材质"卷展栏下选择"标准"项中的"高级照明覆盖"材质，设置"反射比"为 0.9，"颜色溢出"为 0.5，如图 5-2-11 所示。

图 5-2-11　指定高级照明材质

（2）单击"基础材质"右侧的长按钮，设置 Standard 材质参数，如图 5-2-12 所示。为了使陶瓷能够反射周围环境，这里在反射贴图中加入 VR_HDRI（V-Ray 环境贴图），并设置反射数量为 3。

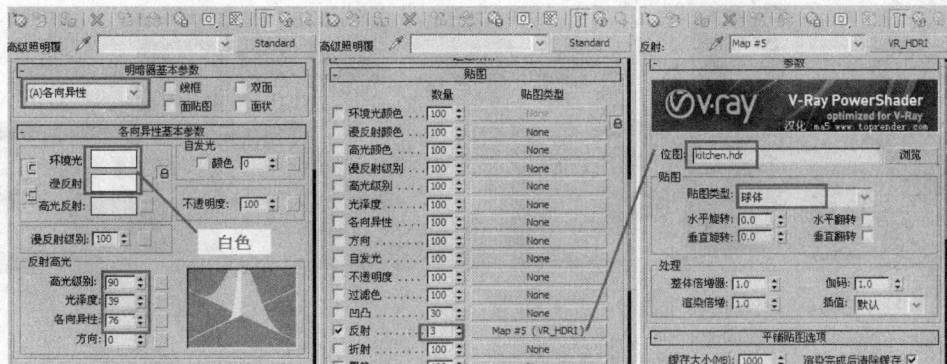

图 5-2-12　陶瓷基础材质设置

（3）将陶瓷材质赋予"洗脸盆""浴缸"等陶瓷对象。

4. 设置玻璃材质

提示：
① 选择 VRayMtl 材质；② 设置反射贴图等参数；③ 设置折射颜色、光泽度、折射率。

（1）选择一个空白材质球命名为"磨砂玻璃杯"，单击 Standard 按钮，在"材质/贴图浏览器"对话框中"材质"卷展栏下选择 V-Ray 选项组中的 VRayMtl 材质，如图 5-2-13 所示。

（2）设置"反射"组参数，"反射光泽度"设为 0.98，"细分"为 3。单击"反射"右侧的按钮，在"材质/贴图浏览器"对话框中"材质"卷展栏下选择"标准"项中的"衰减"材质。在衰减（Falloff）参数面板中更改"衰减类型"为 Fresnel。

图 5-2-13　玻璃杯材质设置

（3）在"折射"组，设置"折射颜色"为白色，"光泽度"为 0.85，"细分"为 3，"折射率"为 1.57。

（4）将玻璃材质赋予玻璃杯对象。

5. 设置牙刷材质

提示：
① 牙刷设置为塑料材质；② 设置刷把、刷毛材质的漫反射颜色、光泽度、高光级别。

（1）选择一个空白材质球命名为"牙刷把"，单击"漫反射"右侧的颜色块设置牙刷把颜色，"高光级别"为 34，"光泽度"为 44，如图 5-2-14 所示。

（2）刷毛材质参数设置，如图 5-2-15 所示。

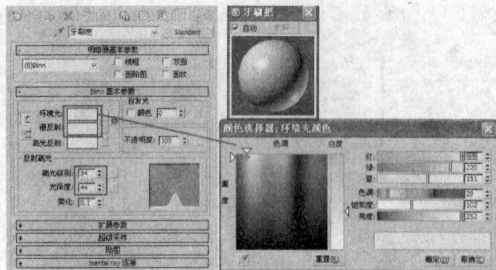

图 5-2-14　牙刷把材质设置

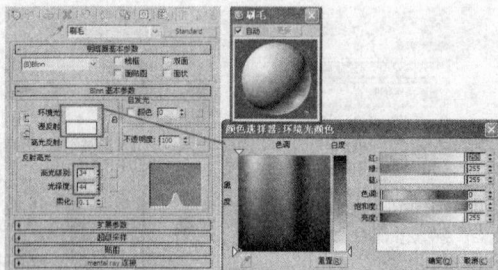

图 5-2-15　刷毛材质设置

（3）将牙刷把、刷毛材质赋予牙刷对象。

6. 设置肥皂材质

提示：

　① 设置肥皂材质为较弱反光的材质；② 设置肥皂材质的漫反射颜色、光泽度、高光级别。

（1）肥皂材质参数设置，如图 5-2-16 所示。

（2）将肥皂材质赋予肥皂对象。

7. 设置毛巾材质

提示：

　① 设置漫反射贴图；② 设置位图贴图平铺次数；③ 设置凹凸参数。

（1）选择一个空白材质球命名为"毛巾"，单击"漫反射"右侧的按钮，在"材质/贴图浏览器"对话框中"材质"卷展栏下双击选择"标准"项中的"位图"，选择素材文件中提供的"毛巾.jpg 文件，如图 5-2-17 所示。

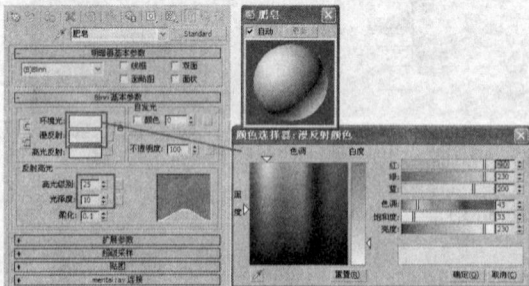

图 5-2-16　肥皂材质设置

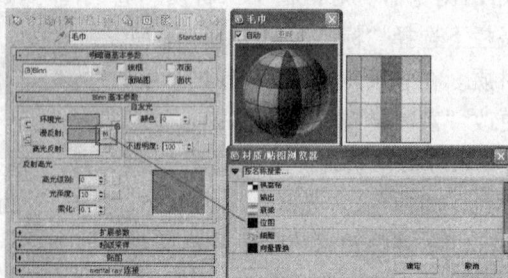

图 5-2-17　选择毛巾贴图

（2）设置位图平铺次数 U 为 2.8，V 为 1.8，单击"转到父对象"按钮 返回到标准材质设置界面，如图 5-2-18 所示。

（3）同理，设置"凹凸"右侧数值为 100，单击右侧的长按钮，在"材质/贴图浏览器"对话框中选择素材文件中提供的"毛巾 bump.gif"文件，设置"平铺"参数 U 为 2.8，V 为 1.8，如图 5-2-19 所示。

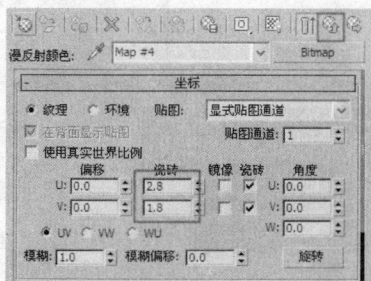

图 5-2-18 设置平铺次数

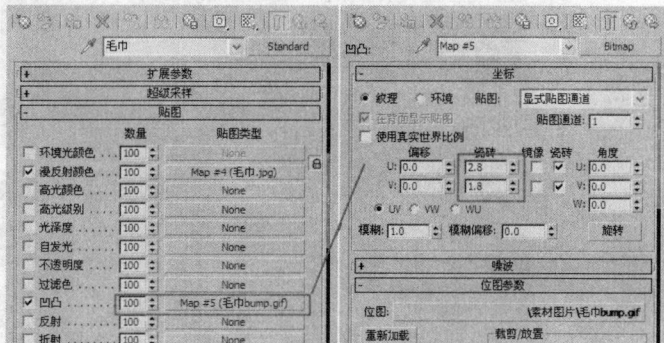

图 5-2-19 设置凹凸贴图

8. 设置镜子材质

提示：
① 设置镜面材质；② 设置镜框材质。

（1）选择一个空白材质球命名为"镜面"，单击 Standard 按钮，在"材质/贴图浏览器"对话框中"材质"卷展栏下选择 V-Ray 项中的 VRayMtl 材质。设置"反射"颜色为白色，如图 5-2-20 所示。

图 5-2-20 镜面材质设置

（2）镜框材质设置，如图 5-2-21 所示。选择一空白材质球命名为"镜框"，单击 Standard 按钮，在"材质/贴图浏览器"对话框中"材质"卷展栏下选择 V-Ray 项中的 VRayMtl 材质。

（3）单击"漫反射"右侧的按钮，在"材质/贴图浏览器"对话框中选择"位图"，加载素材文件夹下的文件 woods.jpg，设置"平铺"参数 U 为 2，V 为 1。

（4）单击"反射"右侧颜色块，设置反射颜色 RGB（17，17，17），"反射光泽度"为 0.85。

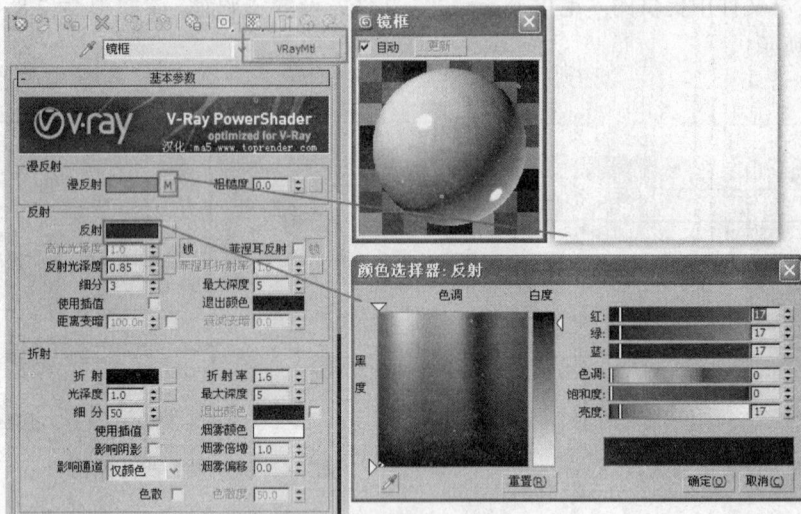

图 5-2-21　设置镜框材质参数

9. 设置化妆瓶材质

> **提示：**
> ① 化妆瓶具有多个材质 ID，使用多维子对象材质；② 设置 ID1 为反射环境贴图的陶瓷材质；③ 设置 ID2 金属材质。

（1）选择一个空白材质球命名为"化妆瓶"，单击 Standard 按钮，在"材质/贴图浏览器"对话框中"材质"卷展栏下选择"标准"项中的"多维/子对象"材质，设置"材质数量"为 2。将前面设置好的陶瓷材质球拖放到 ID1 右侧长按钮上，如图 5-2-22 所示。

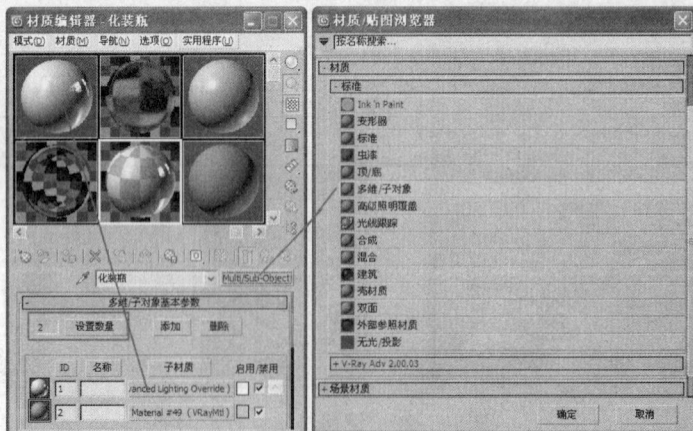

图 5-2-22　设置"多维/子对象"材质

（2）单击 ID 2 右侧长按钮，在"材质/贴图浏览器"对话框中选择 VRayMtl 材质，设置"漫反射"颜色为黄色，"反射光泽度"为 0.95，选择"菲涅耳反射"复选框，如图 5-2-23 所示。

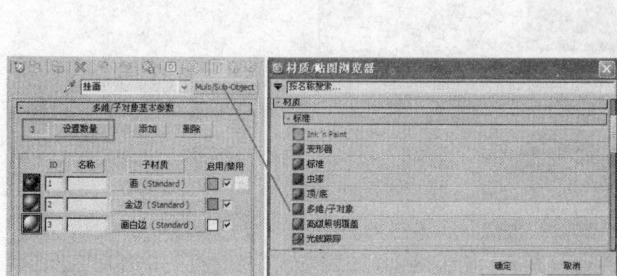

图 5-2-23　ID 2 材质设置

10. 设置挂画材质

提示：
① 装饰挂画具有三个材质 ID，使用多维子对象材质；② 分别为各材质 ID 设置相应材质。

（1）本例中装饰挂画需要设置三种材质，分别是金边、画白边和画，分别对应着挂画模型的面 ID1、ID2、ID3。选择一个空白材质球命名为"挂画"，单击 Standard 按钮，在"材质/贴图浏览器"对话框中"材质"卷展栏下选择"标准"项中的"多维/子对象"材质，设置"材质数量"为 3，如图 5-2-24 所示。

（2）画材质设置，如图 5-2-25 所示。单击"漫反射"右侧的按钮，在"材质/贴图浏览器"对话框中选择"位图"，加载素材文件目录下的文件"1115959545.jpg"。

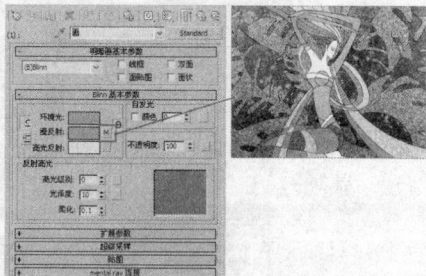

图 5-2-24　挂画"多维/子对象"材质的设置

图 5-2-25　画材质的设置

（3）金边材质设置，如图 5-2-26 所示。设置环境光和漫反射的颜色：RGB（220，108，10），反射高光级别为 50。

（4）画白边材质设置，如图 5-2-27 所示。设置环境光和漫反射的颜色为纯白色，"反射高光"组中的"高光级别"为 8，"光泽度"为 10。

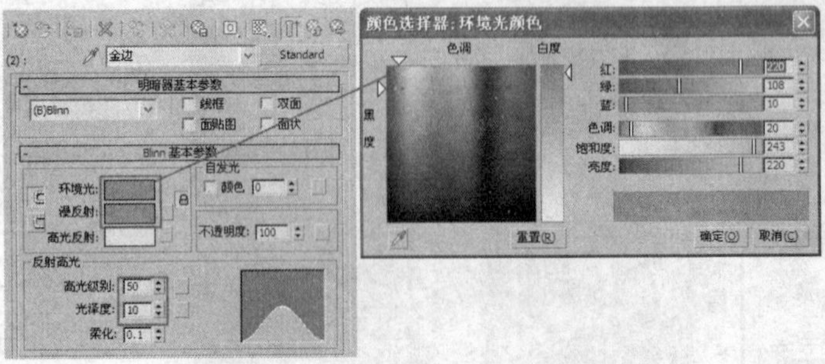

图 5-2-26　画金边材质的设置 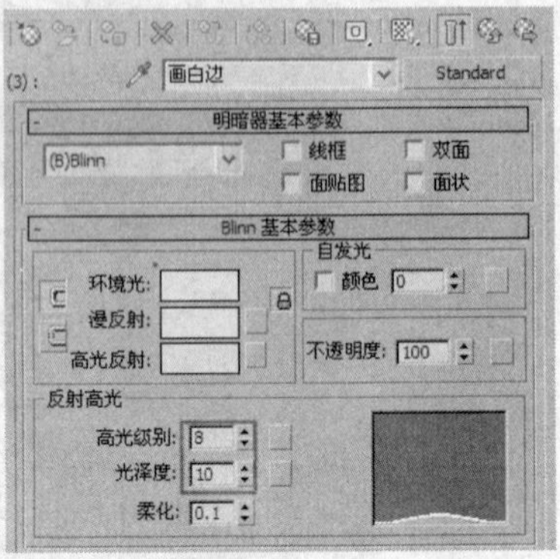　　　　图 5-2-27　画白边材质的设置

11. 设置水材质

> **提示：**
> ① 设置 VRayMtl 材质；② 设置反射贴图为衰减；③ 设置折射颜色；④ 设置凹凸贴图为噪波。

（1）水材质设置，如图 5-2-28 所示。单击 Standard 按钮，在"材质/贴图浏览器"对话框中"材质"卷展栏下选择 V-Ray 项中的 VRayMtl 材质。

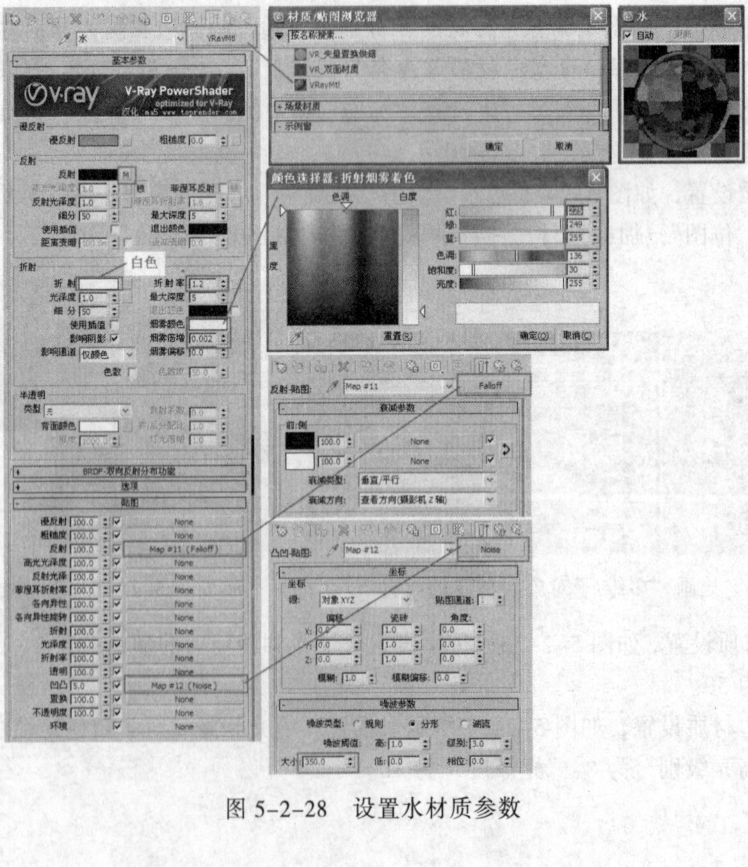

图 5-2-28　设置水材质参数

（2）单击"反射"右侧的按钮，在"材质/贴图浏览器"对话框中"材质"卷展栏下选择"标准"项中的"衰减"材质，衰减（Falloff）参数面板参数保持默认。

（3）设置"折射"颜色为纯白色，设置"折射率"为1.2，"烟雾颜色"RGB（225，249，255），"烟雾倍增"为0.002。

（4）在"贴图"卷展栏中单击"凹凸"右侧的长按钮，在弹出的"材质/贴图浏览器"对话框中"材质"卷展栏下选择"标准"项中的"噪波"材质，"噪波类型"为"分形"，大小为350。

12. 场景渲染

> **提示：**
> ① 设置渲染图像大小；② 设置全局开关参数；③ 设置图像采样器；④ 设置环境参数；⑤ 设置颜色映射参数；⑥ 设置间接照明参数；⑦ 设置发光贴图参数；⑧ 设置灯光缓存参数；⑨ 设置DMC采样器参数；⑩ 场景渲染。

（1）"公共参数"设置。设置输出大小设为800mm×600mm，如图5-2-29所示。

（2）"全局开关"参数设置。关掉缺省灯光，如图5-2-30所示。

图 5-2-29　设置渲染尺寸　　　　　　图 5-2-30　设置"V-Ray∷全局开关"参数

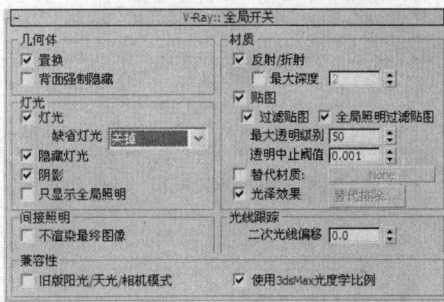

（3）"图像采样器"参数设置。"图像类型"设为"自适应 DMC"，"抗锯齿过滤器"为 Mitchell-Netravali，如图5-2-31所示。

（4）"环境"参数设置。"倍增器"强度为12，如图5-2-32所示。

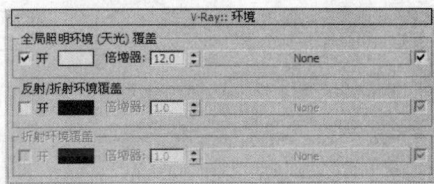

图 5-2-31　设置"V-Ray∷图像采样器（抗锯齿）"参数　　图 5-2-32　设置"V-Ray∷环境"参数

（5）"颜色映射"参数设置。类型选择"VR_指数"，选择"钳制输出"复选框，如图5-2-33所示。

（6）"间接照明"参数设置。选择"开启"复选框，设置二次反弹组中"倍增"为0.9，二次反弹"全局光引擎"为灯光缓存，如图5-2-34所示。

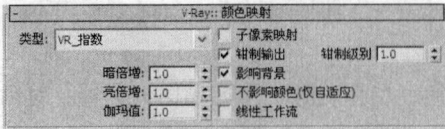

图 5-2-33 设置"V-Ray：颜色映射"参数   图 5-2-34 设置"V-Ray：间接照明（全局照明）"参数

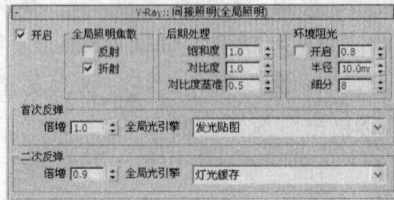

（7）"发光贴图"参数设置。"当前预置"为中，选择"显示计算过程"和"显示直接照明"复选框，设置"插值采样值"为 40，如图 5-2-35 所示。

（8）"灯光缓存"参数设置。设置"细分"值为 1 000，选择"保存直接光"和"显示计算状态"复选框，如图 5-2-36 所示。

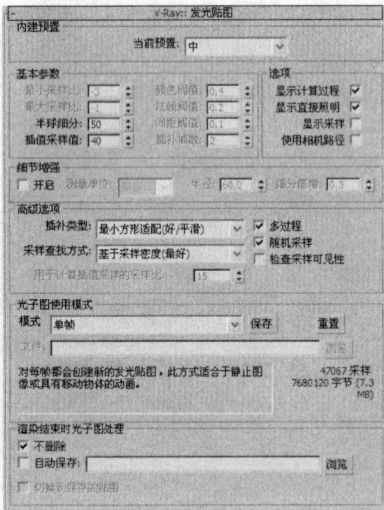

图 5-2-35 设置"V-Ray：发光贴图"参数   图 5-2-36 设置"V-Ray：灯光缓存"参数

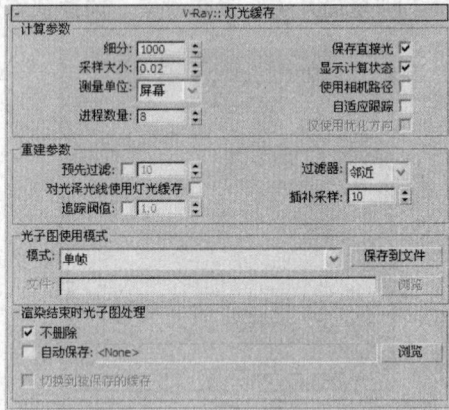

（9）"DMC 采样器"参数设置。设置"噪波阈值"为 0.002，如图 5-2-37 所示。

（10）单击"渲染"按钮渲染场景，渲染效果如图 5-2-38 所示。

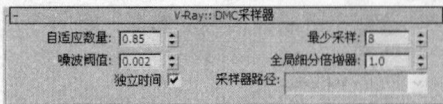

图 5-2-37 设置"V-Ray：DMC 采样器"参数   图 5-2-38 VRay 渲染效果

（11）单击窗口上方的"保存图像"按钮 以"卫生间渲染.jpg"为文件名保存当前渲染图像。

13. Photoshop 后期处理

> **提示：**
> ① 复制背景图层；② 调整自动色调，设置图层混合模式；③ 调整曲线；④ 合并图层。

（1）场景渲染效果图中由于墙体等对象颜色在渲染时的反射，使图中产生了色溢，造成白陶瓷不白、偏色等现象，下面用 Photoshop 进行处理。运行 Photoshop 软件，打开"卫生间 ok.jpg"，如图 5-2-39 所示。

（2）右击背景图层，在弹出的快捷菜单中执行"复制图层"命令，对背景图层进行复制，如图 5-2-40 所示。按【Ctrl+J】组合键也可以将当前图层或图层选择区域复制到新图层中。

图 5-2-39　Photoshop 界面

图 5-2-40　复制图层

（3）选择复制出的新图层，执行"图像"|"自动色调"命令，对图像进行自动色调调整，更改图层"不透明度"为 50%，如图 5-2-41 所示。更改图层不透明度可以用快捷键完成，按【V+5】组合键将当前图层不透明度更改为 50%。

（4）按【Ctrl+M】组合键，打开"曲线"对话框，调整图像亮度，如图 5-2-42 所示。

图 5-2-41　执行"自动色调"命令

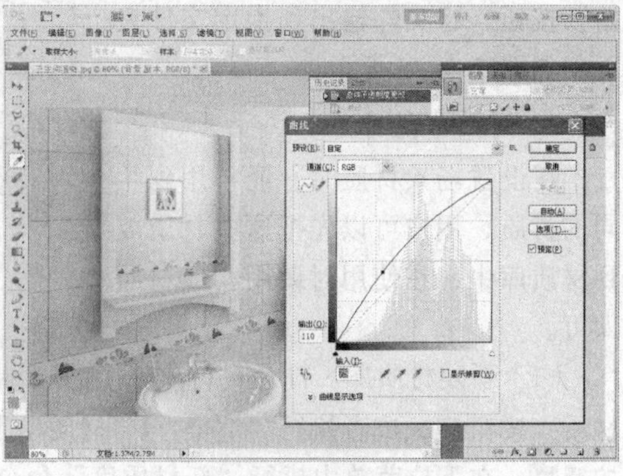

图 5-2-42　调整图像亮度

（5）按【Ctrl+E】组合键合并图层，单击"应用程序"按钮⑤，执行"文件"|"保存为"命令，将文件以 JPG 格式进行保存，最终修改效果如图 5-2-1 所示。

相关知识

1. 资源追踪

打开场景文件时经常会遇到贴图等资源文件丢失的情况，出现如图 5-2-43 所示的对话框。这多是由于场景文件夹改名或移动后，无法找到指定贴图文件所致。按【Shift+T】组合键打开"资源追踪"对话框，在对话框中选择所有丢失的文件并右击，在弹出的快捷键菜单中选择"条带路径"，文件如果存在于 3ds Max 场景文件同级或下级文件夹下则会被找到并正确显示，如图 5-2-44 所示。

图 5-2-43 贴图文件丢失提示

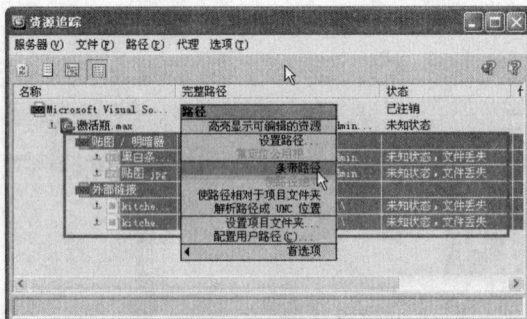

图 5-2-44 选择丢失的贴图文件

2. 资源收集器

通过材质编辑器完成场景对象材质设置后，贴图文件可能会存在于多个文件夹下，使用资源收集器能自动将场景中用到的所有文件输出到指定文件夹下。打开"工具"面板，单击"更多"按钮，在打开的"工具"对话框中双击选择"资源收集器"项。在"参数"卷展栏中选择"收集位图"和"包括 MAX 文件"复选框，然后单击"开始"按钮，将文件输出到指定文件夹下，如图 5-2-45 所示。

3. 材质库调用

在设置场景材质时，经常用到相同的材质，用户可以先把这些材质放到材质库中，在使用时调用相应材质即可。

图 5-2-45 资源管理器

（1）新建材质库。打开"材质/贴图浏览器"对话框（在"精简材质编辑器"中单击"获取材质"按钮⊗，或者执行"渲染"|"材质/贴图浏览器"命令）。单击"材质/贴图浏览器选项"按钮▼，在下拉菜单中执行"新材质库"命令，建立新材质库，如图 5-2-46 所示。材质库的文件格式为 mat。

（2）材质入库。在"精简材质编辑器"示例窗中选定要保存到材质库的材质球，单击水平材质工具栏中"放入库"按钮 ，如果"材质/贴图浏览器"中打开了材质库文件，则弹出相应的快捷菜单，如图5-2-47所示。然后选定相应材质库文件，根据提示将材质保存到指定材质库。

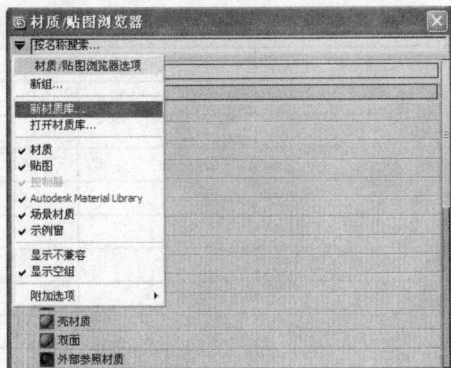

图 5-2-46 新材质库

图 5-2-47 保存材质到材质库

（3）材质调用。在"材质/贴图浏览器"对话框中，单击 "材质/贴图浏览器选项"按钮 ，在下拉菜单中执行"打开材质库"命令，打开现有的材质库文件。选择材质拖动到材质球上，如图5-2-48所示。如果材质上带有位图，则需要重新指定。材质编辑完成后，赋给场景物体。

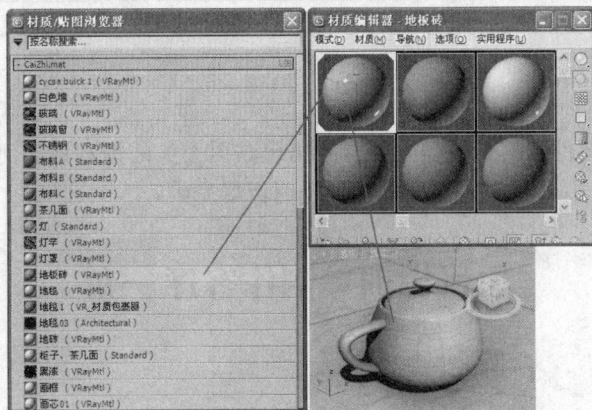

图 5-2-48 材质调用

技能训练

制作陶瓷、玻璃、金属材质，效果如图 5-2-49 所示。

要求：

（1）调用素材文件夹中的材质库文件，为对象指定 V-Ray材质。

（2）指定陶瓷、玻璃、金属材质。

图 5-2-49 材质效果

学习评价

任务评价表如表 5-2-1 所示。

表 5-2-1　任务评价表

类　别		内　　容		评　　价		
	学　习　目　标		评　价　项　目	3	2	1
职业能力	能正确设置场景材质贴图		熟悉"材质编辑器"界面			
			能掌握材质设置一般方法			
			能正确设置 VRayMtl 材质			
			能正确使用材质库			
			能制作多维子对象材质			
			能制作金属、玻璃、陶瓷等材质			
	能对效果图进行后期处理		熟悉 Photoshop 基本使用方法			
			能对效果图熟练的调整、修改			
通用能力	造型能力					
	审美能力					
	组织能力					
	解决问题的能力					
	自主学习的能力					
	创新能力					
综　合　评　价						

思考与练习

（1）完成的场景文件到其他机器上打开时出现贴图丢失的提示该如何处理？

（2）在 Photoshop 中是如何运用橡皮擦减轻图像爆光的？

项目实训　制作客厅一角

一、项目背景

客厅是室内效果设计的重要组成部分，要制作出一幅好的效果图，必须注重灯光、材质的设置与运用。模型做得再好，如果灯光、材质设置不到位，也不能体现空间环境的意境。下面就来制作阳光明媚、舒适宜人的休闲客厅效果，如图 5-实训-1 所示。

图 5-实训-1　客厅效果图

二、项目要求

（1）导入素材文件中提供的客厅模型文件"客厅.max"。

（2）参照效果图制作材质，其中地板、茶几腿、柜子等为木材质；灯罩、装饰物等为金属材质；酒杯为玻璃材质；沙发为布材质。

（3）合理设置灯光，体现阳光充足的效果。

三、项目提示

（1）导入场景文件。

（2）选择空白材质球，制作金属、陶瓷等场景材质。将材质赋予对象。

（3）参照场景效果图，制作其他对象材质。

（4）在窗口处添加一盏 VR_光源，调整光源强度与大小。

（5）选择 V-Ray 渲染器，渲染场景。

四、项目评价

项目实训评价表如表 5-实训-1 所示。

表 5-实训-1　项目实训评价表

类　别	内　容		评　价		
	学 习 目 标	评 价 项 目	3	2	1
职业能力	能正确对场景进行布光设置	熟悉灯光的特性			
		能对室内场景分析并正确选择合适光源			
		能创建灯光并调整参数			
	能正确设置场景材质贴图	熟悉材质编辑器界面			
		能掌握材质设置一般方法			
		能正确设置材质			
		能正确设置 VRayMtl 材质			
		能制作多维子对象材质			
		能制作金属材质			
		能制作玻璃材质			
		能制作陶瓷材质			
	能正确渲染场景	能正确选择 V-Ray 渲染器			
		能设置参数并渲染输出			
	能对效果图进行后期处理	熟悉 Photoshop 基本使用方法			
		能对效果图熟练的调整、修改			
通用能力	造型能力				
	审美能力				
	组织能力				
	沟通能力				
	相互合作的能力				
	解决问题的能力				
	自主学习的能力				
	创新能力				
综 合 评 价					

项目六

制作办公大楼效果

　　室外效果图重在表现建筑物的特征，建筑物本身与其环境的协调性很重要。办大公楼是室外建筑中最常见的一种建筑类型，它们的外观造型和色彩的运用随地域、文化和经济发展水平的不同而存在很大差异。本项目以办公大楼为例，全面介绍了室外建筑效果图的设计制作过程以及利用 Photoshop 对室外效果图进行后期基本处理的方法。

　　本项目通过三个任务来完成办公大楼效果图的制作。在任务一中，完成办公楼平面、立面图的导入以及大楼模型的制作；在任务二中，完成场景对象材质的制作、设置，室外灯光设置、使用，V-Ray 渲染器设置与渲染输出；在任务三中，通过 Photoshop 完成室外效果图的后期处理。

学习目标

☑ 能导入 CAD 平面图

☑ 能根据 CAD 平面图形创建三维立体模型

☑ 能编辑设置常用的建筑材质

☑ 能正确布光并能运用 V-Ray 渲染器正确渲染场景

☑ 能使用 Photoshop 完成配景添加、色彩调节等后期处理过程

任务一 楼体模型的制作——整体建模法

任务描述

室外效果图主要是为了表现建筑物的整体效果，在制作时不必创建出模型所有细节，在效果图中看不到的部分建模时可以不用创建。办公大楼主要包括楼体、各类窗框、玻璃、大门、台阶、楼顶水箱间及其他修饰对象等。为了方便大家参照学习制作，对场景主要对象制作进行详细讲解。本任务中主要通过"整体建模"的方法完成办公大楼模型的制作，效果如图 6-1-1 所示。

图 6-1-1 任务一效果图

任务分析

为了达到模型建立的准确性，用户可以先导入办公大楼的 CAD 平面图，沿外墙线绘制曲线，使用"挤出"修改器完成楼体制作；利用"快速切片"工具能方便地沿窗口边缘切割，选择并向内挤出多边形制作出楼体的所有窗口，然后通过分离挤出面形成玻璃；窗框首先由矩形使用连接、切角命令后完成制作，然后再通过阵列可快速完成整幢大楼窗框的制作；大门把手与立柱用圆柱体创建；绿化区域首先要绘制草坪区域线条，然后再使用"挤出"修改器制作。

方法与步骤

1. 设置单位与导入 CAD 图形

> **提示：**
> ① 设置单位；② 导入 CAD 图形。

（1）启动 3ds Max 2012，执行"自定义"|"单位设置"命令，打开"单位设置"对话框。设置"公制"为"毫米"。单击"系统单位设置"按钮，在打开的对话框中设置"系统单位比例"为"毫米"，单击"确定"按钮，如图 6-1-2 所示。

（2）单击"应用程序"按钮，执行"导入"|"合并"命令，在"文件类型"列表框中选择 AutoCAD 文件类型，选择素材文件"整理.dwg"。单击"打开"按钮，在弹出对话框中保持默认设置，将大楼线框图导入到场景中，如图 6-1-3 所示。

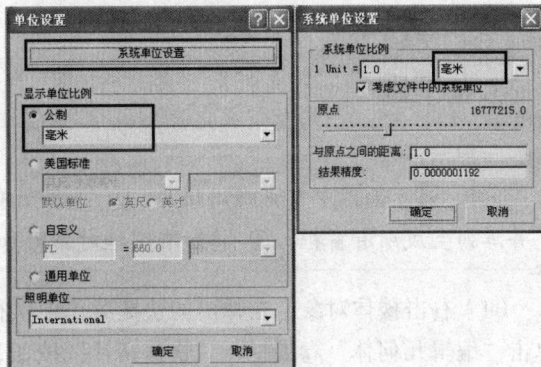

图 6-1-2 设置系统单位

2. 制作墙体

提示：

① 启用顶点捕捉；② 沿楼体平面图形四周绘制外墙线；③ 挤出楼体。

（1）单击工具栏中的"捕捉开关"按钮，在下拉列表框中选择捕捉功能。右击"捕捉开关"按钮，弹出"栅格和捕捉设置"对话框，选择"顶点"复选框，如图 6-1-4 所示。

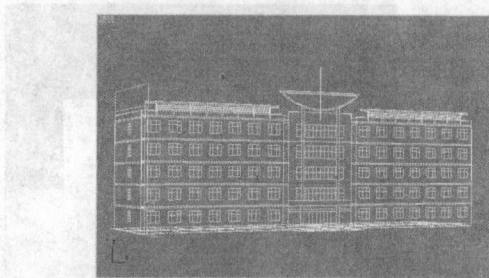

图 6-1-3　导入后的线框图

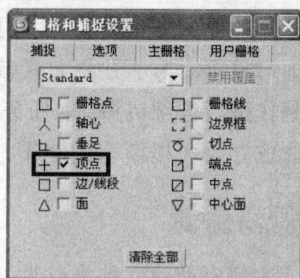

图 6-1-4　捕捉设置

（2）在"创建"面板中选择"图形"类别，在"对象类型"中单击"线"按钮，沿平面图四周绘制外墙曲线，如图 6-1-5 所示。

（3）进入"修改"面板，在"修改器列表"中选择"挤出"修改器，设置"挤出数量"为 19 450 mm，如图 6-1-6 所示。

图 6-1-5　绘制楼体墙线

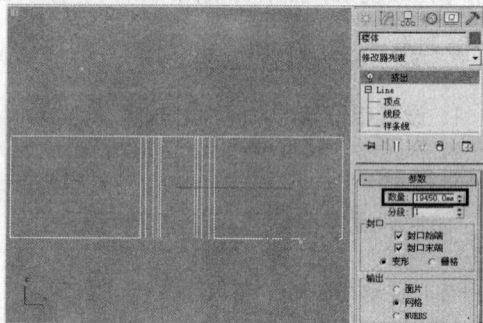

图 6-1-6　挤出墙体

3. 制作窗户

提示：

① 沿立面图中窗户四周切片；② 选择所有门窗多边形挤出制作门窗洞；③ 制作窗框并阵列生成所有窗框；④ 将所有窗框对象附加到一起。

（1）右击楼体对象，在弹出的快捷菜单中执行"转换为："|"转换为可编辑多边形"命令。单击"编辑几何体"卷展栏下"快速切片"按钮，沿窗户四边进行切片，如图 6-1-7 所示。进入左视图，同样方法对窗口四周切片。

（2）进入"顶点"层级，在前视图中将上面 4 个框中顶点调节到窗户下边缘，第五个框中顶点调节到楼门的上边缘，如图 6-1-8 所示。

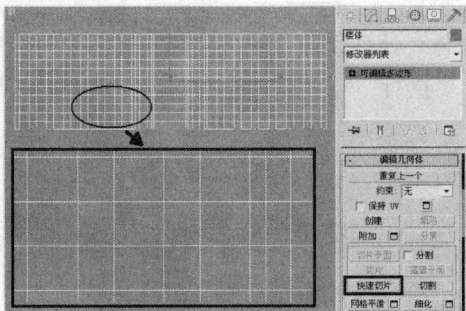

图 6-1-7 沿窗户边切片

图 6-1-8 调节顶点位置

（3）按住【Ctrl】键，在前视图和左视图中选择所有窗口和门口处的多边形。单击"编辑几何体"卷展栏下"挤出"右侧的按钮，设置"挤出数量"为-150 mm，如图 6-1-9 所示。

（4）单击"编辑几何体"卷展栏下的"分离"按钮，打开"分离"对话框。在"分离为"右侧文本框输入"玻璃"，如图 6-1-10 所示。

图 6-1-9 挤出门窗多边形

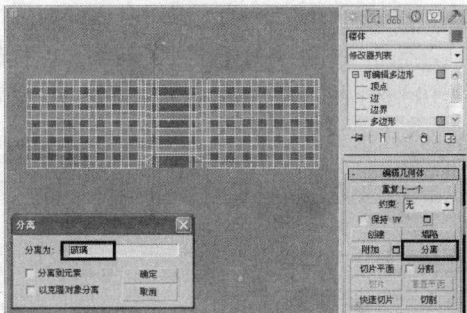

图 6-1-10 分离出"玻璃"对象

（5）放大左下角窗户区域，沿窗口边缘绘制矩形并转换为"可编辑多边形"，命名为"窗框"。单击"编辑多边形"卷展栏下"插入"右侧的按钮，在弹出的对话框中设置"插入量"为 80 mm，如图 6-1-11 所示。

（6）进入"边"子对象层级，选择两条竖边。在"编辑边"卷展栏下单击"连接"右侧的按钮，在弹出的对话框中设置"分段"为1，单击"确定"按钮，如图 6-1-12 所示。

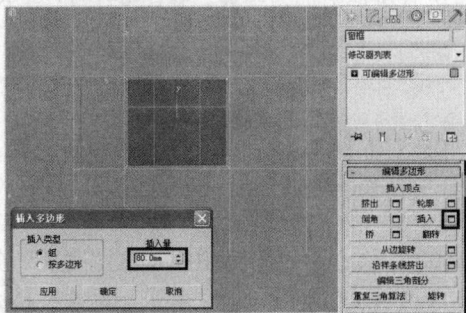

图 6-1-11 绘制窗框

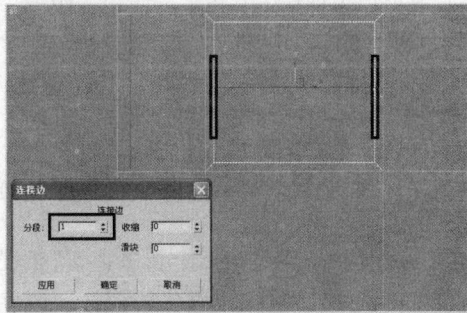

图 6-1-12 连接窗框边线

（7）单击"切角"右侧的按钮，在弹出的对话框中设置"切角量"为 80 mm，如图 6-1-13 所示。

（8）同样方法，对上下两边进行"连接"并"切角"处理，调节线条位置，选择中间多边形面挤出-20 mm。右击"窗框"，在弹出的快捷菜单中执行"孤立当前选择对象"命令，效果如图 6-1-14 所示。

图 6-1-13 使用"切角"命令

图 6-1-14 窗框制作效果

（9）删除窗框中玻璃区域的多边形，退出孤立模式。将窗框移到窗口合适位置，执行"工具"|"阵列"命令，如图 6-1-15 所示，生成楼体左半侧窗框。

（10）选择楼体左侧所有窗框进行复制，移动到大楼右半侧。参照上述方法完成大门上侧窗框制作，并调节到合适位置，如图 6-1-16 所示。

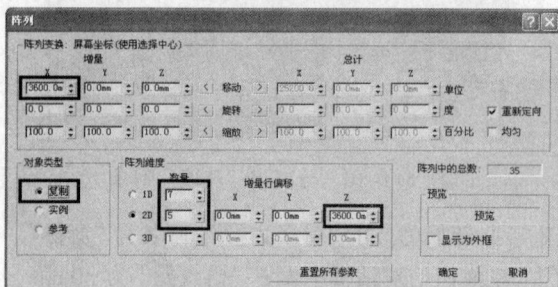

图 6-1-15 阵列复制窗框

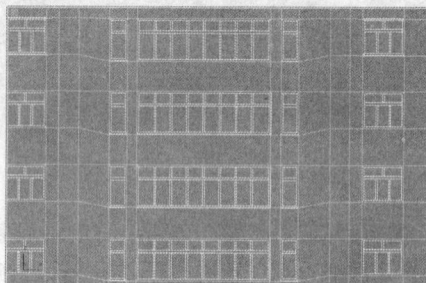

图 6-1-16 窗框制作效果

（11）选择任何一个窗框，在"编辑几何体"卷展栏中单击"附加"右侧的按钮，在"附加列表"对话框中选择所有窗框。单击"附加"按钮，将所有窗框附加为一体，如图 6-1-17 所示。

4. 制作大门、台阶

> **提示：**
> ① 创建三个长方体层叠放置制作台阶；② 使用长方体制作大门；③ 使用圆柱体制作门把手；④ 使用长方体制作大门上方遮棚；⑤ 制作大门两侧立柱。

（1）在顶视图中建立三个长方体，"长度"为 12 600 mm，"高度"为 100 mm，"宽度"分别为 2 500 mm、2 800 mm 和 3 100 mm，调节位置并层叠放置，如图 6-1-18 所示。将三个长方体附加成一个对象，命名为"台阶"，完成台阶制作。

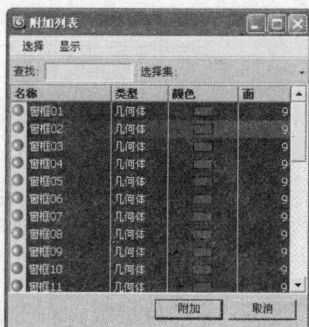

图 6-1-17 将窗框附加为一个对象

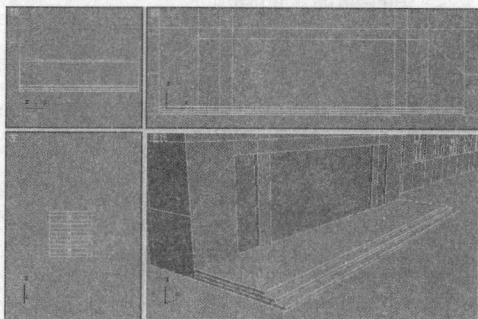

图 6-1-18 创建台阶

（2）在门洞处建立门框对象，沿门框创建 4 个"厚度"为 10 mm 的长方体，调节位置如图 6-1-19 所示。

（3）创建圆柱体，调整到合适位置并进行复制，制作门把手，如图 6-1-20 所示。

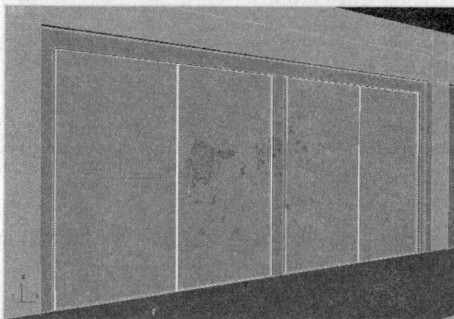

图 6-1-19 制作大门

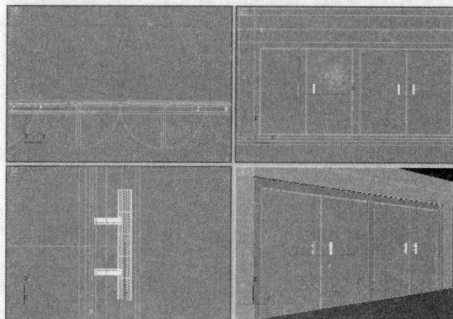

图 6-1-20 制作大门把手

（4）在大门上方创建两个长方体，命名为"遮棚"。"高度"分别为 200 mm 和 600 mm。将上面的长方体转换为可编辑多边形，选择顶面多边形，使用"插入"和"挤出"命令，设置"插入量"为 300 mm，向下挤出−600 mm，如图 6-1-21 所示。

（5）按相同方法制作遮棚最上面长方体，对其执行"切角"和"插入"命令。创建两个半径为 25 mm 的圆柱体作为"支柱"，位置如图 6-1-22 所示。

图 6-1-21 制作大门遮棚

图 6-1-22 大门制作效果

5. 制作楼顶、地面

> **提示：**
> ① 挤出楼顶中间平台；② 制作楼顶水箱间；③ 制作楼顶栏杆；④ 绘制并挤出地面草坪绿化区域。

（1）在顶视图沿图 6-1-23 中所示的边线（圈中）进行切割。选择多边形面并使用"挤出"工具，设置"挤出量"为 500 mm。

（2）在前视图中绘制曲线，命名为"水箱间"。进入"顶点"子对象层级，右击曲线顶点，在弹出的快捷菜单中执行"Bezier 角点"命令，调整顶点如图 6-1-24 所示。

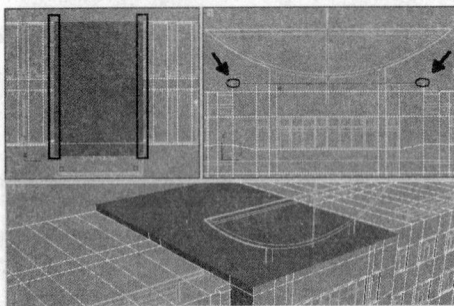

图 6-1-23 挤出多边形

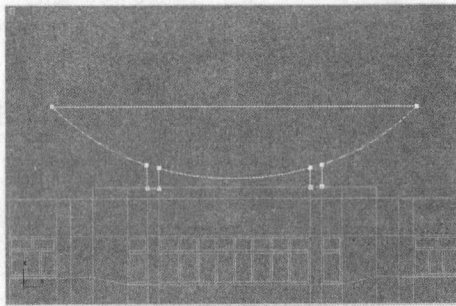

图 6-1-24 制作"水箱间"截面

（3）退出"顶点"编辑。在"修改器列表"中选择"挤出"修改器，设置"数量"为 -18 500 mm，如图 6-1-25 所示。

（4）创建圆柱体，命名为"金属管"，设置"半径"为 50 mm，"高度"为 4 500 mm，调整到如图 6-1-26 所示位置。

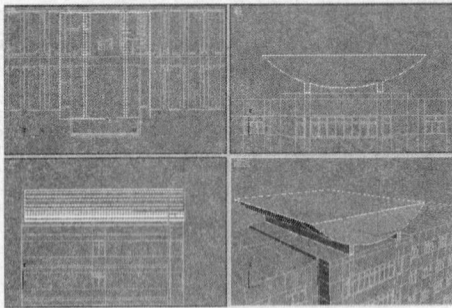

图 6-1-25 挤出"水箱间"

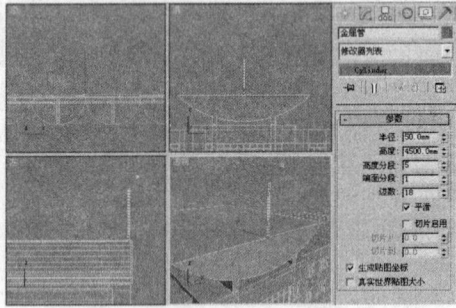

图 6-1-26 制作楼顶金属管

（5）在左视图放大西立面左上角，绘制多边形曲线。在"修改"面板中添加"挤出"修改器，设置"挤出数量"为 190 mm，复制出 7 个对象，调整位置如图 6-1-27 所示。

（6）参照南立面顶部绘制 4 个长方体，调整长方体位置，如图 6-1-28 所示。

（7）在顶视图建立平面，命名为"地面"。"长度""宽度"均为 150 000 mm，如图 6-1-29 所示。

（8）在顶视图建立如图 6-1-30 所示曲线，在"修改器列表"中选择"挤出"修改器，设置"挤出数量"为 200 mm，制作草坪绿化区。

图 6-1-27　挤出多边形

图 6-1-28　楼顶栏杆效果

图 6-1-29　建立地面

图 6-1-30　制作草坪区

（9）按【F9】键渲染场景，渲染效果如图 6-1-1 所示。

相关知识

室外建筑效果设计一般流程如下：

1. 系统单位设置

在场景制作时，首先要在开始工作之前设置好系统单位，使用真实的单位建模。设置单位是针对个人习惯而定的，在通常情况下，建筑施工设计中常用"毫米"作为标准的度量单位。

2. 导入 AutoCAD 图形

将 CAD 图形文件导入到 3ds Max 中，可以提高建模的精确度，也会使得在平面图参照下的编辑更加方便。通常会把 CAD 平面图和立面图都导入到 3ds Max 中进行搭配，从而保证建模的准确程度。导入时应注意一点，场景中的对象单位与 CAD 中的单位应是一样的，即都是毫米。

单击"应用程序"按钮，执行"文件"|"导入"命令，在弹出的对话框中选择"AutoCAD 图形（*.DWG，*.DXF）"文件类型，选择要导入的 CAD 文件，单击"确定"按钮，会打开"AutoCAD DWG/DXF导入选项"对话框，选择传入的文件单位与场景文件单位相同。如果只需导入 CAD 图形中的部分图层，可在"层"选项中进行选择，如图 6-1-31 所示。

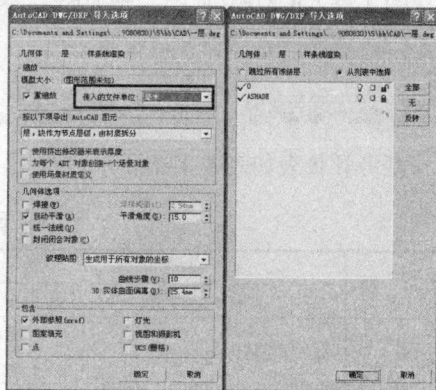

图 6-1-31　CAD 导入选项

3．场景建模

室外建筑建模，可以采用多种建模方法，如整体建模法、单元建模法等。

使用整体建模法制作模型，可以参照 CAD 平面图形绘制出二维线条，利用"挤出"修改器生成建筑物的三维墙面。通过对模型整体贴图的方式可快速完成建筑物制作，这也是一种最便捷的建筑建模方法；也可以利用"切割""挤出"等工具制作出建筑物的门窗等部分。在建模过程中，使用捕捉工具可以使模型精确定位。

单元建模法也是一种比较常用的建模方式。对于多层建筑而言，每层结构大致相同，我们就可以先制作好建筑物的单元模型，再采用复制或阵列的方法生成其他部分模型对象。不论使用哪种建模方法，只需制作出效果图要表现部分的模型即可，在效果图中不显示部分的模型可以不用建模。

4．灯光与相机设置

正确布光对场景起着重要的作用，具体布光原则与方法将在下一任务中具体讲解。

5．场景材质制作

在室外效果图的绘制中，材质编辑是一项非常重要的工作。正确的材质设置可以增加场景的真实感，并能简化建筑模型的复杂程度。材质表现要与环境氛围相融合。

6．渲染输出

为了在后期处理中方便选择某些区域，在渲染输出时，除了正常渲染建筑物效果图以外，可以再渲染一张材质通道图。这样可以提高工作效率，便于选取操作。

7．后期处理

Photoshop 后期处理是室外建筑效果图制作中最关键的环节，一幅高质量的效果图离不开后期的加工与润色。

技能训练

导入 CAD 线框图形，调整好位置，效果如图 6-1-32所示。

要求：

（1）导入 CAD 立面图、平面图。

（2）调整线框图到合适位置。

学习评价

任务评价表如表 6-1-1 所示。

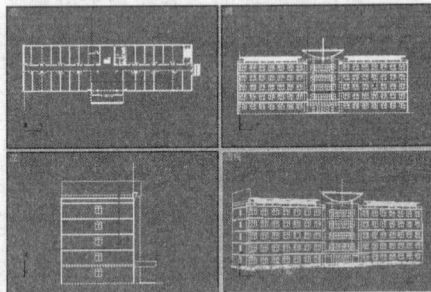

图 6-1-32　CAD 线框图

表 6-1-1　任务评价表

| 类　别 | 内　容 | | 评　价 | | |
	学习目标	评价项目	3	2	1
职业能力	能导入 CAD 图形	能将 CAD 图形导入到场景			
		能参照 CAD 图绘制截面曲线			
	能制作室外建筑模型	能根据 CAD 图制作出整体模型			
		能使用"切割"等工具完成门窗制作			
		能参照实际物体制作其他对象			

续表

类　　别	内　　容		评　　价		
	学 习 目 标	评 价 项 目	3	2	1
通用能力	造型能力				
	审美能力				
	组织能力				
	解决问题的能力				
	自主学习的能力				
	创新能力				
	综 合 评 价				

思考与练习

（1）简述室外建筑效果设计的一般流程。

（2）简述将 CAD 图形导入到 3ds Max 中的步骤。

（3）使用哪种方法可以快速完成室外建筑模型的创建？

任务二 材质、灯光与渲染——摄像机的运用与布光

任务描述

在制作过程中可能会发现，在布光与材质调节的逐步深入下，效果也会变得越来越生动。用户可以不断调节材质的各个参数，以获得更加细腻的效果。材质的制作万变不离其宗，调整上基本都是一样的。灯光是效果图中模拟自然光照效果最重要的方式，掌握正确的灯光设置方法，就可以得到令人满意的照明效果。本任务（见图 6-2-1）中完成了材质的制作、灯光的设置、摄像机的创建、效果图与通道图的渲染输出。

图 6-2-1 任务二效果图

任务分析

室外场景材质与室内材质相比，制作较为简单，大多材质可以使用贴图来表现或者在 Photoshop 中处理完成；创建聚光灯作为主光源来模拟阳光，使用 Vray 渲染器的环境光模拟天空环境光线；创建摄像机，调整到合适视角；为了便于在 Photoshop 中选择不同区域，在渲染效果图时可以再渲染一张材质通道图。

方法与步骤

1. 制作场景材质

> 提示：
>
> ① 制作"楼体涂料"材质；② 制作"淡黄涂料"材质；③ 制作"台阶"材质；④ 制作"金属"材质；⑤ 制作"玻璃"材质；⑥ 制作"窗框"材质；⑦ 制作"地砖"材质。

（1）按【M】键打开"精简材质编辑器"，命名材质球为"楼体涂料"。单击"漫反射"右侧的按钮，在弹出"材质/贴图浏览器"对话框中双击"平铺"贴图，如图 6-2-2 所示。使用平铺贴图是为了表现楼体分隔线效果。

（2）进入 Titles（平铺）参数面板，设置坐标偏移 U 为 -0.94，设置"纹理"颜色为浅绿色（红：169，绿：239，蓝：208），"垂直数"为 6，"砖缝间距"为 0.05，如图 6-2-3 所示。将材质赋予楼体对象。

图 6-2-2 制作"楼体涂料"材质

图 6-2-3 设置平铺参数

（3）制作"淡黄涂料"材质。涂料材质设置较简单，这里只需要更改漫反射颜色（红：251，绿：253，蓝：163）即可，如图 6-2-4 所示。将材质赋予楼顶水箱间、栏杆和大门上方墙体。

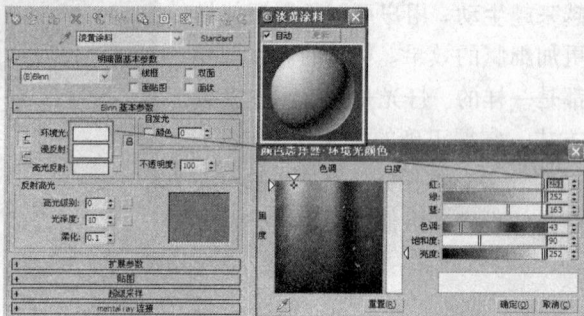

图 6-2-4 制作"淡黄涂料"材质

（4）制作"台阶"材质。单击"漫反射颜色"右侧的按钮，双击"位图"贴图，选择一幅石材贴图，如图 6-2-5 所示。将材质赋予台阶对象。

（5）制作"金属"材质。为表现金属的强烈质感，可以把反射高光加大，在反射中使用金属贴图。这里明暗器基本参数设为"金属"，"高光级别"为 240，"光泽度"设为 80。单击"贴图"卷展栏下反射右侧长按钮，选择位图，并设置模糊偏移为 0.02，如图 6-2-6 所示。将材质赋予楼顶部金属物对象。

（6）制作"玻璃"材质。玻璃材质在这里简单设置一下，下个任务再具体讲解 Photoshop 后期处理，如图 6-2-7 所示。

（7）制作"窗框"材质。单击"漫反射"颜色，设置为白色，如图 6-2-8 所示。将材质赋予所有窗框对象。

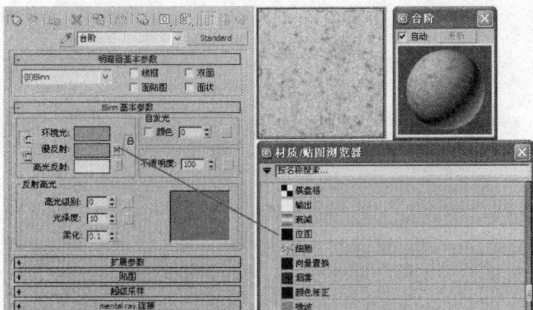

图 6-2-5 制作"台阶"材质

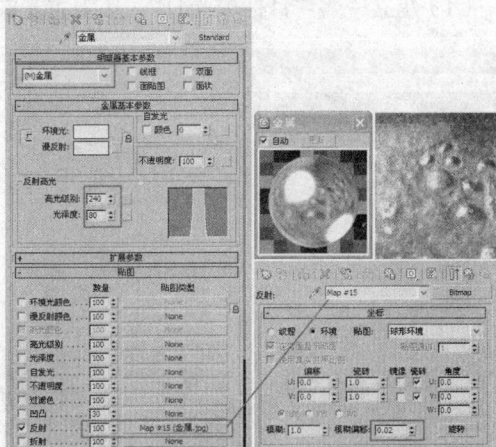

图 6-2-6 制作"金属"材质

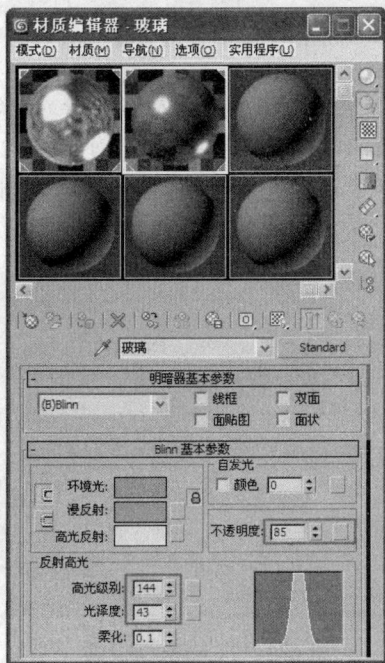

图 6-2-7 "玻璃"材质参数

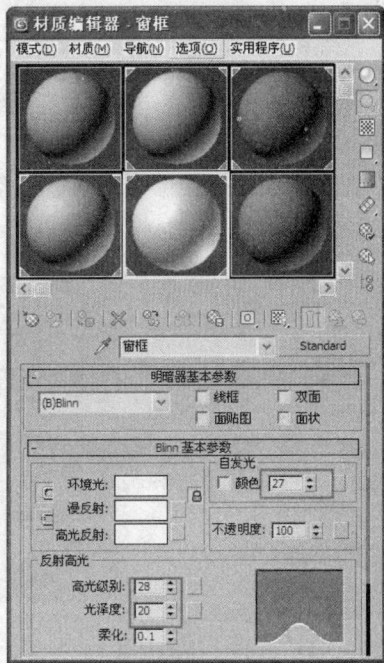

图 6-2-8 制作"窗框"材质

（8）制作"地面"材质。单击"漫反射颜色"右侧的按钮，选择素材文件中提供的"地砖.jpg"，适当设置平铺次数，如图 6-2-9 所示。

2. 设置灯光和摄像机

提示：
① 创建主光源并调节参数；② 创建辅助光源并调节参数；③ 建立摄像机并转换到摄像机视图。

（1）建立一盏"目标聚光灯"，作为主光源，调整灯光在各视图中位置，如图 6-2-10 所示。

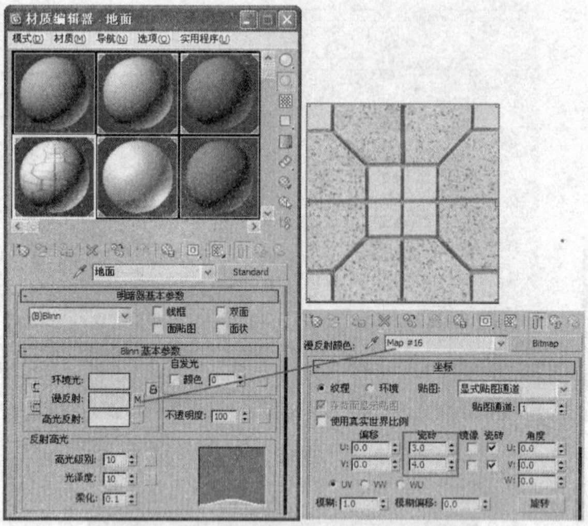

图 6-2-9　制作"地面"材质

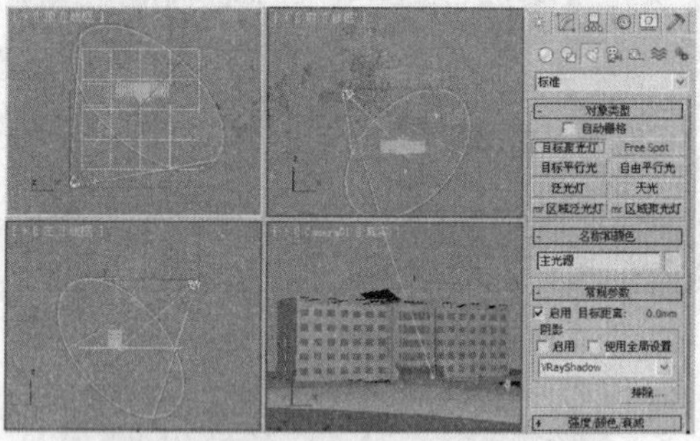

图 6-2-10　建立主光源

（2）设置灯光参数。在"阴影"选项组选择"启用"复选框，阴影类型为 VRayShadow，"倍增值"为 0.8，"聚光区/光束"为 65.6，"阴影密度"为 0.5，参数如图 6-2-11 所示。

（3）在视图中建立摄像机，调整摄像机位置，按【C】键将透视图转换为摄像机视图，如图 6-2-12 所示。

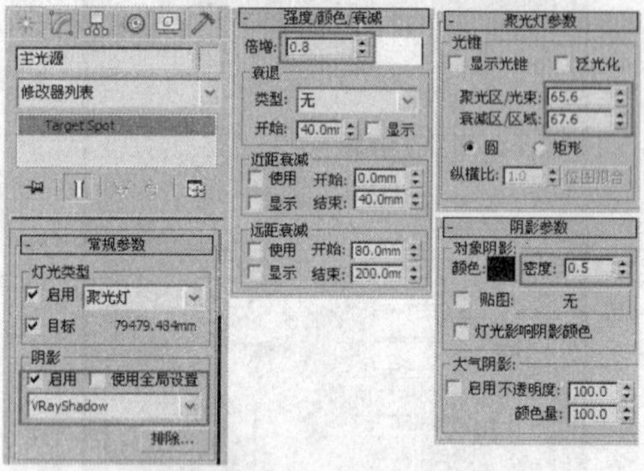

图 6-2-11　主光源参数

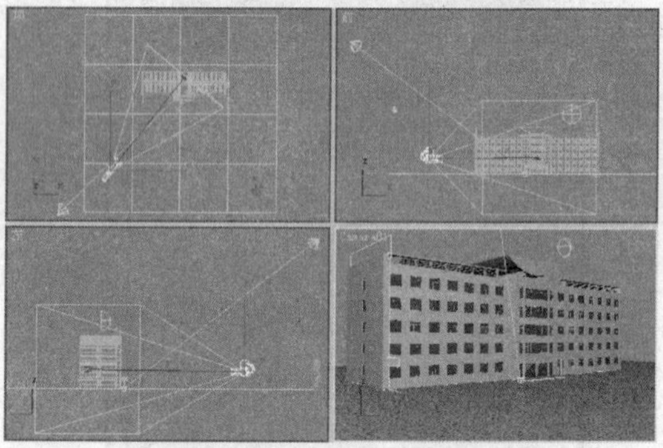

图 6-2-12　建立摄像机

3. 渲染器设置

> **提示：**
> ① 设置渲染图像大小；②设置全局开关参数；③ 设置图像采样器；④ 设置环境参数；⑤ 设置颜色映射参数；⑥ 设置间接照明参数；⑦ 设置发光贴图参数；⑧ 设置灯光缓存参数；⑨ 设置 DMC 采样器参数；⑩ 场景渲染。

（1）"公共参数"设置。输出大小设为 800×600，如图 6-2-13 所示。

（2）"全局开关"参数设置。关掉"缺省灯光"，如图 6-2-14 所示。

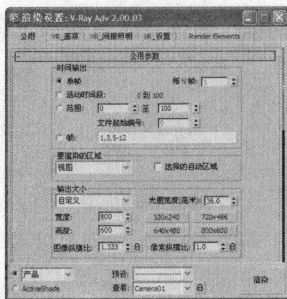

图 6-2-13　设置渲染尺寸

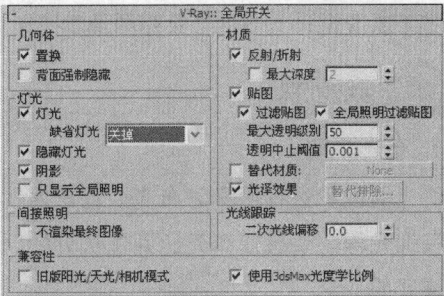

图 6-2-14　设置"V-Ray∷全局开关"参数

（3）"图像采样器"参数设置。设置图像"类型"为"自适应细分"，"抗锯齿过滤器"为 Catmull-Rom，如图 6-2-15 所示。

（4）环境参数设置。设置"倍增器"强度为 0.4，如图 6-2-16 所示。

（5）间接照明参数设置。选择"开启"复选框，如图 6-2-17 所示。

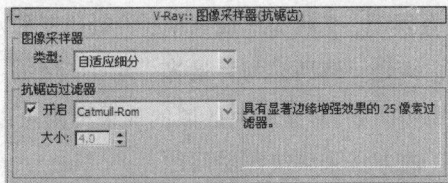

图 6-2-15　设置"V-Ray∷图像采样器（抗锯齿）"参数

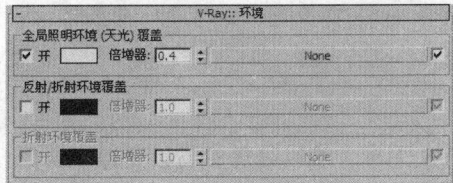

图 6-2-16　设置"V-Ray∷环境"参数

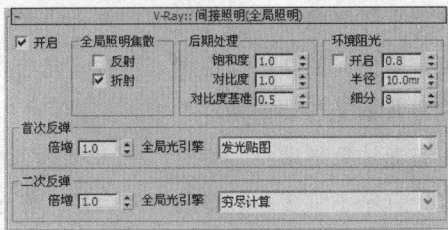

图 6-2-17　设置"V-Ray∷间接照明（全局照明）"参数

（6）发光贴图参数设置。设置"当前预置"为中，选择"显示计算过程"和"显示直接照明"复选框，如图 6-2-18 所示。

（7）单击"渲染"按钮渲染场景，渲染效果如图 6-2-19 所示。

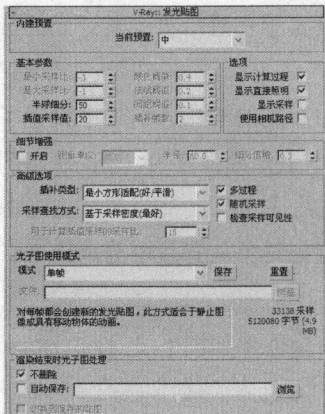

图 6-2-18　设置"V-Ray∷发光贴图"参数

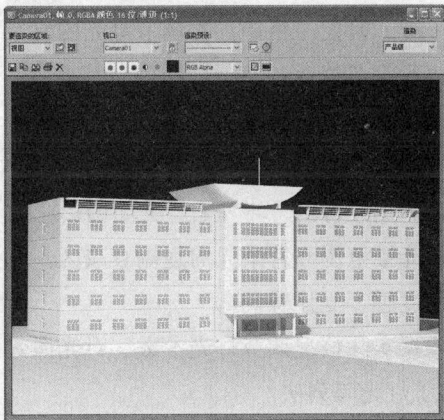

图 6-2-19　场景渲染效果

（8）单击窗口上方的"保存图像"按钮 ⊟ 以"卫生间渲染.jpg"为文件名保存当前渲染图像。

🔧 相关知识

1. 布光原则

灯光的设置过程简称为布光。场景照明的基本光线主要有主体光、辅助光、背景光、轮廓光、装饰光等。要想使布光达到主次分明、真实的光照效果，布光的几个原则是我们在作图时应该遵守的。

1）三点照明法

熟悉摄影的人都知道，在室内摄影时都会遵守一个著名而经典的布光理论，就是"三点照明"。三点照明，又称为区域照明，一般用于较小范围的场景照明。场景一般设置三盏灯光即可，分别为主体光、辅助光与背景光。对于较小的区域来说，可以采用所谓的"三点照明"的方式来解决照明问题。对于较大区域的效果图则可以把大的场景拆分成一个个较小的区域再利用"三点照明"的方法来解决照明问题。

（1）三点照明布光的顺序。要想使场景布光达到主次分明、相互补充的效果，应先按照一定的方法去设置各个灯光。

- 确定主体光源的位置与强度。
- 决定辅助光的强度与角度。通常辅光与主光的强度比为 1:2。
- 设置背景光与装饰光。

（2）布光注意事项：

- 灯光宜精不宜多。过多的灯光会使工作过程变得杂乱无章，难以处理；场景变得平淡而无层次；显示与渲染速度也会受到严重影响。只保留必要的灯光。
- 灯光要体现场景的明暗分布，要有层次感。根据需要选用不同种类的灯光；根据需要决定灯光是否投影，以及阴影的浓度；根据需要决定灯光的强度；根据需要设置灯光的衰减与排除。
- 布光时应该遵循由整体到局部、由简到繁的过程。对于灯光效果的形成，应该先调整角度，确定主格调；再调节灯光的衰减等特性，增强真实感；最后再调整灯光的颜色，进行细节修改。

（3）布光解析。下面以一只卡通鸟为例，学习三点照明布光的运用，场景中设置了三盏光源灯（主光源、辅助光源和背景光源），如图 6-2-20 所示。主光源强度为 1.2，启用阴影。辅光强度为主光源的一半左右，关闭阴影，并与主光源之间大约成 90°。适当调节主光源与辅助光源的光锥范围和背景光的远端衰减区。背景光的设置要能把对象从背景中分离出来，增加主体的深度感、立体感。

根据实际情况调节灯光参数、对光照效果进行修整。渲染效果如图 6-2-21 所示。

2）灯光阵列法

灯光阵列没有主光源，只需由外围光组成并按照一定形状排列。经常用到以下几种灯光阵列：

（1）钻石阵列。它由 7 个灯光组成，其中有一个主光源和 6 个辅助光（有的也将其称之为"外围光"）。主光源强度是所有灯光中最强的，它给出该 3ds Max 灯光阵列的主要颜色。6 个辅助光形成钻石排列，给出的是和主光源不同的颜色。外围灯光即可以是阴影投射灯光，也可以是无投影光。

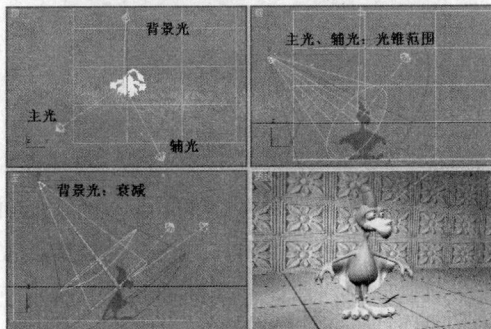

图 6-2-20　三点照明布光图

图 6-2-21　三点照明效果

（2）圆形顶灯光阵列。这个阵列在制作时较麻烦，但却是最有用的阵列之一。它通常由 8～16 盏光源灯组成，呈半球形排列。这种类型是金字塔形阵列的一个变种，它也可以像金字塔形，在模拟天空极光时极为有用。

（3）环形阵列。这个阵列通常由 12～16 盏光源灯组成，它们围绕着主光源呈圆形排列。环形灯光阵列可以排成水平、垂直甚至是倾斜的。环形的每一半都有自己各自的颜色，它也是最为重要灯光阵列之一，3ds Max 中的光能传递模拟场景光可以采用环形阵列完成。

（4）方形阵列。这种阵列由 9 个灯光形成网状排列，具有最大强度的主光源位于网格中心，8 个辅助光占据各个角。

（5）管形阵列。这种阵列由 9～25 个的灯光组成，主灯光位于圆柱的中心轴上。辅助光围绕着主灯光排列在两侧。

（6）综合型灯光阵列。这种灯光阵列就是将各种灯光阵列混合起来使用。实际上它才是真正有实用价值的灯光方案，广泛应用于复杂场景照明中（比如模拟照片级现场实景）。综合型灯光阵列没有主光源。只需由外围光组成并按形状安排。

3）天光照明法

天光可以从四面八方同时对物体投射光线，从而模拟日光的照射效果。天光的设置非常简单，在大多数表现室外照明的场景中，只使用一盏天光光源就可以获得理想的照明效果，并且还可以得到类似穹顶灯一样的柔化阴影。如图 6-2-22 所示，在场景中加入一盏天光光源，对象就产生了柔和的光影效果。

4）V-Ray 环境光法

在 V-Ray 渲染器中，开启环境天光后，用户不用向场景中添加任何光源，通过调节环境倍增、颜色及贴图等参数，渲染器就可以模拟出较为真实的环境光照效果，如图 6-2-23 所示。要想使物体表面产生高光效果，可以在场景中添加聚光灯、泛光灯等光源。

图 6-2-22　添加天光

图 6-2-23　Vray 环境光效果

总之，布光的方法多种多样，要做到因"地"制宜、灵活运用。设置灯光不要有随意性和盲目性，随意设置灯光会使成功率非常低。放置灯光要有目的性，并且每盏灯光都要切实的效果，那些可有可无、效果不明显的灯光要删除。效果良好的光照系统是在不断的修改、摸索中建立起来的。

2. 摄像机

在 3ds Max 中，摄像机通常是一个场景中必不可少的组成部分，主要用来为场景提供一个合理的视觉角度，无论是静态图像还是动画，最后作品都要在摄像机视图中表现。光源和材质决定了画面的色调，摄像机就决定了画面的构图。虽然透视图也提供了类似摄像机视图的效果，但不具备摄像机视图的应变能力。摄像机视图的视角更容易调节，更重要的是即使调整失败也能返回重设，而透视图则不能。

单击"创建"面板 上的"摄像机"按钮 ，显示摄像机命令面板，如图 6-2-24 所示。3ds Max 中提供了两种标准类型的摄像机：目标摄像机和自由摄像机。目标摄像机有目标点，具有目标子对象；而自由摄像机只有摄像机点，不具有目标点。它们创建后的显示形态如图 6-2-25 所示。

图 6-2-24　摄像机面板

图 6-2-25　摄像机显示形态对比

激活透视图，按【Ctrl+C】组合键，3ds Max 会自动创建一架新摄像机，并将其视图与透视图相匹配，然后切换透视图至摄像机视图。如果场景已经有摄像机并且该摄像机也已选定，则会将选定的摄像机与活动的透视图相匹配。

1）标准摄像机基本参数

下面以目标摄像机为例，简单介绍摄像机的各类参数。

- "镜头"：设置摄像机的焦距长度，单位是 mm（毫米）。它的大小会影响视图中场景的大小和物体数量的多少。48 mm 是标准人眼的焦距。短焦造成鱼眼镜头和夸张效果；长焦用于观测较远的对象，保证物体不变形。用户可直接输入镜头焦距数值，也可在下面的"备用镜头"项中选择焦距值，如图 6-2-26 所示。

- "视野"：该参数决定摄像机所能看到区域的宽度，依据选择的视角方向，调节该方向上的弧度大小。与镜头的参数值是相关的，改变其数值后，镜头的数值也会随之改变。
- "正交投影"：启用此选项后，摄像机视图看起来就像"用户"视图。禁用此项后，摄像机视图好像标准的透视图。
- "备用镜头"：提供了 9 种常用的镜头供快速选择。
- "显示圆锥体"：显示摄像机视野定义的锥形框（实际上是一个四棱锥）。 锥形框出现在其他视图但是不出现在摄像机视图中。
- "显示地平线"：是否在摄像机视图中显示一条深灰色的地平线，如图 6-2-27 所示。

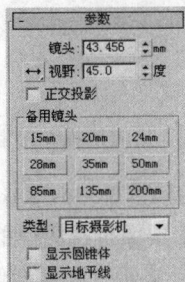

图 6-2-26 "参数"卷展栏

图 6-2-27 显示地平线

- "显示"：显示在摄像机锥形框内近距、远距范围框，便于在视图上看到具体的范围，如图 6-2-28 所示。
- "近距范围"：设置环境影响的近距距离。
- "远距范围"：设置环境影响的远距距离。
- "手动剪切"：启用该选项，可定义剪切平面。关闭该项，接近相机三个单位以内的物体将不显示。剪切效果如图 6-2-29 所示。

图 6-2-28 环境范围与剪切参数

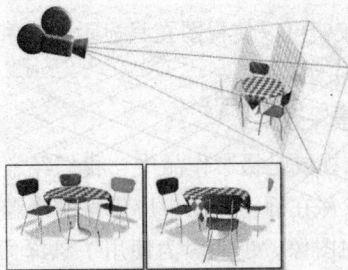

图 6-2-29 剪切平面效果

- "近距剪切"：设置近距剪切平面。比近距剪切平面近的对象不可见。
- "远距剪切"：设置远距剪切平面。比远距剪切平面远的对象不可见。

2）VRay 摄像机

安装 VRay 渲染器后，摄像机类型下拉框中会出现 VRay 摄像机选项，VRay 摄像机包括"VR_穹顶像机"和"VR_物理像机"，如图 6-2-30 所示。

标准摄像机相当于一个窗口，用户能看到场景中要表现的物体，对整体效果无直接关系（摄像机角度会对部分材质效果产生影响，比如菲涅耳反射）。与标准摄像机相比，"VR_物理像机"就如同现实生活中的单反相机，能模拟真实成像、能更轻松的调节透视关系，单靠相机就能控制曝光，另外还有许多非常不错的其他特殊功能和效果，比如能够对场景中亮度、色调、景深等进行调节。

3）摄像机视图控制工具

摄像机建立后，在视图中左上角"视图"标签上右击，然后在弹出的快捷菜单中选择"摄像机"，然后再单击要选择的摄像机名称，则透视图转为摄像机视图，也可以通过按键【C】键将当前视图转换为摄像机视图。窗口右下角视图控制区将显示摄像机视图控制工具，如图 6-2-31 所示。

图 6-2-30　VRay 摄像机　　　　　图 6-2-31　摄像机视图控制工具

- "推拉摄像机"：实际上就是改变摄像机和目标对象的距离，3ds Max 有三种推拉方法。

- "透视"：改变摄像机视图中的透视关系，但不改变摄像机视图中的画面内容。

- "侧滚摄像机"：摄像机以与目标点的连线为轴进行旋转，画面会倾斜，这种操作在效果图制作中应避免使用。

- "所有视图最大化显示选定对象"：使场景中选定对象在所有视图中最大化显示出来。

- "视野"：用它可以改变摄像机图面的视野（FOV）范围和透视，视野越大则透视越大，反之越小。它与推拉的区别在与改变画面内容的同时，透视也随之发生变化。

- "平移"：改变摄像机和目标点的位置，会使视窗内容发生"平移"，改变摄像机视图画面内容。

- "环游"：摄像机环绕目标点做水平或垂直运动，在调整摄像机与目标对象间的角度时非常有用。

- ：该按钮可以使视图在只显示一个和四个视图同时显示两个状态之间切换，快捷键为【Alt+W】组合键。

3. 摄像机景深效果

在电影、电视或是摄影作品中，我们经常可以看到景深效果，景深的应用可以提高数字图像的真实感。景深在静帧作品中应用得越来越多，通常利用景深来突出作品中的主题。有时候一幅简单平淡的图像，也会因为使用了景深而变得充满生机。景深在制作上也是比较容易掌握的，下面就针对 V-Ray 渲染器，在使用标准摄像机和 VR_物理像机的情况下来介绍景深效果的制作。

1）VR_物理像机景深效果

（1）打开素材文件"VRay 物理像机.max"，按【F9】键渲染场景，由于目前还没有设置模糊效果，所以看到的是非常清晰的场景渲染效果，如图 6-2-32 所示。

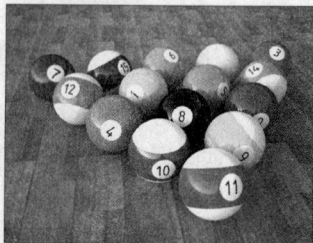

图 6-2-32　场景默认渲染效果

（2）设置景深效果。在场景中选择"VR_物理像机001"，进入"修改"面板，在"基本参数"卷展下选择"视域"和"指定焦点"复选框，并设置焦点距离为374mm，使像机焦点在11号球处，如图6-2-33所示。

> **提示：**
> 调节焦点距离时，焦点平面处的物体最清楚，平面两侧对象逐渐模糊，调节该参数可以使特定对象得到准确的焦点。在调节焦点平面时，场景视域会发生变化，选择"视域"能够锁定像机视域。

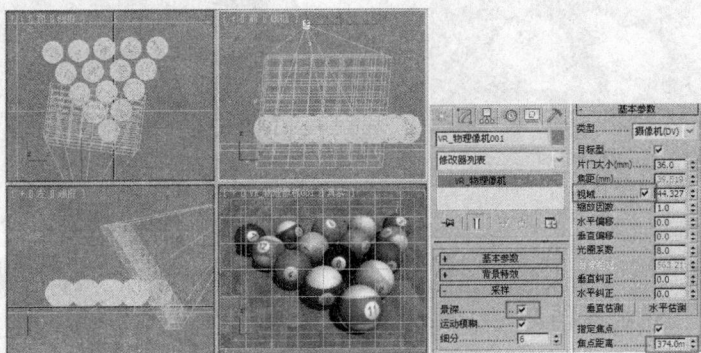

图 6-2-33 设置景深参数

（3）渲染场景，效果如图6-2-34所示。从中可以看出11号处球最清楚，向后逐渐模糊，有了景深感。

（4）调节景深模糊程度。在"基本参数"卷展下设置"光圈系数"为3，"快门速度"为1 200，再次渲染场景，我们看到了较为模糊的景深效果，如图6-2-35所示。

图 6-2-34 景深渲染效果

图 6-2-35 调节景深模糊程度

> **提示：**
> 像机参数面板中"光圈系数"能够改变场景的模糊程度，数值越小，模糊越强。光圈系数减小时，场景会同时变亮，这时可以增加"快门速度"，使场景使场景亮度得以控制。

（5）要得到图6-2-36所示的景深效果，想一想要调节哪些参数呢？

2）标准摄像机景深效果

（1）打开素材文件"标准像机.max"，按【F10】键打开"渲染设置"对话框，在"VR_基项"选项卡下"V-Ray::相机"卷展栏中开启"景深"，并选择"从相机获取"复选框，如图6-2-37所示。

图 6-2-36　不同焦点景深效果

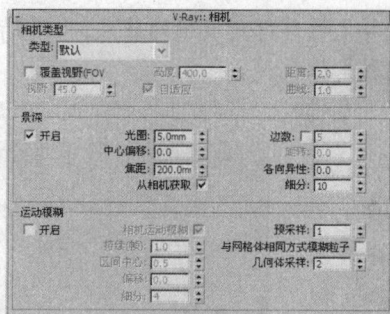

图 6-2-37　设置相机参数

（2）在场景中选择摄像机，进入"修改"面板 ，在"参数"卷展栏中修改"目标距离"为380，调整相机的焦点到10号球位置，如图6-2-38所示。

图 6-2-38　调节焦点目标距离

（3）渲染场景，场景出现了景深效果如图6-2-39所示。

（4）调节景深模糊程度。打开渲染设置对话框，在"VR_基项"选项卡下"V-Ray::相机"卷展栏中设置"光圈"为2，再次渲染场景，景深效果如图6-2-40所示。

提示：

标准摄像机的景深效果的强弱只取决于"光圈系数"，光圈系数取值越小，景深效果越弱，这一点是与VRay物理相机不同的。如果要想获得较强景深效果，就可以加大光圈系数值。

图 6-2-39 景深效果

图 6-2-40 改变光圈后景深效果

技能训练

选择正确的布光方式，完成场景景深效果的渲染，效果图如图 6-2-41 所示。

要求：

（1）合理选择布光方式，准确调节灯光参数。

（2）运用摄像机完成景深效果制作。

（3）做到主体突出。

图 6-2-41 布光效果

学习评价

任务评价表如表 6-2-1 所示。

表 6-2-1 任务评价表

类　别	内　容		评　价		
	学 习 目 标	评 价 项 目	3	2	1
职业能力	能熟练设置场景材质	能制作玻璃材质			
		能制作涂料材料			
		能制作金属材质			
		能制作瓷砖材质			
		能灵活运用建筑材质			
	能正确设置灯光与摄像机	能建立天光光源			
		能创建并设置聚光灯			
		能创建摄像机			
通用能力	造型能力				
	审美能力				
	组织能力				
	解决问题的能力				
	自主学习的能力				
	创新能力				
综　合　评　价					

思考与练习

（1）室外建筑效果图制作时，如何选择布光方法？

（2）使用摄像机为效果图制作提供了哪些便利？

（3）渲染效果图时为什么还要渲染材质通道图？

任务三 后期处理——Photoshop 配景

任务描述

一幅好的效果图与后期的处理制作是密不可分的，需要制作者具有较高的美术修养和丰富的想象力。在调入各个配景的时候，都需要做适当的调整，以使它的色调及明暗关系符合整个画面的氛围与层次感的体现。

本任务中通过运用 Photoshop 软件对制作完成的效果图进行后期加工、处理。在合理添加配景素材，真实体现建筑环境的同时，还要使效果图具有足够的视觉冲击感。

任务分析

本任务（见图 6-3-1）中通过 Photoshop 完成室外建筑效果图的后期处理过程。Photoshop 作为功能强大的图像处理软件，在室外建筑效果图的后期处理中发挥着极其重要的作用。对图片环境氛围的准确把握是做好后期处理的关键。

图 6-3-1 任务三效果图

方法与步骤

1. 制作天空、玻璃、草坪

> **提示：**
> ① 转换背景图层；② 利用通道图选择玻璃区域，粘贴天空图像制作玻璃反射效果；
> ③ 添加天空背景；④ 添加草地，利用通道图制作出草坪绿化区；⑤ 添加小路到草坪；
> ⑥ 添加水池、花草等其他配景。

（1）启动 Photoshop，打开"效果图"和"通道图"文件。复制"通道图"文件图像，粘贴到"效果图"文件，将两幅图叠放到一起，通过通道图可以方便地选择效果图中同种材质区域。

（2）双击"背景"图层，打开"新建层"对话框。单击"确定"按钮，将"背景"图层转换为"图层 0"，如图 6-3-2 所示。

（3）选择"图层 1"通道图，用魔术棒工具单击窗户玻璃，执行"选择"|"选择相似"（快捷键：【Alt+S】、【Alt+R】）命令，选中所有玻璃。关闭"图层 1"显示，如图 6-3-3 所示。

（4）打开素材文件"天空.jpg"，选择并复制图像，执行"编辑"|"粘贴入"（快捷键：【Shift+Ctrl+V】）命令，将图像粘贴到玻璃区域。按【Ctrl+T】组合键对粘贴图像进行缩放，调节图层"不透明度"为 60%，如图 6-3-4 所示。

图 6-3-2　转换背景层

图 6-3-3　选择玻璃区域

（5）打开素材文件"配景.psd"，复制"天空"图层图像，调整"天空"图层到"图层 0"下面。删除"图层 0"中的黑背景，如图 6-3-5 所示。

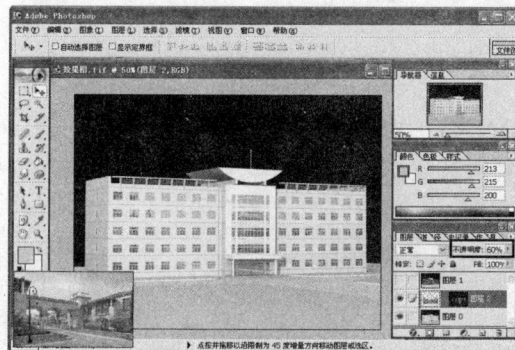

图 6-3-4　玻璃制作效果

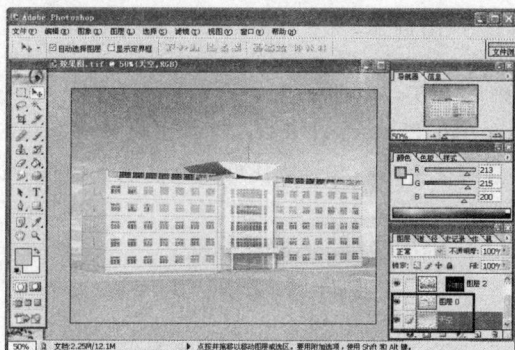

图 6-3-5　天空制作效果

（6）复制"配景.psd"文件中的"草地"图层，放在"图层 0"上侧，如图 6-3-6 所示。

（7）在"图层 1"通道图中选择草坪区域，然后执行"选择" |"反选"（快捷键：【Ctrl+Shift+I】）命令，选择除草坪以外所有区域，如图 6-3-7 所示。

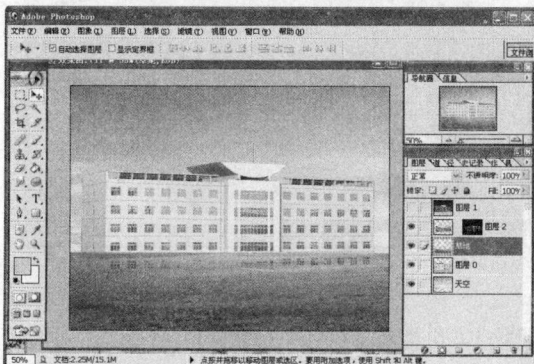

图 6-3-6　加入草坪

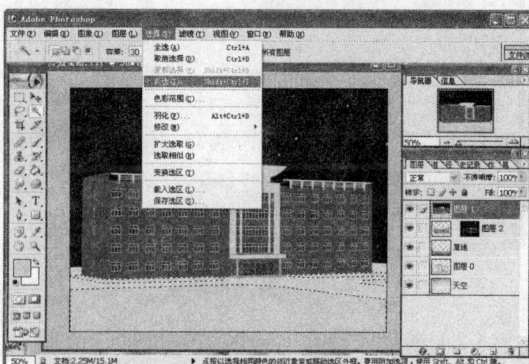

图 6-3-7　选择草坪区

（8）选择"草地"图层，按【Delete】键删去多余部分，如图 6-3-8 所示。

（9）复制"配景"文件中"小路"图层，按【Ctrl+T】组合键缩放到合适大小，如图6-3-9所示。

图 6-3-8　草坪制作效果

图 6-3-9　青石小路效果

（10）采用相同方法从"配景"文件中复制"水池"、"花草"等对象放到草坪合适位置，如图6-3-10所示。

> **提示：**
> 在 Photoshop 中，几乎每项操作都有相应的快捷键。在效果图处理过程中应尽量减少鼠标使用，尽可能地使用快捷键完成操作，这样能有效地提高操作效率。

2. 添加楼群、人物等配景

> **提示：**
> ① 加入远处楼群；② 添加人物，制作人物地面阴影；③ 加入树枝等配景。

（1）复制"配景"文件中"大楼1"图层，置于"图层0"下方，如图6-3-11所示。

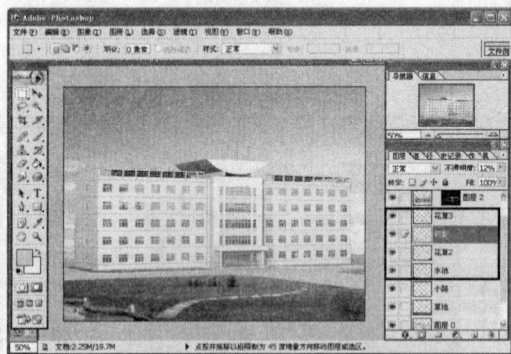

图 6-3-10　草坪整体效果

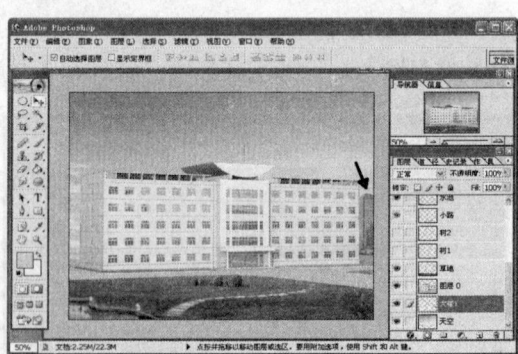

图 6-3-11　加入远处大楼

（2）选择大楼左上角区域，执行"选择"|"羽化"（快捷键：【Alt+Ctrl+D】）命令，根据选区大小适当设置"羽化半径"。删除选区图像，如图6-3-12所示。

（3）复制"配景"文件中"人物3"图层放在场景中。拖动"人物3"图层到"创建新的图层"按钮上，复制出新图层"人物3 副本"，如图6-3-13所示。

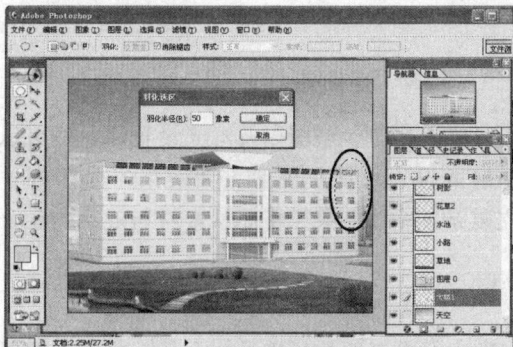

图 6-3-12 减淡楼顶色彩

图 6-3-13 创建阴影图层

（4）执行"编辑"|"变换"|"扭曲"（快捷键：【Alt+E】、【Alt+A】、【Alt+D】）命令，对"人物 3"图层变换变形，如图 6-3-14 所示。

（5）执行"图像"|"调整"|"亮度/对比度"（快捷键：【Alt+I】、【Alt+A】、【Alt+C】）命令，调节"亮度"为 25，"对比度"为-100，如图 6-3-15 所示。

图 6-3-14 变换图层

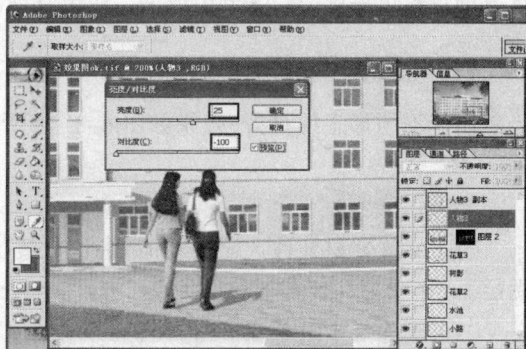

图 6-3-15 调整亮度/对比度

（6）执行"滤镜"|"模糊"|"高斯模糊"命令，打开"高斯模糊"对话框，调整参数如图 6-3-16 所示。

（7）选择"人物 3 副本"图层，按【Ctrl+E】组合键向下合并图层，将人物与阴影图层合并到一起，放到合适位置。同样方法，加入其他人物、树枝等，最终效果如图 6-3-17 所示。

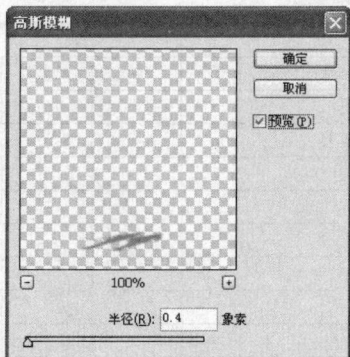

图 6-3-16 高斯模糊对话框

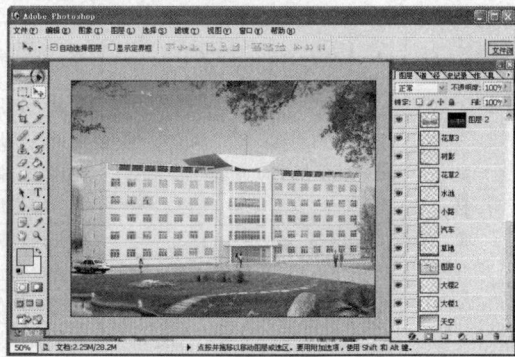

图 6-3-17 最终处理效果

相关知识

1. Photoshop 在效果图制作中的作用

我们通过 3ds Max 构建了室内、外场景模型，完成了材质、贴图以及灯光设置后，就可以进行渲染并以位图形式输出。3ds Max 在处理配景素材、环境氛围等方面效果不是很好，Photoshop 可以轻而易举地完成这些操作。不用建立复杂的模型，只需将配景素材与效果图融合起来，加以简单的处理即可。

2. Photoshop 处理效果图的方法

用 Photoshop 处理图，对图要充分理解。首先确定好要表达的环境是一个什么样的空间氛围。所谓氛围，就是环境本身给人的主观感受，也就是环境中能够引起人的情感产生共鸣的一些东西。以上这些落实到效果图处理就是用 Photoshop 进行明暗、色调、光感等图面因素的控制。接下来要分析图，一般来说，就是看图的画面灰不灰，结构清不清晰，局部或整体色彩是否有问题，光感是否到位。然后确定调整的方法。此外，对图的理解和分析不同，修改效果就不同，主要是合理添加配景素材，真实体现建筑环境的同时，还要使图有足够的画面感。所有配景的色彩也要统一，并分类成层，便于管理。

技能训练

制作不同形态的石头，效果如图 6-3-18 所示。

要求：

（1）导入素材文件"配景.psd"中"花鸟"图层。

（2）删除层中鸽子和植物。

（3）使用变换工具制作不同形态的石头。

（4）为石头添加阴影。

图 6-3-18　不同形态石块效果

学习评价

任务评价表如表 6-3-1 所示。

表 6-3-1　任务评价表

类　　别	内　　容		评　　价		
	学习目标	评价项目	3	2	1
职业能力	能熟练使用 Photoshop	能灵活运用各种基本工具			
		能灵活使用选择、羽化工具			
		能建立、修改、删除图层			
		能对图像缩放变换			
		能使用模糊滤镜			
	能对效果图进行处理	能正确添加配景			
		能调节图像色彩、明暗			
		能添加场景对象阴影			

续表

类　别	内　容		评　价		
	学 习 目 标	评 价 项 目	3	2	1
通用能力	造型能力				
	审美能力				
	组织能力				
	解决问题的能力				
	自主学习的能力				
	创新能力				
	综 合 评 价				

思考与练习

（1）Photoshop 在效果图中有什么作用？

（2）在效果图处理过程应注意哪些问题？

项目实训　别墅效果制作

一、项目背景

在完成了办公大楼制作后，制作一幅别墅的效果图，如图 6-实训-1 所示。

图 6-实训-1　实训效果图

二、项目要求

（1）能制作或导入别墅模型。

（2）能正确设置场景灯光与材质。

（3）能运用 Photoshop 完成后期效果处理。

三、项目提示

（1）导入场景文件。

（2）参照效果图，制作场景材质。

（3）添加天光和聚光灯为场景照明。

（4）添加摄像机。

（5）运用 V-Ray 渲染器渲染场景。

（6）进入 Photoshop 完成花、草等配景添加与处理。

四、项目评价

项目实训评价表如表 6-实训-1 所示。

表 6-实训-1　项目实训评价表

类　别	内　　容		评　　价		
	学习目标	评价项目	3	2	1
职业能力	能熟练设置场景材质	能制作玻璃材质			
		能制作涂料材料			
		能制作金属材质			
		能制作瓷砖材质			
		能灵活运用建筑材质			
	能正确设置灯光与摄像机	能建立天光光源			
		能创建并设置聚光灯			
		能创建摄像机			
	能灵活运用 Photoshop	能掌握 Photoshop 一般操作方法			
		能够对图像明暗、色彩等进行调节			
		能添加各种配景素材			
通用能力	审美能力				
	组织能力				
	解决问题的能力				
	自主学习的能力				
	创新能力				
综合评价					

项目七

制作人物头部模型

　　在欣赏一部部影视大片，看着那些异常逼真的恐龙、角色人物时，可能大家总会被影片中那些令人惊叹的特技镜头所打动，影片中一幕幕雄伟壮丽的画面，带给观众无比震撼和美妙的视觉享受。这些特效都离不开 3ds Max 等三维软件的制作。

　　在本项目中通过两个任务来完成人物头部模型与头发的制作。在任务一中使用 FaceGen Modeller 完成女孩头部的创建、面部表情的调节以及面部皮肤材质的制作与设置；在任务二中通过 3ds Max 自带毛发组件完成女孩头发的制作与处理。

学习目标

☑ 能灵活运用 FaceGen Modeller 软件创建与调节头部模型
☑ 能正确为面部设置材质、贴图
☑ 能灵活运用 3ds Max 毛发组件制作各类毛发与发型设计

任务一　头部制作——FaceGen Modeller 人头建模与皮肤材质

任务描述

在传统的三维设计的角色建模中，对人头的制作相信是所有设计师最难把握、最令人头痛的。人物面部展现的是个性风采，通过改变五官、肤色、脸的轮廓就可以塑造出形形色色的人物来，这一部分的制作往往是整个人体建模过程中最耗费时间和精力的。FaceGen Modeller 是著名的面部建模软件，其功能非常强大。本任务中通过 FaceGen Modeller 完成女孩头部模型的制作，效果如图 7-1-1 所示。

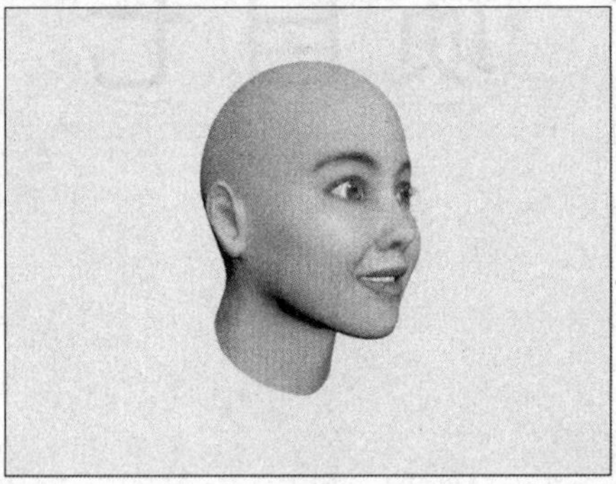

图 7-1-1　任务一效果图

任务分析

在 FaceGen Modeller 中可以灵活地对人物的性别、年龄等参数进行调节，再通过对人物外形细节参数地调整，可塑造出令人满意的人物造型；将人物模型导出并保存为 3ds 格式，再导入到 3ds Max 中可以对模型进行再加工与处理；使用 SSS Fast Skin Material 可以为人物制作出真实质感的皮肤材质。

方法与步骤

1. 制作头部

> 提示：
> ① 调节人物性别参数；② 调节人物表情参数；③ 添加、隐藏人物头发等组件；④ 导出保存人物模型。

（1）FaceGen Modeller 是独立于 3ds Max 之外的软件，素材文件中提供了该软件的安装程序，程序安装完成后，启动软件，界面如图 7-1-2 所示。

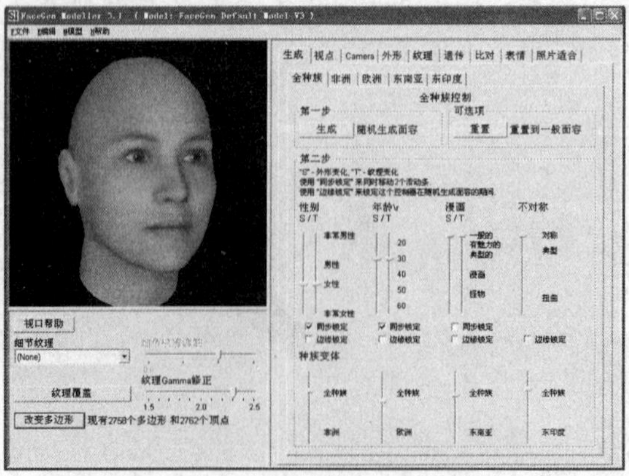

图 7-1-2　FaceGen 软件界面

（2）在窗口右侧"生成"选项卡"第二步"选项组有"性别""年龄""种族变体"等若干可调参数，调节滑块可实现人物性别、年龄、种族等变化，如图 7-1-3 所示。

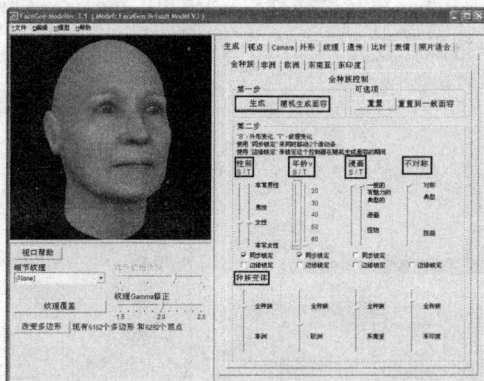

图 7-1-3 可调节参数

（3）这里要制作一个年轻女性，可以调节"性别"到"非常女性"，"年龄"调为 20，如图 7-1-4 所示。

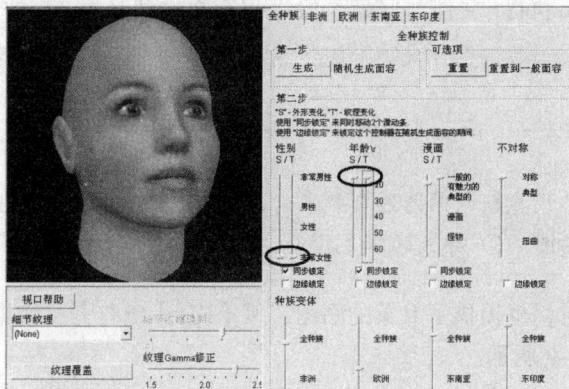

图 7-1-4 调节"性别""年龄"参数

（4）进入"表情"选项卡，向右调节 SmileClosed 和 SmileOpen 滑块，如图 7-1-5 所示，流露出微笑的表情。尝试改变其他参数，观察人物表情变化。

图 7-1-5 调节"表情"参数

（5）在"细节纹理"下拉列表框中选择一个年青女性纹理。单击"改变多边形"按钮，将 Hair:Long Bob 移到左侧"显示这些零件"框中，模型制作效果如图 7-1-6 所示。

（6）隐藏头发 Hair:Long Bob，执行"文件"|"导出"命令，在弹出的"另存为"对话框中选择 3ds 格式，其他界面保持默认设置，如图 7-1-7 所示。

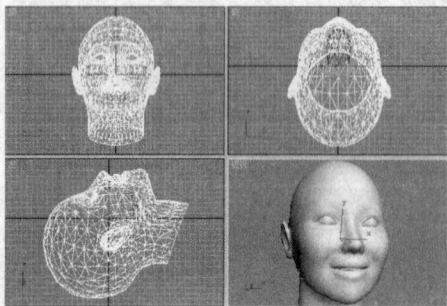

图 7-1-6　临时加载显示头发

图 7-1-7　导出头部模型

（7）进入 3ds Max 软件环境，单击"应用程序"按钮◎，执行"文件"|"导入"命令，导入上面保存的 3ds 文件，执行"文件"|"保存"命令保存文件到存放 3ds 的文件目录，如图 7-1-8 所示。

2. 设置人物贴图

> 提示：
> ① 设置渲染器，预览默认贴图渲染效果；② 使用 V-Ray 快速 SSS2 材质，调节材质参数；③ 更换眼睛贴图；④ 导入眼睫毛模型。

（1）Facegen 导出时，也提供了对象的贴图。按【F10】键打开"渲染设置"对话框，指定 Vray 渲染器，如图 7-1-9 所示。

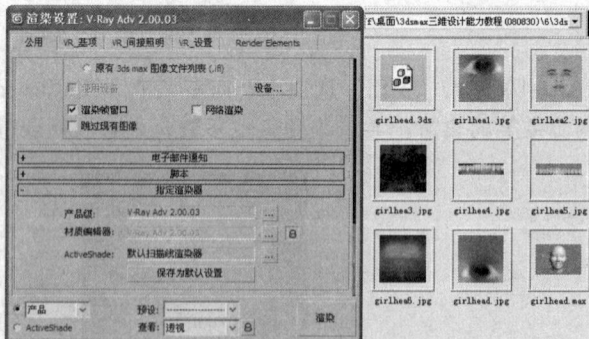

图 7-1-8　导入模型

图 7-1-9　指定渲染器

（2）单击"渲染"按钮渲染场景，效果如图 7-1-10 所示，发现人物皮肤与眼睛的效果很差，下面对这些材质进行设置。

（3）按【M】键打开"材质编辑器"窗口，命名材质为"皮肤"，更改材质类型为"VR_快速 SSS 2"，如图 7-1-11 所示。

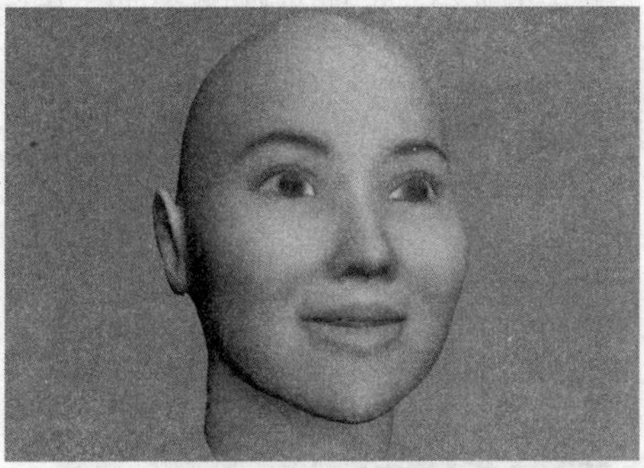

图 7-1-10　渲染效果

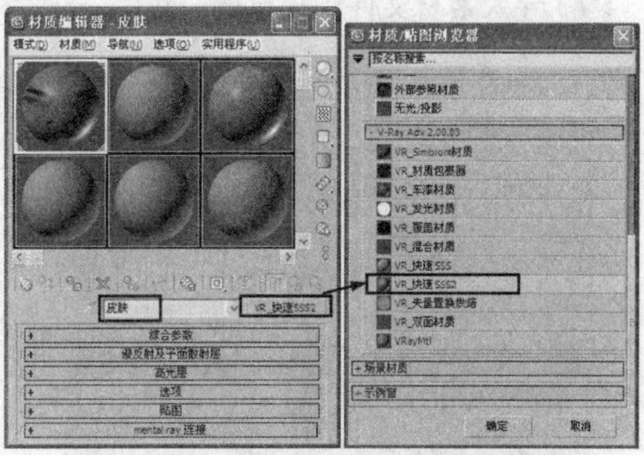

图 7-1-11　设置皮肤材质

（4）设置"皮肤"材质参数。设置"漫反射及子面散射层"卷展栏下的"漫反射颜色"为白色。设置"高光层"卷展栏下的"高光量"为 1，"高光光泽度"为 0.6。设置"贴图"卷展栏下的"贴图总体颜色"贴图为素材文件夹下的 girlhead20.jpg，如图 7-1-12 所示。

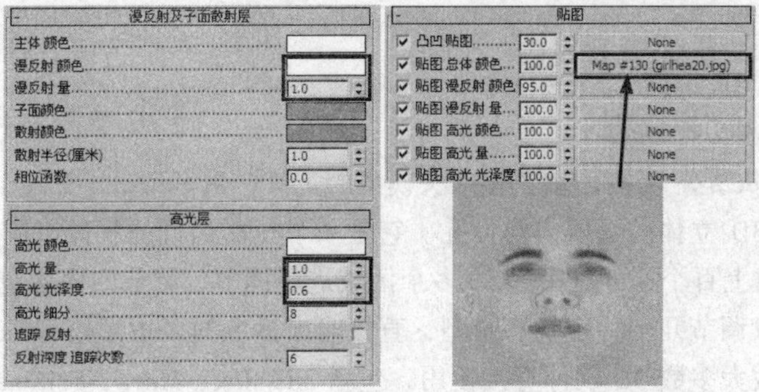

图 7-1-12　设置皮肤贴图

（5）使用"从对象拾取材质"吸管工具从场景对象获取眼睛材质，更换漫反射贴图，适当调整 U、V 偏移，如图 7-1-13 所示。

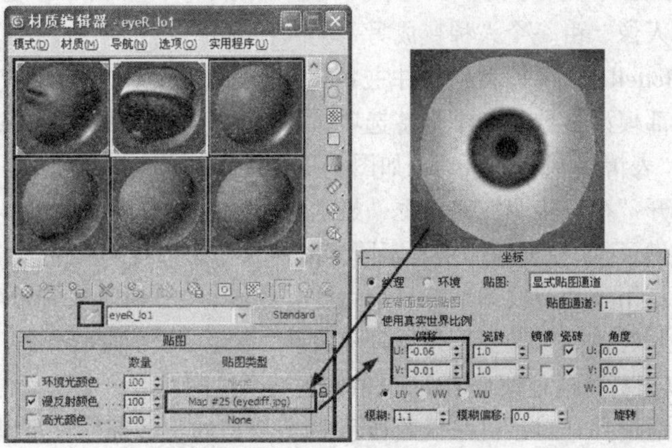

图 7-1-13　编辑眼睛贴图

（6）更改贴图后，眼睛制作效果如图 7-1-14 所示。观察会发现还少了一样最重要的东西——眼睫毛。

（7）导入素材文件中提供的"睫毛.max"文件，调整睫毛的大小与位置，制作效果如图 7-1-15 所示。

图 7-1-14　眼睛贴图效果

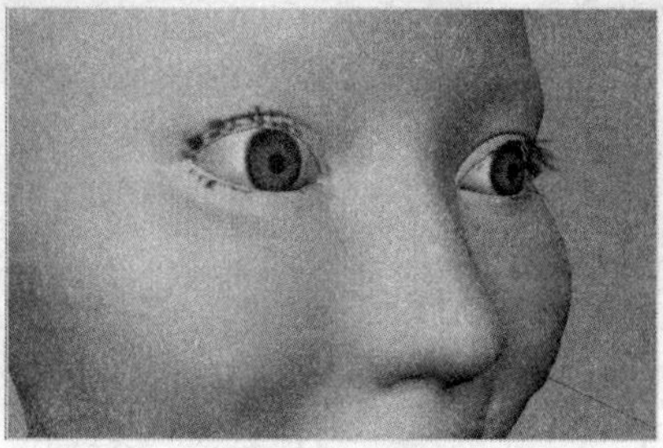

图 7-1-15　睫毛效果

（8）按【F9】键渲染场景，效果如图 7-1-1 所示。

（9）单击"应用程序"按钮，执行"文件"｜"保存"命令，将文件以 girlhead.max 为文件名保存。

相关知识

1. FaceGen Modeller 介绍

FaceGen Modeller 是一套制作参数化人头模型的工具，由 Singular Inversions 公司开发，随机或者从照片生成 3D 立体的真实人类面孔。它是一个独立运行的软件，操作简单，全部实时交互调节，可调参数上百个，可对头部 60 多个区域进行调节，调节的内容包括人种、性别、年龄、善恶等。还可以调节几十种表情和口型，直接输出标准的多边形模型格式，带有贴图坐标和贴图材质，能够被大多数 3D 软件直接使用，包括 3ds Max、Maya、Softimage、Xsi 等。

用 FaceGen Modeller 制作好的模型可以直接配合 3ds Max 软件的表情变形功能使用，实现表情动画和嘴型动画制作。如果配备嘴型动画制作插件（例如 3ds Max 的 VentriloQuist），用户就可以直接用语音自动产生嘴型的动画。

FaceGen Modeller 还可以用于制作其他特殊的脸部动画，例如由年轻变老、由男变女、由一个人像变成另一个人像、由一个人种变成另一个人种等。

运行 FaceGen Modeller，可以看到软件主界面分为三部分：左边为预览图和视图纹理区；右边是创建和调节面部模型参数的 9 个标签选项，包括"生成""视点"、Camera、"外形""纹理""遗传""比对""表情""照片适合"，如图 7-1-16 所示。

- 视口帮助：打开"视口指令"对话框，显示快捷操作方法，如图 7-1-17 所示。
- 细节纹理：提供了 55 种不同性别、不同年龄的人物面部纹理。
- 细节纹理调制：用于调节纹理细节显示程度。数值为 1.5 时，纹理最明显。
- 纹理覆盖：打开对话框以选择可用纹理覆盖。
- 纹理 Gamma 修正：可通过改变 Gamma 值修正贴图纹理。
- 改变多边形：通过打开对话框来设置显示/隐藏模型的某些部件，可以为人物添加头发、眼镜等对象。

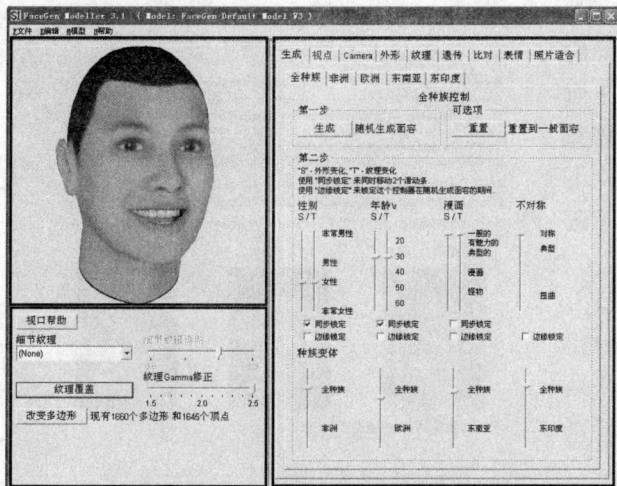

图 7-1-16　Facegen 操作界面

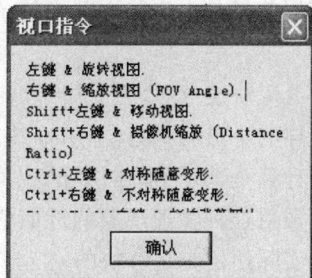

图 7-1-17　视口指令

2. FaceGen Modeller 选项面板

（1）"生成"选项卡：

在"第一步"选项组中单击"生成"按钮，软件会随机生成一个人头模型。单击"重置"可以回到一般模型状态。

在"第二步"中提供了 5 种模型调整方式，分别为"性别""年龄""漫画""不对称""种族变体"。通过对这些参数的调整，很容易实现人物性别、年龄、种族的变化，也能轻松实现漫画等夸张的面部表情。同时，可以调节制作的各种人种，包括全种族、非洲人、欧洲人、东南亚人、东印度人。

（2）"外形"选项卡：

在"外形"选项中用户可以单独地调节每一个部位的形态，这里提供有 60 多个部位，分别对它的眼睛、眉毛、鼻子、嘴等各个区域进行逐个调节。只要用户仔细地调节，就可以制作出非常多的形态和意想不到的效果。

（3）"表情"选项卡：

在"表情"选项中用户可以设置面部的动画效果，如 anger、disgust、smile 等丰富的表情，而且下面还有很多英文字母的发音通道。

（4）"纹理"选项卡：

在"纹理"选项中用户可以对面部每个部位区域的纹理亮度进行调节。如果用户觉得效果不好，可以单击"设置全部归零"按钮重新进行调节。

（5）"遗传"选项卡：

单击"生成"按钮，可以随机生成与当前面容近似的面容。使用"随机"滑动条调整生成面容的近似程度。

（6）"照片适合"选项卡：

在"照片适合"选项卡中用户可以通过面部的正面图、侧面图，按照操作提示合成该照片人物的三维头部模型，如图 7-1-18 所示。

3. VR_快速 SSS2 材质

人类皮肤不是像金属或者固体塑料那样的不透明材质。它有深度，皮肤将照射到它上面的光线分散开，并允许次表面元素（如骨骼和静脉）影响它的颜色。人类皮肤的这一与众不同的照明效果是由皮肤内部光的子曲面散布造成的。

V-Ray 快速 SSS2 主要用于渲染像皮肤、大理石这样的半透明材料。V-Ray 快速 SSS2 材质的数据计算是基于 BSSRDF 的，其最终效果是次表面散射这种物理现象的近似值，同时其效果对于实际使用是足够快的。

V-Ray 快速 SSS2 材质是由三个层组成的：镜面反射层、漫反射层和次表面散射层。其中

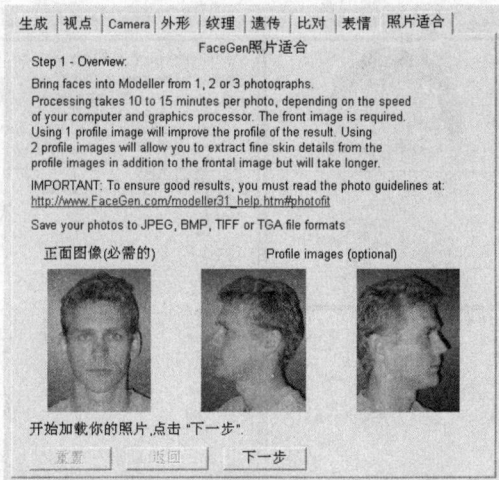

图 7-1-18 "照片适合"面板

次表面散射由单一散射和多重散射这两部分组成。单一散射发生在光线在物体内部第一次反弹时（类似间接照明里的一次反弹，对散射效果的影响最大）。多重散射发生在光线在物体内第二次或第二次以上反弹时。

（1）"综合参数"卷展栏（见图 7-1-19）。

- "预设"：用户可以使用各种预设的材质。多数材质是基于 H.Jensen 等所提供的测量数据。
- "预处理比率"：V-Ray 快速 SSS2 加速计算多重散射的方法是预先计算建模表面顶点的光照信息并将其存储在光照贴图中。这个参数决定了在预处理阶段，建模表面光照的分辨率。值为 0 时，预处理的分辨率将与渲染出图分辨率相同，即每个像素进行一个光照采样。值为 -1 时，预处理的分辨率将是渲染出图分辨率的一半。为了获得高质量渲染，建议把值设为 0 或大于 0；过低的值会产生不真实感，或在动画中产生闪烁。
- "缩放"：用来决定次表面散射半径比例的额外选项。V-Ray 快速 SSS2 在计算次表面散射效果时，通常会使用场景所设置的单位来计算。如果场景不是按照真实比例来建模，这个参数可以用来调整渲染效果。
- IOR（折射率）：材质的折射率。大多数水基材质的折射率为 1.3，如皮肤。

（2）"漫反射及子面散射层"卷展栏（见图 7-1-20）。

图 7-1-19 "综合参数"卷展栏

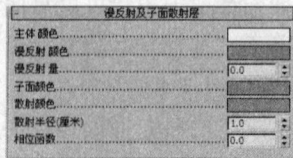

图 7-1-20 "漫反射及子面散射层"卷展栏

- "主体 颜色"：控制材质的总体颜色。这个颜色作为漫反射和次表面两者的滤镜而起作用。
- "漫反射颜色"：漫反射部分的颜色。

- "漫反射量"：漫反射部分的数量。这个值事实上用来控制漫反射层与次表面散射层的混合程度的。当值为 0.0 时将没有漫反射层；当值为 1.0 时将只有漫反射层，而没有次表面散射层。漫反射层是用来模拟物体表面的灰尘等效果。
- "子面颜色"：次表面层的大体颜色，它位于漫反射层之下。
- "散射颜色"：内部散射的颜色。较亮的颜色将令光线产生更多的散射，使材质更加透明；较暗的颜色令材质看起来跟漫反射的颜色更相似。
- "散射半径（厘米）"：控制光线散射的数量。较小的值将产生较少的光线散射，令材质看起来更接近漫反颜色；较大的值让材质看起来更透明。
- "相位函数"：该值介于 –1 ~ 1 之间，用于决定光线在材质内部进行散射的大体方向。

（3）"高光层"卷展栏（见图 7-1-21）。

- "高光颜色"：决定镜面反射的颜色。
- "高光量"：决定镜面反射的数量。
- "高光 光泽度"：决定光泽度，也就是指高光的外形。值为 1.0 时产生清晰锐利的反射，更低的值将令反射和高光更加模糊。
- "高光 细分"：决定计算高光反射时的采样数。较低的值渲染较快，但会产生噪点。较高的值将减少噪点，但渲染会拖慢。
- "追踪 反射"：选择该项时将计算高光反射。当关闭时，仅产生镜面高光。关闭这个选项后，计算速度会加快。
- "反射深度 追踪次数"：计算反射时，光线反弹的次数。

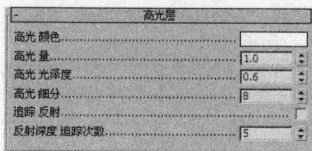

（4）"选项"卷展栏（见图 7-1-22）。

图 7-1-21　"高光层"卷展栏

图 7-1-22　"选项"卷展栏

- "单层 散射"：相当于间接照明中的一次反弹，即光线进入物体后进行的第一次散射，对 3S 最终效果影响最大。
  - "无"：不计算单一散射，即没有 3S 效果。
  - "简单"：单一散射将根据表面光照的近似值进行计算。这个选项适用于像皮肤这样的透明度较低、光线不能完全穿透的材质。
  - "追踪（固体）"：单一散射将根据建模内部体积进行精确计算。只有建模内部的光线被跟踪；来自于建模背面的折射光线将不被跟踪。该选项适用于像大理石或牛奶一样高透明度的材质，同时也适用于高透明度材质。
  - "追踪（折射）"：类似于光线跟踪（固体）模式，但折射光线被跟踪。这个选项适用于像水或玻璃这样的透明材质，且材质会产生透明的阴影。
- "单层 散射 细分"：该项决定了单层散射模式选择追踪（固体）和追踪（折射）时的采样数。

- 折射深度 追踪次数：该项决定了单层散射参数选择追踪（折射）时折射光线的深度。
- "前光"：选择该项时，将使多层散射高光投射到相机的同侧。
- "背光"：选择该项时，将使多层散射高光投射到照相机相反的一侧。
- "全局光散射"：控制材质是否产生精确全局照明散射。当关闭时，全局照明会以一个简单化的漫反射方式模拟子表面散射。当选择时，全局照明会作为多层散射表面光照贴图的一部分。
- "预处理模糊"：当预渲的灯光贴图比率太低而不能充分模拟直射光的时候，控制着该材质仍旧使用简化过的多重散射版本的漫射方式。
- "剪切阀值"：用来控制光线被忽略的阀值，当光线的亮度值低于发光的亮度与此数值的乘积时，光线被忽略，从而加快渲染速度。

技能训练

使用 FaceGen Modeller 制作人物面部造型，效果如图 7-1-23 所示。

要求：

（1）创建面部基本造型，调节外形、表情等参数。

（2）在纹理覆盖中加载头发。

（3）在改变多边形中显示眼镜组件。

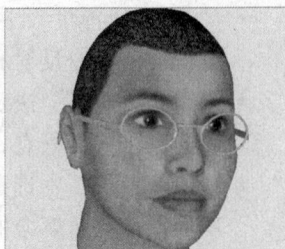

图 7-1-23　人物面部制作效果

学习评价

任务评价表如表 7-1-1 所示。

表 7-1-1　任务评价表

类　别	内　容		评　价		
	学习目标	评价项目	3	2	1
职业能力	人物模型制作	能使用 Facegen Modeller 制作人物头部模型			
		能导出、导入人物模型			
		能正确分离出生长毛发区域			
	正确设置贴图	能正确设置眼睛贴图			
		能正确设置牙齿贴图			
		能使用 V-Ray 快速 SSS2 材质			
通用能力	造型能力				
	审美能力				
	组织能力				
	解决问题的能力				
	自主学习的能力				
	创新能力				
综合评价					

思考与练习

（1）V-Ray 快速 SSS2 可以制作出哪些材质效果？

（2）在材质编辑器中找不到 V-Ray 快速 SSS2 材质是什么原因？

任务二　制作头发——Hair 和 Fur 的运用

任务描述

头发和动物毛发的制作是三维动画制作的难点，3ds Max 软件内置了毛发功能，"Hair 和 Fur（WSM）"（毛发编辑器）是 3ds Max 内置的毛发修改器，它能方便地完成各类毛发的编辑、制作。本任务中，通过该组件完成女孩飘逸秀发的制作，效果如图 7-2-1 所示。

任务分析

本任务中通过"Hair 和 Fur（WSM）"修改器实现了人物短发、长发、眼睫毛的制作。首先使用 Hair 毛发组件对头发做简单的测试，完成基本头发的制作；通过毛发组件的梳理、修剪等功能完成人物短发

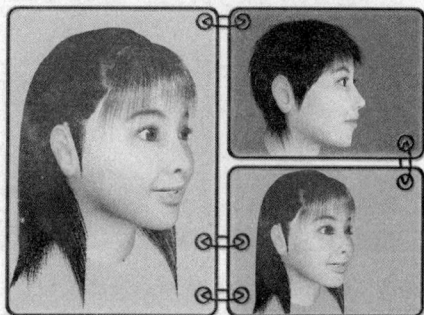

图 7-2-1　头发制作效果

的制作；在制作长发时，为了便于控制头发的走向和梳理，将头发区域分区分块，先建立头发样条线导向，再对每个区域单独使用 Hair 修改器，这样方便了头发的制作和调节；最后通过建立样条线，使用 Hair 组件完成了人物眼睫毛的制作。

方法与步骤

1. 分离头发对象与毛发测试

提示：

① 分离出生长头发区域；② 添加"Hair 和 Fur(Wsm)"修改器，渲染测试；③ 加载预设样品毛发，渲染测试。

（1）打开上面保存的文件 girlhead.max 文件，选择生长头发区域的多边形，如图 7-2-2 所示。

（2）单击"编辑几何体"卷展栏下"分离"按钮，选择"以克隆对象分离"复选框，将头发部位分离出来，以便制作头发，如图 7-2-3 所示。

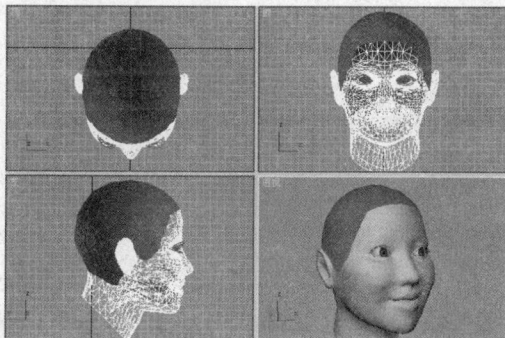

图 7-2-2　选择头发区域

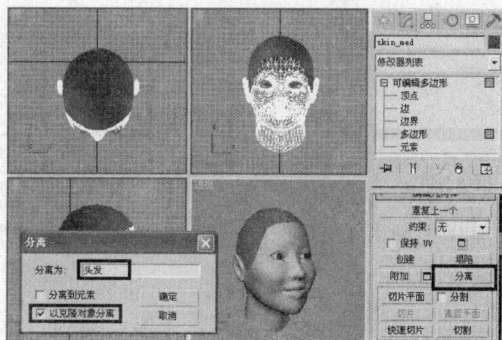

图 7-2-3　分离头发对象

（3）选择"头发"对象，在"修改"面板中添加"Hair 和 Fur（WSM）"修改器，会看到头上出现了许多弯曲的毛发，如图 7-2-4 所示。

（4）按【F9】键快速渲染场景，需要耐心等待一会儿（毛发渲染比较费时），即可看到图 7-2-5 所示的效果。

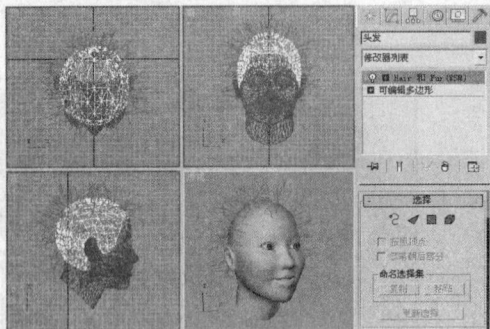

图 7-2-4　使用毛发修改器

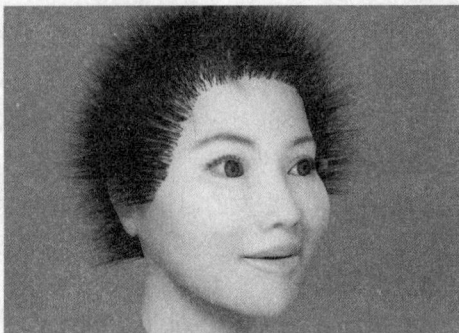

图 7-2-5　头发效果

（5）3ds Max 中包含了若干头发样品预设值。单击"完成设计"按钮结束发型设计，在"工具"卷展下单击"加载"按钮，在预设发型中选择一种发型，如图 7-2-6 所示。

（6）渲染场景，此时毛发会以预设值中的参数进行渲染，效果如图 7-2-7 所示。这时，会发现头发都是直着生长的，不符合生长规律，下面将对头发进行编辑、梳理。

图 7-2-6　选择预设发型

图 7-2-7　渲染毛发

2. 短发制作

> **提示：**
> ① 梳理头发；② 设置头发参数并渲染；③ 修剪耳部多余头发。

（1）在"工具"卷展下单击"重生头发"按钮，使头发回到默认参数状态。单击"设计"卷展栏下的"发型设计"按钮，使用"设计"卷展栏中"发梳"工具向下梳理，如图 7-2-8 所示。

（2）单击"工具"卷展栏中的"重梳"按钮，会发现头发按上面梳理的方向自动梳顺，如图 7-2-9 所示。

（3）渲染场景，看一下梳理后的效果，效果如图7-2-10所示。从图7-2-10中可以看出，头发比较稀疏，下面对参数作进一步修改，达到完美效果。

（4）单击"设计"展卷栏下的"完成设计"按钮结束发型设计。在"常规参数"卷展栏中设置"头发过程数"为5，"根厚度"为3，"稍厚度"为0.8，如图7-2-11所示。

图 7-2-8 梳理头发

图 7-2-9 头发自动梳理

图 7-2-10 梳理后效果

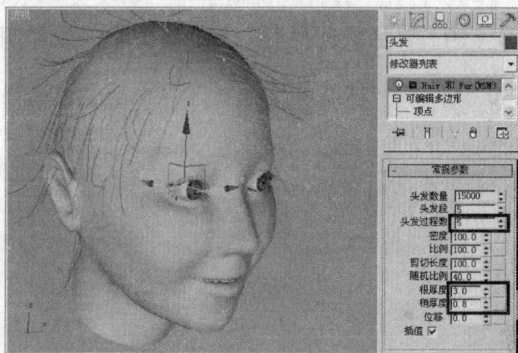

图 7-2-11 设置"常规参数"

（5）设置头发材质。在"材质参数"卷展栏中设置"阻挡环境光"为60，加强灯光效果，"根颜色"和"稍颜色"为黑色，制作乌黑头发，如图7-2-12所示。

（6）设置头发卷曲程度。在"卷发参数"卷展栏中设置"卷发根"为60，"卷发稍"为10，这时可看到头发被拉直的效果，如图7-2-13所示。

图 7-2-12 设置"材质参数"

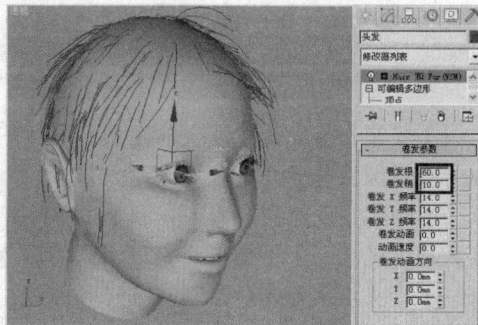

图 7-2-13 设置"卷发参数"

（7）增加发根密度。在"多股参数"卷展栏中设置"数量"为6，"根展开"为0.6，"随机"为10，这时可看到头发变浓密了，如图7-2-14所示。

（8）按【F9】键快速渲染场景，制作效果如图7-2-15所示。看到有些头发从耳朵中出来了，下面将做进一步处理。

图7-2-14 设置"多股参数"

图7-2-15 渲染效果

（9）选择"设计"选项组中"剪头发"工具，对耳朵、鬓部头发修剪，如图7-2-16所示。

（10）对场景进行渲染，最终渲染效果如图7-2-17所示。保存场景文件。

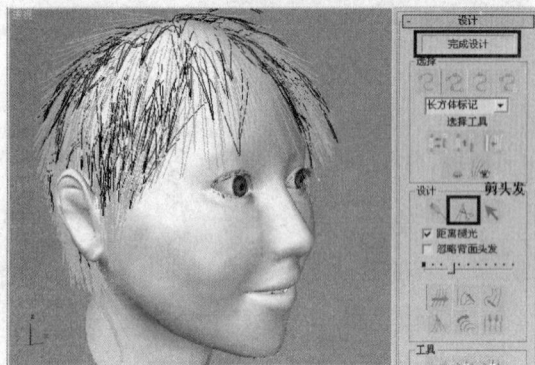

图7-2-16 修剪头发

图7-2-17 短发渲染效果

3. 长发制作

> 提示：
> ① 分离出几块头发生长区域；② 绘制头发导向样条曲线；③ 从样条重梳头发；④ 设置头发参数。

（1）要制作长发等较复杂的发型，利用 Hair and Fur 组件并不能直接达到预想的效果，但可以将头发区域分成几个区块来制作。

（2）删除头发对象的"Hair 和 Fur（WSM）"修改器。根据要制作的发型特点，把头发对象分离为几个区域，为了便于观察以不同的颜色表示出来，如图7-2-18所示。

（3）沿头皮从前向后绘制一条样条曲线，对曲线进行调整，如图7-2-19所示。

（4）采用同样方法，绘制出其他几条曲线，调整曲线位置，如图7-2-20所示。选择一条曲线，单击"修改"面板"几何体"卷展栏下的"附加"按钮，将曲线全部附加到一起。

（5）选择图 7-2-18 中 2 号区域多边形对象，添加"Hair 和 Fur（WSM）"修改器，单击"工具"卷展栏下的"从样条线重梳"按钮，然后在视图中选择上面建立的样条线，这时会发现头发沿着样条线方向梳理变长了，如图 7-2-21 所示。

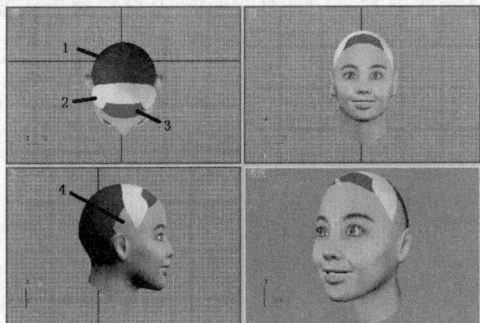

图 7-2-18　头发区域分块效果

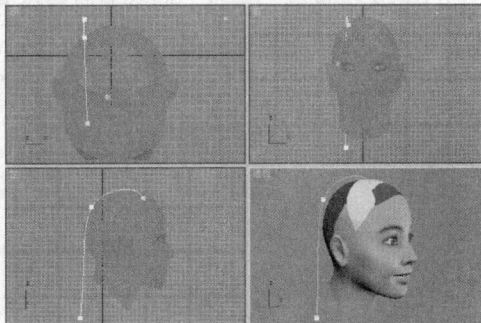

图 7-2-19　绘制样条曲线建立头发导向

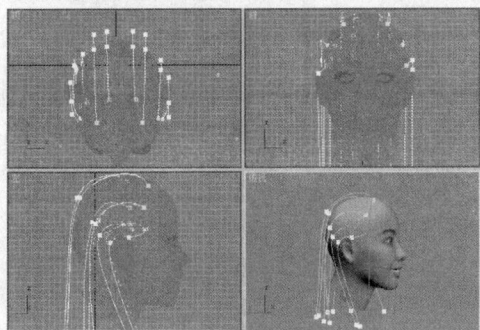

图 7-2-20　绘制其他的样条曲线

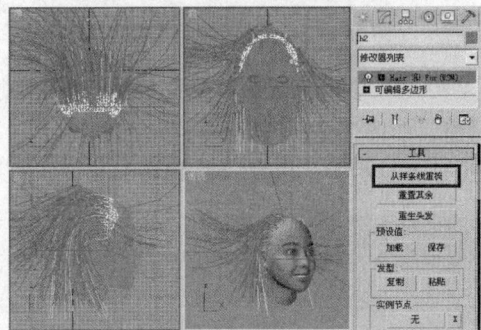

图 7-2-21　从样条线重梳头发

（6）下面修改参数以使头发下垂。在"常规参数"卷展栏中设置"头发数量"为 5 000，"头发段"为 35，"头发过程数"为 5；"材质参数"卷展栏颜色可根据喜好自己设定；"卷发参数"中"卷发根"和"卷发梢"均为 0，如图 7-2-22 所示。

（7）单击"设计"卷展栏下"发型设计"按钮，使用"设计"选项组中的"发梳"工具对头发稍做梳理，效果如图 7-2-23 所示。梳理过程中可使用"设计"卷展栏中"拆分选定头发组"工具，分离出单独控制的头发并梳理。

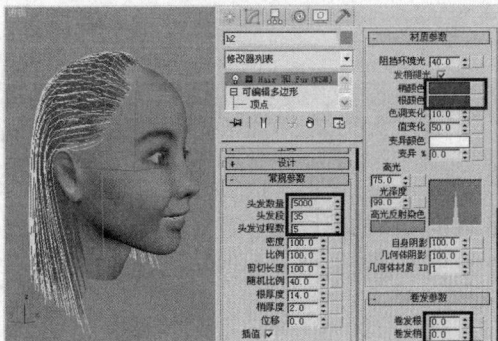

图 7-2-22　设置头发参数

图 7-2-23　梳理后效果

（8）选择图 7-2-18 中 3 号区域多边形对象，添加"Hair 和 Fur（WSM）"修改器，单击"设计"卷展栏下的"发型设计"按钮，使用"设计"选项组中"重梳"工具对头发自动梳理，效果如图 7-2-24 所示。

（9）单击"比例"按钮，调节上面滑块的位置改变发梳大小。按住鼠标向上移动增加头发长度，再对头发稍做梳理，如图 7-2-25 所示。

图 7-2-24　制作额头头发

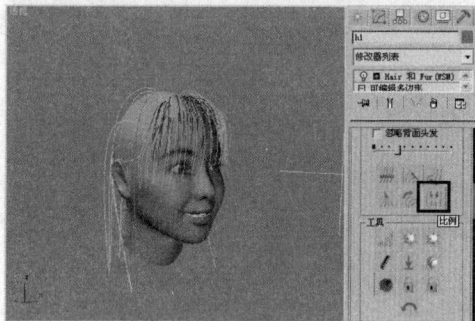

图 7-2-25　增长头发

（10）同理选择 4 号区域多边形对象，添加"Hair 和 Fur（WSM）"修改器，对头发适当梳理调整，如图 7-2-26 所示。

（11）显示所有头发，最终制作效果如图 7-2-27 所示。

图 7-2-26　制作并梳理鬓部头发

图 7-2-27　头发最终梳理效果

（12）对场景进行渲染，效果如图 7-2-28 所示。

4. 眼睫毛制作

> **提示：**
> ① 绘制睫毛曲线；② 使用间隔工具生成上侧睫毛；③ 添加"Hair 和 Fur（WSM）"修改器并设置头发数量参数。

（1）下面利用"Hair 和 Fur（WSM）"修改器来制作人物的眼睫毛。首先隐藏上面导入的睫毛模型，在前视图中沿眼睛上边缘绘制样条曲线，对顶点进行调节，如图 7-2-29 所示。

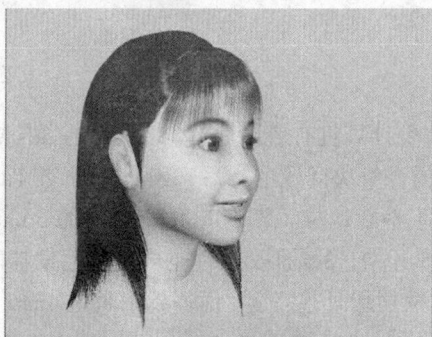

图 7-2-28 最终渲染效果

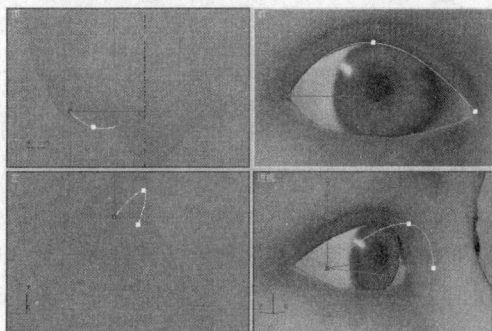

图 7-2-29 绘制样条线

（2）按图 7-2-30 所示绘制睫毛曲线。执行"工具"|"对齐"|"间隔工具"命令，在打开的对话框中单击"拾取路径"按钮，选取上步绘制的样条曲线，适当设置"计数"数值，然后单击"应用"按钮。

（3）选择一根眼睫毛，在"修改"面板的"几何体"卷展栏下单击"附加多个"按钮，将用"间隔工具"产生的线条附加到一起。然后调节线条顶点，以符合睫毛的生长规律，如图 7-2-31 所示。

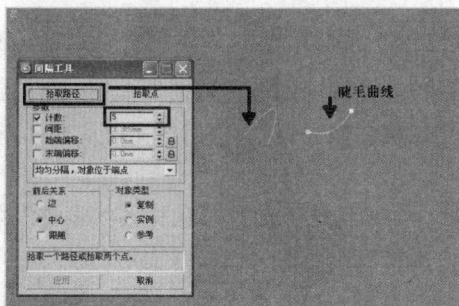

图 7-2-30 绘制睫毛曲线

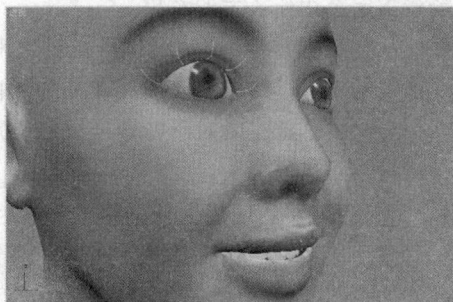

图 7-2-31 上部睫毛制作效果

（4）采用同样方法制作出眼部其他睫毛曲线，添加"Hair 和 Fur（WSM）"修改器，更改毛发颜色为黑色，适当设置"头发数量"参数，效果如图 7-2-32 所示。

（5）按【F9】键快速渲染场景，效果如图 7-2-33 所示。

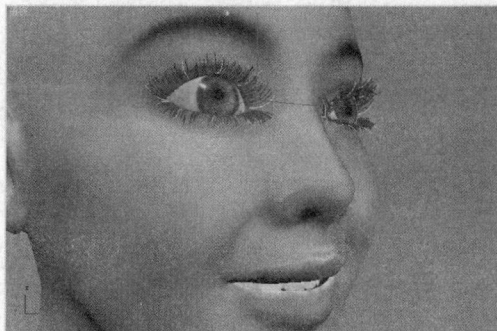

图 7-2-32 眼睫毛制作效果

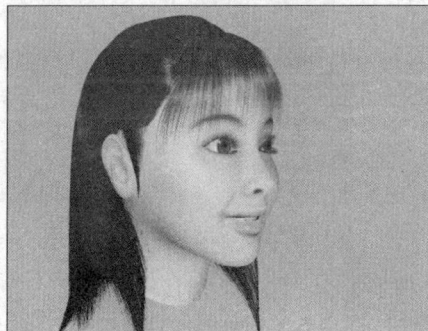

图 7-2-33 渲染效果

相关知识

1. 毛发组件介绍

头发和动物毛发的制作是三维动画制作的难点，需要计算机有较高配置。以前所有 3ds Max 用户在面对毛发难题时，绝大多数是靠 shag hair 这个插件解决问题的，后来 shag hair 被 Turbo Squid 公司收购更新为 hair FX，并不断升级，一直处于垄断地位。直到 Ephere 公司的 ornatrix 毛发插件出现，这个垄断地位才被打断。自 3ds Max 7.5 开始，3ds Max 软件也内置了毛发功能，呈现出了三足鼎立的局面，但是伴随着 3ds Max 内置毛发功能日趋完善，优势越来越大。hair FX 和 ornatrix 合并，直接促成了 Hairtrix 软件的出现，三足鼎立之势被打破。"Hair 和 Fur（WSM）"（毛发编辑器）是 3ds Max 内置的毛发修改器，它能方便地完成各类毛发的编辑、制作。

2. Hair 和 Fur（WSM）

"Hair 和 Fur（WSM）"修改器可应用于要生长毛发的任意对象，应用对象既可为网格对象也可为样条线对象。如果对象是网格，则头发将从整个曲面生长出来，除非选择了子对象。如果对象是样条线，头发将在样条线之间生长。

（1）"工具"卷展栏：提供了完成各种任务所需的工具，包括从现有的样条线对象创建发型，重置头发以及为修改器和特定发型加载并保存一般预设，如图 7-2-34 所示。这里，还可以从当前场景指定要用作头发的对象。

- "从样条线重梳"：使用样条线对象来设计毛发样式。单击此按钮，然后选择构成样条曲线的对象。Hair 将该曲线转换为导向，并将最近的曲线副本植入到选定生长网格的每个导向中。此工具对于特定样式和长度尤为实用（例如侧分短发），用户无需从 Style 对话框中手工修饰头发。
- "重置其余"：使用生长网格的连接性执行毛发导向平均化。使用"从样条线重梳"之后该功能特别有用。此外，在生长对象中更改多边形大小比率时也非常实用。
- "加载"：打开"Hair 和 Far 预设值"对话框，要加载预设值，可双击其样本。3ds Max 中包含了若干样品预设值，如图 7-2-35 所示。

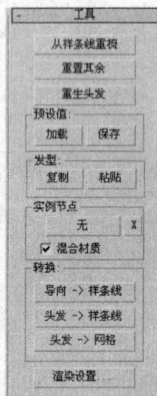

图 7-2-34 "工具"卷展栏

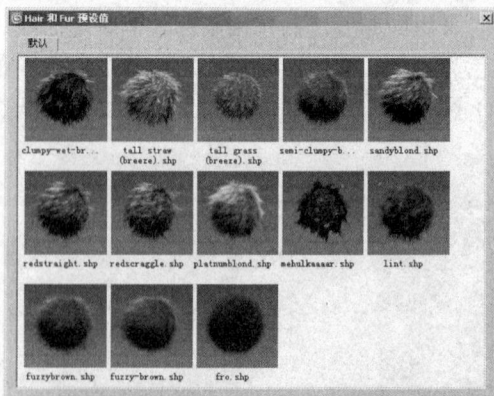

图 7-2-35 "头发和毛发预设"对话框

- "保存"：创建新的预设值。系统将提示输入预设值的名称。在渲染期间，用户可以单击状态栏上的"取消"按钮，中止预设值的创建。如果输入了现有的预设值名称，头发会询问用户是否覆盖该预设值。

- "复制"：将所有毛发设置和样式信息复制到粘贴缓冲区。
- "粘贴"：将所有毛发设置和样式信息粘贴到当前的头发和毛发修改器修改的对象。
- "实例节点"选项组：用于指定对象，用做定制毛发的几何体。
- "无"：要指定毛发对象，可单击"无"按钮，然后选择要使用的对象。
- X：要停止使用实例节点，可单击"清除实例"按钮（标记为 X）。
- "导向 –> 样条线"：将所有导向复制为新的单一样条线对象。初始导向并未更改。
- "头发 –> 样条线"：将所有毛发复制为新的单一样条线对象。初始毛发并未更改。
- "头发 –> 网格"：将所有毛发复制为新的单一网格对象。初始毛发并未更改。
- "渲染设置"：打开"效果"面板和卷展栏并向场景添加头发和毛发渲染效果（如果尚未存在）。

（2）"设计"卷展栏：该卷展栏提供了设计发型的各个按钮，如图 7-2-36 所示。用户可以选择"Hair 和 Fur（WSM）"修改器的"导向"子对象层级，在视口中交互地设计发型，也可以单击"设计发型"按钮开始发型设计。

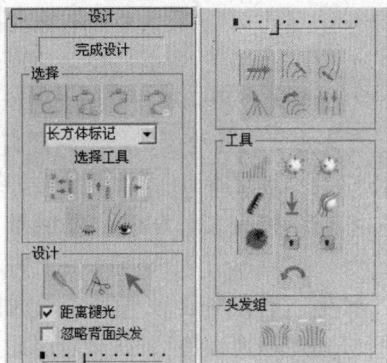

图 7-2-36　"设计"卷展栏

- "设计发型/完成设计"：单击"设计发型"按钮开始设计发型。单击"完成设计"禁用设计模式。
- "由头梢选择头发"：可以只选择位于每根导向毛发末端的顶点。
- "选择全部顶点"：该项为默认设置。选择导向头发中的任意顶点时，会选择该导向头发中的所有顶点。初次打开"设计发型"时，Hair 将激活此模式并选择所有导向毛发上的全部顶点。
- "选择导向顶点"：可以选择导向毛发上的任意顶点。
- "由根选择导向"：选择每根导向毛发根部的顶点。单击该按钮，将选择相应导向毛发上的所有顶点。
- "长方体标记"：默认设置，选定顶点显示为小正方形。
- "反选"：反转顶点选择，快捷键为【Ctrl+I】组合键。
- "轮流选"：旋转空间中的选择对象。
- "展开选择"：通过递增扩大区域扩展开选择内容。
- "隐藏选定对象"：隐藏所选的导向毛发。如果视口中交互式发型设置速度很慢，可隐藏那些当前不使用的导向。
- "显示隐藏对象"：显示所有隐藏的导向头发。
- "发梳"：在这种设计模式下，拖动鼠标会影响画刷区域中的选定顶点。启用"发梳"时，画刷 gizmo 会显示在视口中。在活动视口中，画刷显示为圆形。值得注意的是，只有启用"发梳"时，"画刷大小滑块"下方的设计按钮才可用。
- "头发修剪"：用于修剪导向毛发。修剪头发实际上并未去除顶点，只是缩放导向毛发。使用缩放或弹出命令之一，可以将导向头发恢复至原始长度。

- "选择"：进入"选择"模式。在该模式下，用户可根据"选择"选项组中选择的约束选择导向顶点。
- "距离褪光"：只适用于"发梳"。启用此选项时，刷动效果朝着画刷的边缘褪光，以提供柔和的效果。禁用此项时，刷动效果会以同样方式影响选定的所有顶点，以提供边缘清晰的效果。默认设置为启用。
- "画刷大小滑块"：通过拖动此滑块更改画刷的大小。
- "平移"：按照拖动鼠标的方向移动所选顶点。
- "站立"：将所选导向垂直于表面的方向推。
- "蓬松发根"：将所选导向头发向垂直于表面的方向推。此工具作用的偏离处更加靠近毛发的根部而非末端点。
- "丛"：强制所选导向更加靠近（向左拖动鼠标）或更加分散（向右拖动鼠标）。
- "旋转"：围绕光标位置旋转导向毛发顶点（位于画刷中心）。
- "比例"：放大（向右拖动鼠标）或缩小（向左拖动鼠标）所选的导向。
- "衰减"：根据底层多边形的曲面面积来缩放选定的导向。这一工具比较实用，例如将毛发应用到动物模型上时，毛发较短的区域多边形通常也较小。例如，动物爪子上的多边形通常小于胸部，因此胸部的毛发往往更长。
- "选定弹出"：沿着曲面法线方向弹出选定头发。
- "弹出大小为零"：功能与"选定弹出"相同，但是只能对长度为零的头发操作。
- "重梳"：令导向平行于曲面，使用导向的当前方向作为线索。
- "重置剩余"：使用生长网格的连接性执行毛发导向平均化。
- "切换碰撞"：如果启用此选项，设计发型时需要考虑头发碰撞。如果禁用此选项，设计发型时会忽略碰撞。默认设置为禁用状态。
- "切换 Hair"：切换生成（插补）的头发的视口显示。这不会影响头发导向的显示。默认值为启用（即显示头发）。
- "锁定"：将选定顶点就其相对于最近曲面的距离和方向锁定。锁定的顶点可以选择但不能移动。
- "解除锁定"：解除锁定的所有导向头发的锁定。
- "撤销"：反转最新的操作。
- "拆分选定头发组"：将选定导向分组。例如，对于创建组成部分或额前的刘海时非常有用。
- "合并选定头发组"：重新组合选定导向。

（3）"常规参数"卷展栏：该卷展栏允许用户在根部和梢部设置头发数量、密度、长度、厚度以及其他各种综合参数，如图 7-2-37 所示。

- "头发数量"：由 Hair 生成的头发总数。默认值为 15 000。范围为 0 ~ 10 000 000（1 千万）。
- "头发段"：每根毛发的段数。范围为 1 ~ 150。该功能等同于样条线段数，段数越多，卷发就越自然，如图 7-2-38 所示。对于非常直的直发，可将头发段数设为 1。
- "头发过程数"：设置透明度。默认值为 1，范围为 1 ~ 20，如图 7-2-39 所示。
- "密度"：该数值设定整体头发密度，即充当头发数量值的一个百分比乘数因子。默认设置为 100，范围为 0 ~ 100。此属性也可由微调器右侧的贴图按钮贴图，可使用贴图添加纹理贴图来控制头发数量，如图 7-2-40 所示。

图 7-2-37　"常规参数"卷展栏

图 7-2-38　左：头发段数=5　右：头发段数=60

图 7-2-39　头发过程数：上=1 下=4

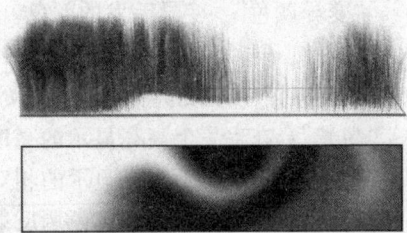

图 7-2-40　上：密度=100+贴图　下：密度贴图

- "比例"：设置头发的整体缩放比例。默认设置为 100，范围为 0 ~ 100。
- "剪切长度"：该数值将整体头发长度设置为比例值的百分比乘数因子。默认设置为 100，范围为 0 ~ 100。
- "随机比例"：将随机比例引入到渲染的头发中。默认为 40，范围为 0 ~ 100。
- "根厚度"：控制发根的厚度。对于实例化的毛发，该值将整体厚度控制为原始对象尺寸在对象控件的 X 和 Y 轴的乘数因子。
- "梢厚度"：控制发梢的厚度。
- "位移"：头发从根到生长对象曲面的位移。默认设置是 0。范围为 -999 999 ~ 999 999。
- "插值"：启用之后，头发生长是插入到导向头发之间，且曲面将根据"常规参数"设置完全植入头发。禁用之后，Hair 只在生长对象的每个三角面上生成一根头发，受"头发数量"设置的限制。默认设置为启用。

（4）"材质参数"卷展栏：该卷展栏中的参数适用于由 Hair 生成的缓冲渲染毛发。如果是几何体渲染的毛发，则毛发颜色派生自生长对象。如果是采用 mr prim 渲染的毛发，所有参数均适用，但是"自身阴影"和"几何体"除外。对于实例化毛发，Hair 使用实例化对象中的材质，如图 7-2-41 所示。

- "阻挡环境光"：控制照明模型的环境/散射影响偏差，范围为 0 ~ 100。值为 100 时，使用平面照明渲染头发。值为 0 时，只由场景光源照明。图 7-2-42 所示为阻挡环境光分别为 0 和 100 的效果。
- "发梢褪光"：只适用于 mr prim 渲染（使用 mental ray 渲染器）。启用此选项时，毛发朝向梢部淡出到透明。禁用此选项时，毛发的整个长度具有相同的不透明度。
- "色调变化"：令毛发颜色变化的量。默认值可以产生看起来比较自然的毛发。
- "值变化"：令毛发亮度变化的量。默认值可以产生看起来比较自然的毛发。

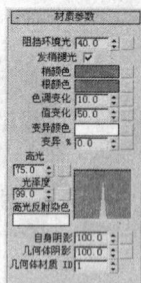

图 7-2-41 "材质参数"卷展栏

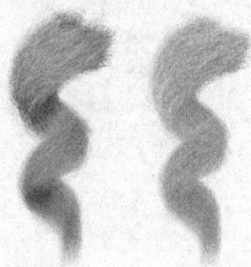

图 7-2-42 阻挡环境 左：0 右：100

- "变异颜色"：变异毛发的颜色。变异毛发基于变异百分比的值随机选择，然后接受此颜色。
- "变异%"：接受变异颜色的毛发的百分比（如上所述）。
- "高光"：在毛发上高亮显示的亮度，如图 7-2-43 所示。
- "光泽度"：毛发上高亮显示的相对大小。较小的高亮显示产生看起来比较光滑的毛发。
- "高光反射染色"：此颜色色调反射高光。单击色样，使用"颜色选择器"。默认设置为白色。
- "自身阴影"：控制自身阴影的多少，值为 0 时将禁用自身阴影，值为 100 时产生的自身阴影最大。
- "几何体阴影"：毛发从场景中的几何体所接受到的阴影效果的多少。
- "几何体材质 ID"：指定给几何体渲染的毛发的材质 ID。默认值为 1。

（5）"卷发参数"卷展栏：设置头发卷发位移各项参数，如图 7-2-44 所示。位移的大小是通过卷发根和卷发梢参数控制的。如果将动态模式设置为"现场"，则视口会实时显示更改这些设置的效果。图 7-2-45 显示了不同参数设置的卷发效果。

图 7-2-43 反射、光泽度
左：0、0 中：100、75 右：100、0.1

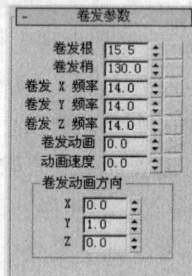

图 7-2-44 "卷发参数"卷展栏

- "卷发根"：控制头发在其根部的位移。默认为 15.5，范围为 0.0 ~ 360.0。
- "卷发梢"：控制毛发在其梢部的位移。默认为 130.0，范围为 0.0 ~ 360.0。
- "卷发 X/Y/Z 频率"：控制三个轴中每个轴上的卷发频率效果。
- "卷发动画"：设置波浪运动的幅度。默认设置是 0.0，范围为 -999.0 ~ 9 999.0。
- "动画速度"：确定动画噪点域的每帧偏移速度。
- "卷发动画方 X/Y/Z"：设置卷发动画的方向向量。

图 7-2-45 不同参数卷发效果

① 卷发根/梢=0.0
② 卷发根=50.0,卷发 X/Y/Z 频率=14.0
③ 卷发根=150.0,卷发 X/Y/Z 频率=60.0
④ 卷发梢=30.0,卷发 X/Y/Z 频率=14.0
⑤ 卷发根=50.0,卷发梢=100.0,卷发 X/Y/Z 频率=60.0。

（6）"多股参数"卷展栏：多股数量控制创建用于附加毛发绺的毛发数量，如图 7-2-46 所示。图 7-2-47 显示了不同参数设置的毛发效果。

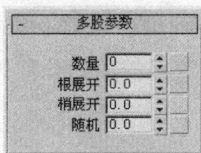

图 7-2-46 "多股参数"卷展栏

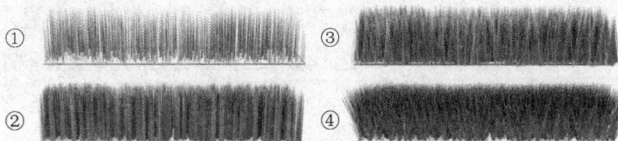

图 7-2-47 多股参数效果

① 多股数量=0, 头发数量=500
② 多股数量=10, 根展开=0.1, 梢展开=0.1, 头发数量=500
③ 多股数量=10, 根展开=0.4, 梢展开=0.1, 头发数量=500
④ 多股数量=10, 根展开=0.0, 梢展开=1.0, 头发数量=500

- "数量"：每个聚集块的头发数量。
- "根展开"：为根部聚集块中的每根毛发提供随机补偿。
- "梢展开"：为梢部聚集块中的每根毛发提供随机补偿。
- "随机"：随机处理聚集块中的每根毛发的长度。

（7）"纽结参数"卷展栏：纽结效果类似于卷发，如图 7-2-48 所示。图 7-2-49 显示了不同参数设置的毛发效果。

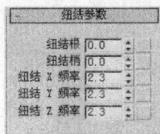

图 7-2-48 "纽结参数"卷展栏

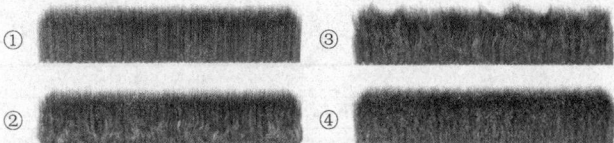

图 7-2-49 纽结参数效果

① 所有设置=0.0（无纽结）
② 纽结根=0.5（其余=0.0）
③ 纽结梢=10.0, 纽结根=0.0, 纽结 X/Y/Z 频率=4.0
④ 纽结梢=10.0, 纽结根=0.0, 纽结 X/Y/Z 频率=50.0

- "纽结根"：控制毛发在其根部的纽结位移量。默认设置是 0.0，范围为 0.0 ~ 100.0。
- "纽结梢"：控制毛发在其梢部的纽结位移量。默认设置是 0.0，范围为 0.0 ~ 100.0。
- "纽结 X/Y/Z 频率"：控制三个轴中每个轴上的纽结频率效果。默认设置是 0.0。

（8）"显示"卷展栏：这些设置可用于控制头发和导向在视口中的显示方式。默认情况下，

Hair 将一小部分的头发显示为线条。或者，也可以将头发显示为几何体，还可以选择显示导向，如图 7-2-50 所示。

① "显示导向"选项组：

- "显示导向"：选择该复选框后，Hair 将在视口中使用颜色样本中所示的颜色显示导向。
- "导向颜色"：单击以显示"颜色选择器"，并更改显示导向所采用的颜色。

② "显示头发"选项组：

- "显示头发"：单击选择该复选框后，Hair 将在视口中显示头发。
- "覆盖"：不选择该复选框时，3ds Max 使用与其渲染颜色近似的颜色显示头发。择该复选框后，则使用色样中所示颜色显示头发。
- "百分比"：在视口中显示的全部头发的百分比。降低此值将改善视口中的实时性能。
- "最大头发数"：忽略百分比的值，在视口中显示的最大头发数。
- "作为几何体"：选择该复选框后，将头发在视口中显示为要渲染的实际几何体，而不是默认的线条。

图 7-2-50 "显示"卷展栏

技能训练

下面以卡通小狗（模型在素材文件中提供）为例进行练习，制作效果如图 7-2-51 所示。

要求：

（1）用"Hair 和 Fur（WSM）"修改器制作小狗身上的毛发。

（2）使用梳理工具按生长方向梳理毛发。

（3）根据不同部位特征修剪毛发长度。

（4）适当设置灯光，制作有光泽感的毛发。

学习评价

任务评价表如表 7-2-1 所示。

图 7-2-51 小狗毛发制作效果

表 7-2-1 任务评价表

类 别	内 容		评 价		
	学 习 目 标	评 价 项 目	3	2	1
职业能力	制作毛发	掌握毛发制作的一般方法			
		能使用梳理等工具修剪毛发			
		能正确设置毛发各项参数			
通用能力		造型能力			
		审美能力			
		组织能力			
		解决问题的能力			
		自主学习的能力			
		创新能力			
综 合 评 价					

📖 **思考与练习**

（1）有哪几种方法可以制作毛发？

（2）如何控制毛发生长区域？

（3）在制作长发时为什么要分区块生成头发？

项目实训 男性毛发设计

一、项目背景

学习了人物头发的制作，对"Hair 和 Fur（WSM）"修改器有了一定的了解。下面就发挥一下自己的想象力，为这位男士设计一款时尚、新潮的发型！

图 7-实训-1 所示为有头发和胡子的人物效果。

图 7-实训-1 实训效果图

二、项目要求

（1）能正确合并人物各部位模型。

（2）能灵活运用"Hair 和 Fur（WSM）"修改器完成头发、胡子的制作。

（3）能正确设计人物的皮肤材质。

（4）增强造型审美与创造能力。

三、项目提示

（1）打开素材文件中提供的模型文件（boy.max）。

（2）合并前面 FaceGen Modeller 导出人头中的眼睛、牙齿等模型。

（3）为眼睛、牙齿正确设置贴图。

（4）使用 V-Ray 快速 SSS2 制作人物皮肤材质。

（5）选择分离出头皮、下巴等要生长毛发的部位。

（6）添加"Hair 和 Fur（WSM）"修改器。

（7）对头发和胡子进行梳理和参数设置。

（8）添加环境灯光并渲染。

四、项目评价

项目实训评价表如表 7-实训-1 所示。

表 7-实训-1　项目实训评价表

类　别	内　容		评　价		
	学 习 目 标	评 价 项 目	3	2	1
职业能力	人物模型制作	能使用 Facegen Modeller 制作人物头部模型			
		能导出、导入人物模型			
		能正确分离出生长毛发区域			
	正确设置贴图	能正确设置眼睛贴图			
		能正确设置牙齿贴图			
		能使用 V-Ray 快速 SSS2 材质			
	制作毛发	掌握毛发制作的一般方法			
		能使用梳理等工具修剪毛发			
		能正确设置毛发各项参数			
通用能力	造型能力				
	审美能力				
	组织能力				
	相互合作的能力				
	解决问题的能力				
	自主学习的能力				
	创新能力				
综 合 评 价					

项目八

制作五彩烟花

　　节日的夜晚，各地方都有燃放烟花的习俗，天空中那些绽放的五彩艳丽的焰火让人们流连忘返，充分感受到节日的气氛。PF 粒子是 3ds Max 中功能强大的粒子系统，通过 PF（Particle Flow）粒子可以轻松制作出节日烟花、下雨、物体飞散等各种影视特效动画。

　　本项目通过两个任务来完成节日烟花动画效果的制作。在任务一中创建 PF 粒子，并通过粒子视图完成烟花粒子的发射、爆炸效果的制作；在任务二中完成烟花粒子材质的制作、设置，并通过 Video Post 为烟花粒子添加镜头效果高光、镜头效果光晕、星空等特效，使烟花效果更加生动、逼真。

学习目标

- ☑ 能正确创建与设置 PF 粒子
- ☑ 灵活运用粒子视图完成烟花爆炸效果
- ☑ 正确制作与设置粒子材质
- ☑ 灵活使用 Video Post 完成后期特效制作
- ☑ 相关特效动画自主学习制作

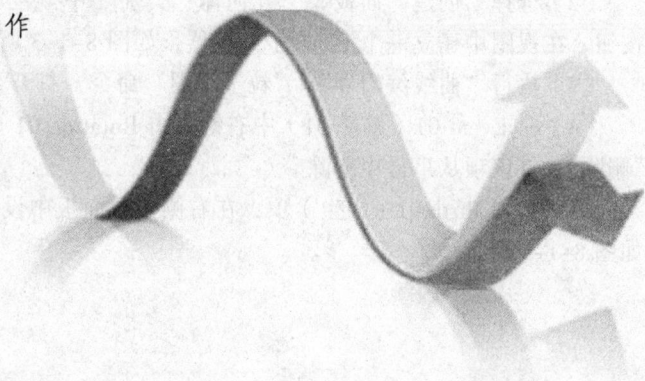

任务一　制作烟花——PF 粒子的使用

任务描述

粒子流（Particle Flow，PF）系统是 3ds Max 的一种新型、功能强大的事件驱动型粒子系统，用于创建各种复杂的粒子动画。粒子流源（PF Source）是每个流的视口图标，同时作为默认的发射器。下面将使用 PF 粒子系统制作烟花拖尾升空与炸开的过程。为了体现真实的烟花效果，在烟花爆炸时加入了声音。场景渲染效果如图 8-1-1 所示。

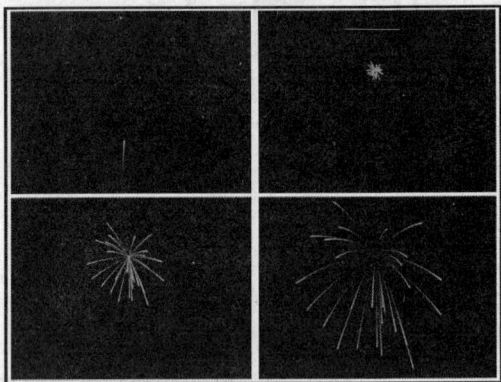

图 8-1-1　任务一效果图

任务分析

在场景中创建一个 PF 粒子流源作为烟花粒子的发射器；进入粒子视图，对粒子的生成方式、发射速度、繁殖属性、年龄测试等参数进行设置与调节，完成烟花升空、爆炸效果的制作；为使烟花更具真实感，这里为烟花添加了重力系统；通过曲线编辑器，为场景加入烟花爆炸的声音效果。

方法与步骤

1. 创建 PF 粒子

> 提示：
> ① 设置动画时间；② 创建 PF Source，进入粒子视图；③ 修改出生、速度、形状等参数。

（1）单击动画控制区中"时间配置"按钮 ，打开"时间配置"对话框，设置"结束时间"为 350，制作 350 帧的动画，如图 8-1-2 所示。

（2）选择"创建"面板 "几何体"类别 中"粒子系统"，单击 PF Source（粒子流源）按钮，在视图中建立一个 PF 粒子发射器，如图 8-1-3 所示。

（3）执行"曲线编辑器"|"粒子视图"命令，打开"粒子视图"窗口，如图 8-1-4 所示。

（4）在 Event 01（事件 01）中右键单击 Rotation 01（旋转）项，在弹出的快捷菜单中选择"删除"，将该项从事件中删除。

（5）选择 Birth 01（出生）项，在右侧参数面板中设置"发射停止"为 320，"数量"为 8，如图 8-1-5 所示。

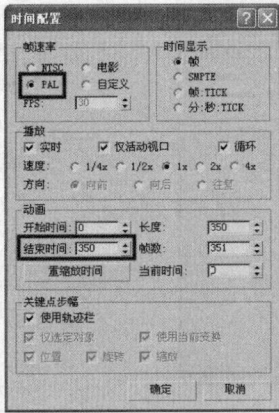

图 8-1-2　"时间配置"对话框

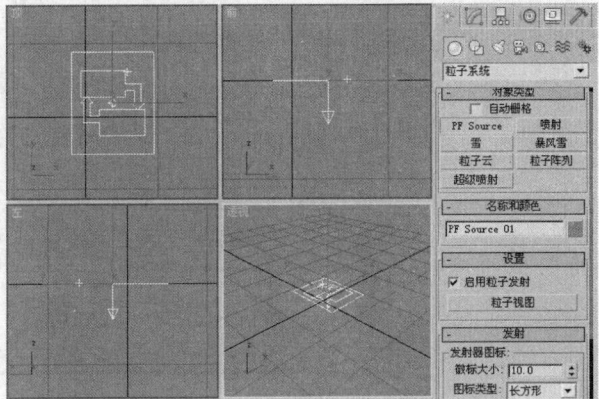

图 8-1-3　创建 PF 粒子

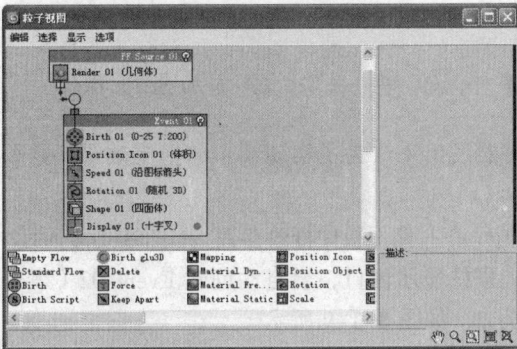

图 8-1-4　"粒子视图"窗口

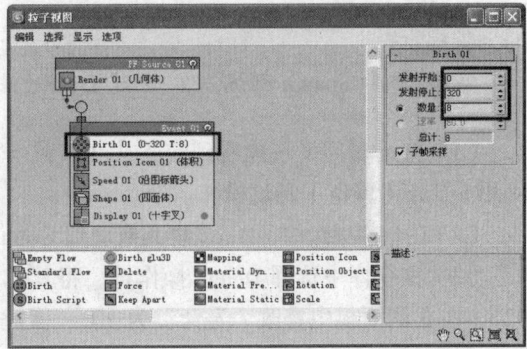

图 8-1-5　设置粒子"出生"参数

（6）选择 Speed 01（速度）选项，在右侧参数面板中设置"速度"为 120，"变化"为 15，"散度"为 5，选择"反转"复选框，如图 8-1-6 所示。

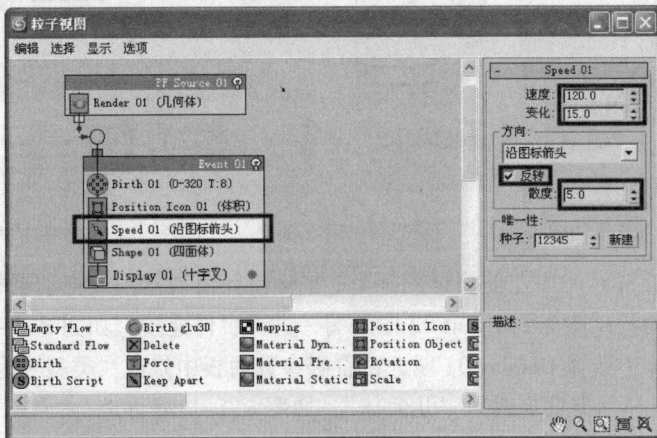

图 8-1-6　设置"速度"参数

（7）选择 Shape 01（形状）项，在右侧参数面板中设置"大小"为 1，如图 8-1-7 所示。

图 8-1-7　设置粒子形状

2. 制作粒子拖尾效果

> **提示：**
> ① 添加 Spawn 测试；② 创建 Delete 操作事件；③ 事件关联；④ 添加 Scale 操作。

（1）拖动时间滑块能看到粒子从 PF 粒子发射器发出来，为了实现粒子的拖尾效果，需要使用 Spawn（繁殖）测试操作。

（2）在仓库中选中 Spawn，将其拖动到 Event 01 中，在右侧面板中修改参数，如图 8-1-8 所示。

（3）在仓库中选择 Delete 操作符，将其拖动到事件显示窗口，会自动创建 Event 02（事件 02），在右侧面板中修改"寿命"为 10，"变化"为 2，如图 8-1-9 所示。

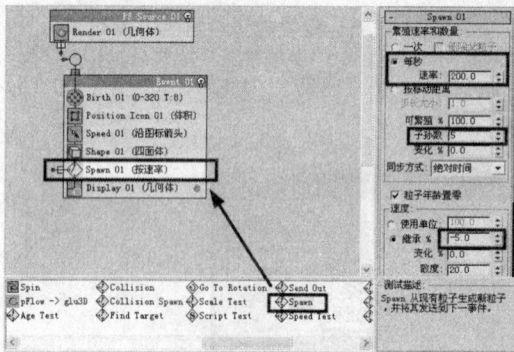

图 8-1-8　添加 Spawn 测试

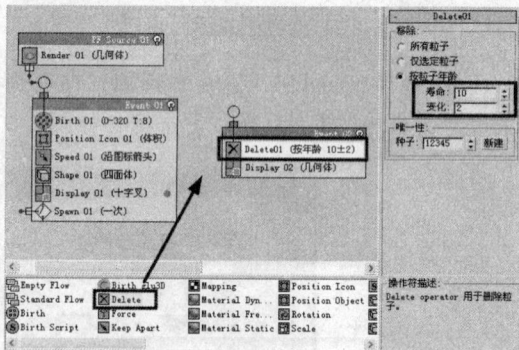

图 8-1-9　添加 Delete 操作

（4）将鼠标放在 Spawn 01 左侧测试图标上，鼠标指针出现↔时，拖动鼠标可以将测试图标移动到右侧。再拖动测试图标到 Event 02 输入端，进行事件连接，如图 8-1-10 所示。

（5）在 Event 01 中选择 Display 01 项，在右侧参数面板中修改"类型"为"几何体"。同样方法，将 Display 02 显示类型更改为"几何体"，如图 8-1-11 所示。

（6）拖动时间滑块，可以看到粒子从 PF 粒子流源中发射出来，并产生拖尾效果，如图 8-1-12 所示。

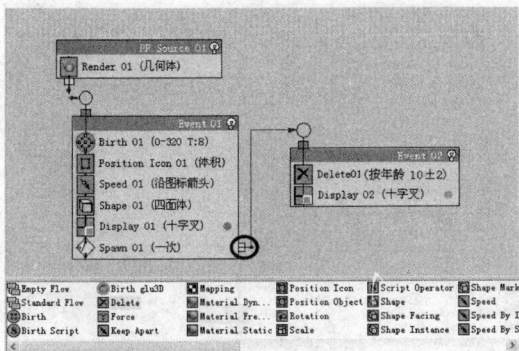

图 8-1-10　连接 Event 02

图 8-1-11　设置显示类型

（7）在仓库中选择 Scale 操作符，将其拖动到 Event 02 中，修改右侧面板中参数，如图 8-1-13 所示。给粒子添加缩放操作，使拖尾粒子产生缩放变化。

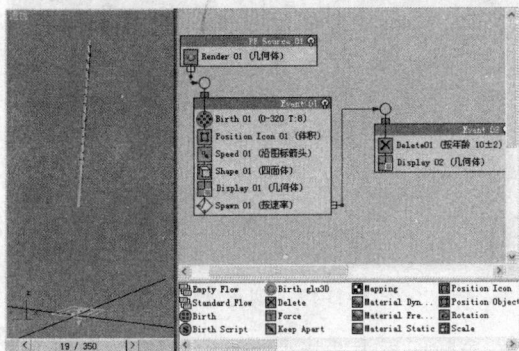

图 8-1-12　粒子拖尾效果

图 8-1-13　缩放粒子

3. 烟花爆炸设置

提示：
① 添加 Age Test 与 Spawn 测试；② 添加 Speed 02 产生爆炸效果；③ 添加 spawn 03 制作爆炸拖尾；④ 添加 Delete 03 删除爆炸粒子；⑤ 添加 Force 01 使粒子受到重力作用。

（1）在仓库中选择 Age Test（年龄测试），将其拖动到 Event 01 中，给粒子添加年龄测试操作。设置右侧面板中"测试值"为 20 左右，如图 8-1-14 所示。

（2）在仓库中选择 Spawn，将其拖动到事件显示窗口空白处，会自动创建 Event 03，在右侧面板中对参数进行修改，勾选"删除父粒子"，设置"子孙数"为 25，如图 8-1-15 所示。

（3）要产生烟花爆炸的效果，需要在繁殖后添加速度操作。右侧参数面板中修改"方向"为"随机 3D"，速度为 100，也可自行设定，如图 8-1-16 所示。

（4）拖动时间滑块，可以看到发射出的烟花粒子在 20 帧左右产生了爆炸效果，如图 8-1-17 所示。

图 8-1-14　添加"年龄测试"

图 8-1-15　添加繁殖操作

图 8-1-16　设置速度参数

图 8-1-17　烟花爆炸效果

（5）在 Speed 02 下面再添加一个 Spawn 测试，在参数面板中选择"每秒"复选框，设置"速率"为 200，"子孙数"为 5，"同步方式"选择"事件期间"，"继承%"为-5.0，如图 8-1-18 所示。

（6）右击 Event 02，在弹出的快捷菜单中执行"复制"命令。在窗口空白处右击，执行"粘贴"命令。对 Event 02 进行复制，作为 Spawn 03 的测试输出，如图 8-1-19 所示。

图 8-1-18　设置 Spawn 03 参数

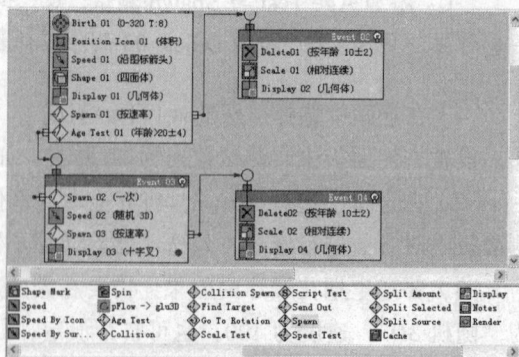

图 8-1-19　复制 Event 02

（7）为使爆炸粒子不一直停留在场景中，需要再添加一个 Delete 操作。在右侧参数面板中选择"按粒子年龄"单选按钮，"寿命"为 15 左右，如图 8-1-20 所示。

（8）拖动时间滑块，可以看到烟花粒子升空并产生爆炸拖尾的效果，如图 8-1-21 所示。从图中可以看到，烟花效果不太理想，这里可以添加一个重力。

图 8-1-20　添加删除操作

图 8-1-21　烟花爆炸效果

（9）选择"创建"面板 "空间扭曲"类别 ，单击"重力"按钮，在视图中创建重力，如图 8-1-22 所示。

（10）在 Event 03 中添加一个 Force（力）操作，在右侧参数面板中单击"按列表"按钮，弹出"选择力空间扭曲"对话框，选择上面创建的重力对象 Gravity01，单击"选择"按钮。设置"影响%"为 100，如图 8-1-23 所示。

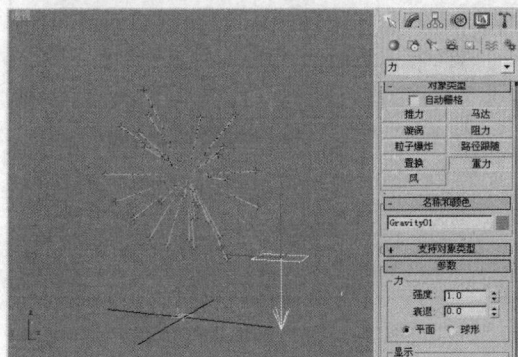

图 8-1-22　创建重力

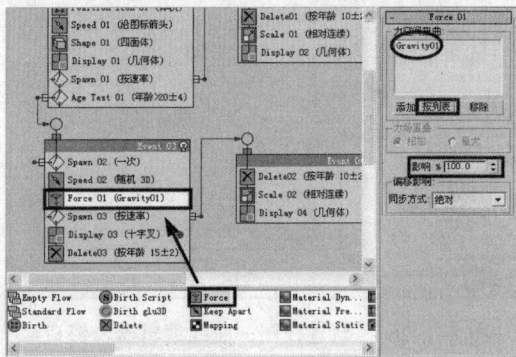

图 8-1-23　添加力操作

（11）再次观察添加重力后的爆炸效果，如图 8-1-24 所示。

（12）粒子视图的整体操作结构如图 8-1-25 所示。

4. 设置爆炸音效

提示：
在曲线编辑器中加入烟花爆炸音效。

（1）为实现真实烟花爆炸效果，下面添加烟花爆炸音效。

图 8-1-24　添加重力后爆炸效果

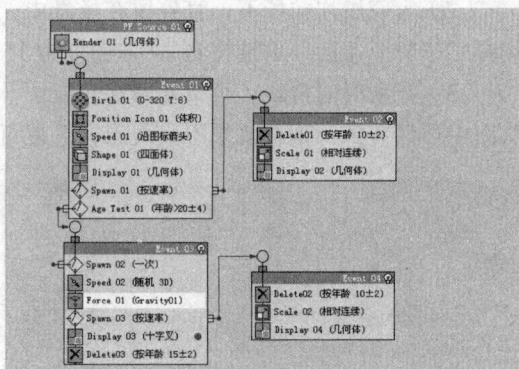

图 8-1-25　粒子视图操作结构

（2）执行"图表编辑器"|"轨迹视图—曲线编辑器"命令，打开"轨迹视图—曲线编辑器"窗口，选中"节拍器（非活动）"项并右击，在弹出快捷菜单中执行"属性"命令，如图 8-1-26 所示。

（3）在弹出的文件选择对话框中选择素材中提供的"烟花爆炸声音.wav"，其他参数保持默认，单击"确定"按钮。添加声音文件后，右侧窗口显示出声音文件的波形曲线，如图 8-1-27 所示。

（4）拖动时间滑块，可以听到烟花爆炸的声音。

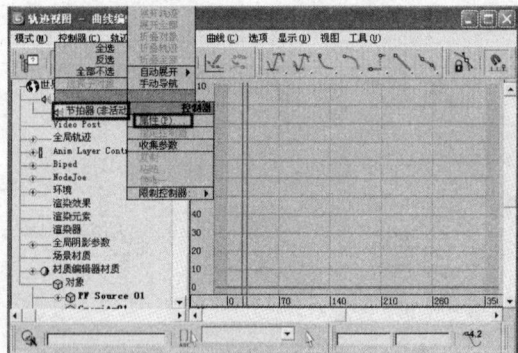

图 8-1-26　"轨迹视图—曲线编辑器"窗口

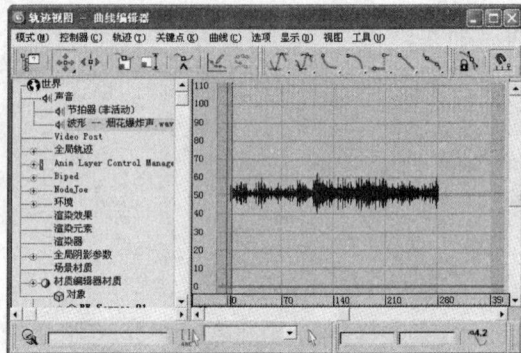

图 8-1-27　添加爆炸声音

5. 渲染输出

> 提示：
> ① 添加摄影机；② 设置渲染参数。

（1）向场景中添加一架摄影机，调整位置如图 8-1-28 所示，将透视图转换为摄影机视图。

（2）按【F10】键打开"渲染场景"对话框，选择"时间输出"为"活动时间段"，单击"文件"按钮输入要保存的文件名，选择 AVI 格式，如图 8-1-29 所示。

（3）单击"渲染"按钮渲染场景，效果如图 8-1-1 所示。

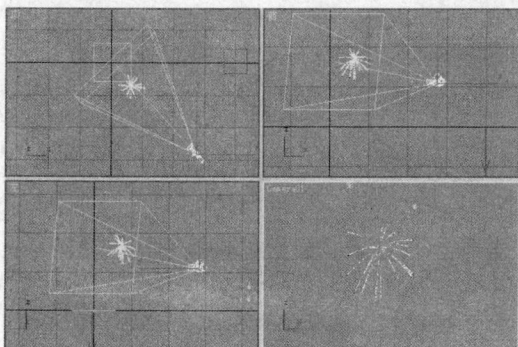

图 8-1-28　摄影机位置

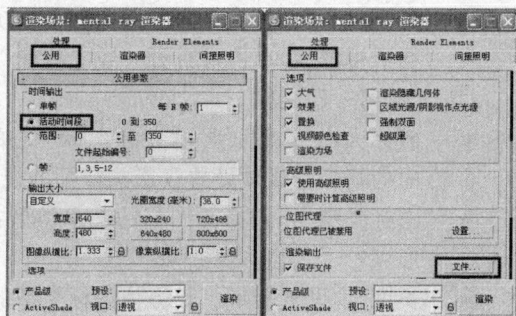

图 8-1-29　"渲染场景"参数设置

相关知识

1. 粒子流简介

粒子流（Particle Flow）系统是 3ds Max 的一种新型、功能强大的事件驱动型粒子系统，用于创建各种复杂的粒子动画。它可以更改事件期间的粒子行为，测试粒子的属性，并根据测试结果将其发送给不同的事件，这可用于将事件以串联方式关联在一起。在粒子视图（Particle View）中可以可视化地创建和编辑事件，而每个事件都可以为粒子指定不同的属性和行为。粒子流系统的功能非常强大，基本上可以取代原有的各种粒子系统，而且它能和 Maxscript 脚本语言紧密结合，能够实现各种复杂的效果。粒子流系统更像是一种可视化编程工具，其中的事件、判断更加强化要求使用者的逻辑思维，其灵活而强大的功能可以让用户用简单的操作创造出令人眩目的特效。如今，粒子流建模、动画已经广泛应用于影视、广告、视频包装等可视化项目中。

2. 粒子流源

粒子流源（PF Source）是每个流的视口图标，同时作为默认的发射器，如图 8-1-30 所示。默认情况下，粒子流源是一个中心有标记的长方形，但是可以使用控制来改变其形状和外形。其主要参数卷展栏如图 8-1-31 所示。

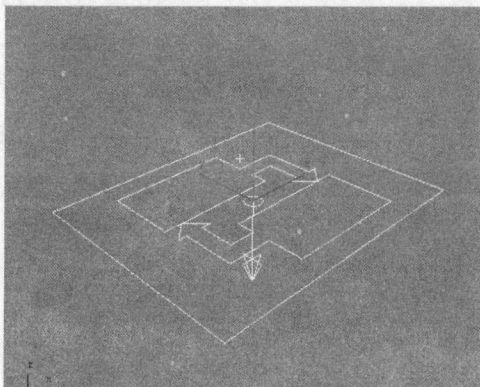

图 8-1-30　粒子流源图标

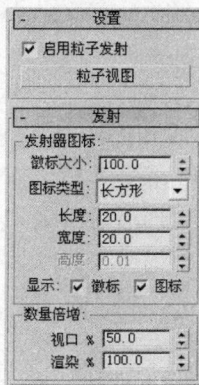

图 8-1-31　粒子流源参数面板

（1）"设置"卷展栏。

- "启用粒子发射"：打开和关闭粒子系统。默认设置为启用。
- "粒子视图"：单击可打开"粒子视图"对话框。

（2）"发射"卷展栏。

- "徽标大小"：设置显示在源图标中心的粒子流徽标的大小，以及指示粒子运动的默认方向的箭头，该项设置仅影响徽标的视口显示。
- "图标类型"：选择源图标的基本类型：长方形、长方体、圆形或球体。默认设置为长方形。
- "长度"：设置矩形、长方体图标类型的长度以及圆形、球体图标类型的直径。
- "宽度"：设置矩形和长方体图标类型的宽度。
- "高度"：设置长方体图标类型的高度。仅适用于"长方体"图标类型。
- "显示徽标/图标"：分别打开和关闭徽标（带有箭头）和图标的显示。
- "视口%"：设置视口内生成的粒子总数的百分比。默认设置为 50.0。范围为 0.0 ~ 10 000.0。
- "渲染%"：设置渲染时生成粒子总数的百分比。默认设置为 100.0。范围为 0.0 ~ 10 000.0。

3. 粒子的生命周期

烟花可以看作是从发射器发射出的大量粒子持续运动的结果，粒子在生成时被赋予了各种属性，随着时间的变化，其属性值（即状态）不断发生变化。每个粒子都有一个生命周期，包含三个阶段：粒子的产生、粒子的运动和粒子的消亡。

图 8-1-32 所示为粒子生命周期的基本流程。

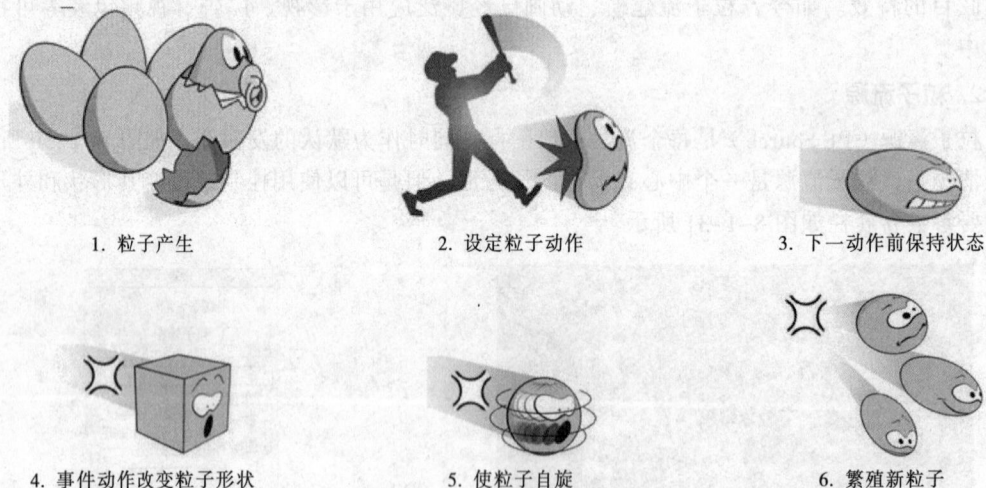

1. 粒子产生   2. 设定粒子动作   3. 下一动作前保持状态

4. 事件动作改变粒子形状   5. 使粒子自旋   6. 繁殖新粒子

图 8-1-32　粒子生命周期

7. 对粒子施加力　　　　　8. 指定碰撞效果　　　　　9. 设置粒子材质

10. 粒子年龄可以使粒子消亡

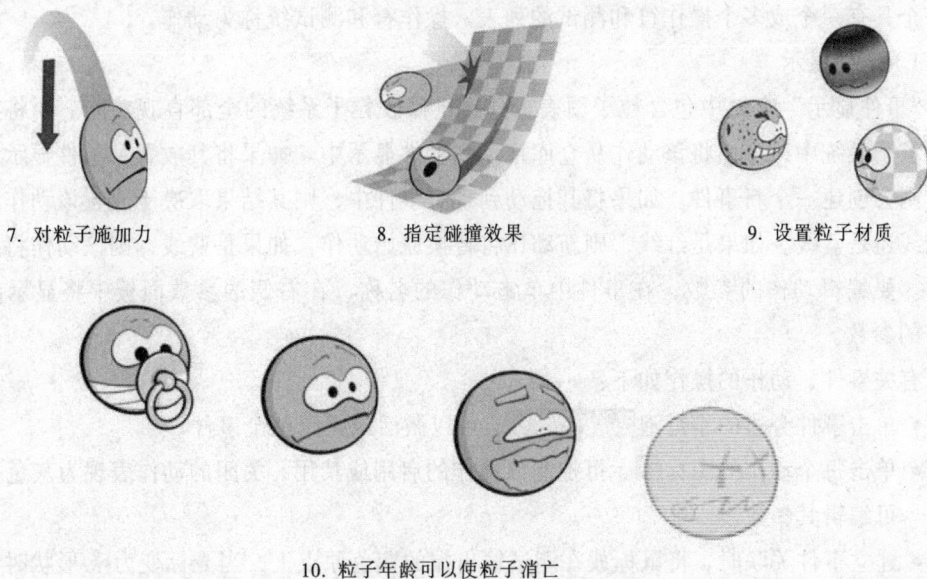

图 8-1-32　粒子生命周期（续）

（1）粒子在粒子流源中产生，将受到某些事件、动作的指挥和引导。

（2）动作被添加到粒子，使粒子以某种速度向目标方向运动，也可通过外力（重力、风等）影响其运动。

（3）在下一动作对其进行操作前，粒子将一直保持某一状态。

（4）事件中的动作可以更改粒子的当前状态，当一个动作产生时，粒子就会进入一个新状态。

（5）新的状态可以改变粒子的某些属性，如速度、运动方向、形状、颜色、旋转和繁殖出新粒子等。

（6）粒子可以被测试，与其他对象撞击，或者被约束在某个对象上运动。

（7）粒子可以被指定任何一种材质。

（8）粒子的年龄可以被测试，也可以被用来改变粒子的状态，或者在若干帧后使粒子消亡。

4. 粒子视图

"粒子视图"提供了用于创建和修改"粒子流"中的粒子系统的用户界面，如图 8-1-33 所示。事件显示窗口包含描述粒子系统的粒子图表。粒子系统包含一个或多个相互关联的事件，每个事件包

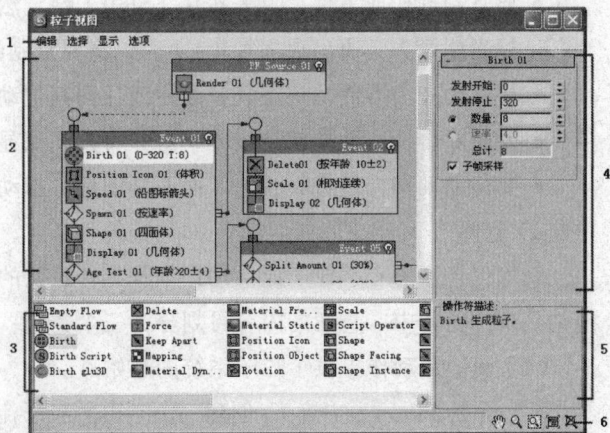

图 8-1-33　"粒子视图"窗口

1—菜单栏；2—事件显示；3—仓库；4—参数面板；
5—说明面板；6—显示工具

含一个具有一个或多个操作符和测试的列表。操作符和测试统称为动作。

1）事件显示

"事件显示"窗口中包含粒子图表，并提供修改粒子系统的全部直观功能。要将某动作添加到粒子系统中，可以将该动作从仓库拖动到事件显示中。如果将其放置到事件显示的空白区域，则会创建一个新事件。如果将其拖动到现有事件中，则其结果取决于放置该动作时显示的是红线还是蓝线。如果是红线，则新动作将替换原始动作。如果是蓝线，则该动作将插入到列表中。要编辑动作的参数，在事件中单击动作的名称，在右侧的参数面板中将显示出要编辑动作的参数。

有关事件、动作的操作如下：

- 单击事件旁边的小灯泡 Event 01 ，可以激活或关闭整个事件。
- 单击每个动作的图标，可控制该动作的启用或禁用，关闭的动作表现为灰色，但仍可编辑其参数。
- 建立事件关联时，将鼠标放在测试输出端的蓝色原点上，当光标变为 形状时，拖动鼠标到下一个事件顶端的圆圈上，直至光标变为 形状时松开鼠标，反之亦然。
- 若要使测试结果始终为"真"，在测试图标 的左侧，当光标变为 形状（有箭头）时单击鼠标，这时测试图标变为绿色灯泡 。
- 若要使测试结果始终为"假"，在测试图标 的右侧，当光标变为 形状（无箭头）时单击鼠标，这时测试图标变为红色灯泡 。
- 要返回测试功能可再次单击灯泡图标。
- 测试输出端可放置在测试动作的左边或右边，若要改变输出端口方向，将鼠标放于输出端口位置，当光标变为 形状时，可拖动连线到另一端时放开鼠标。
- 要复制动作或事件，首先按住【Shift】键，然后将鼠标光标放置在要复制的项上。当鼠标光标箭头旁边出现加号（+）时，将要复制的项拖动到新的位置。
- 要移动一个事件，拖动其标题栏或任何其他动作的图标。
- 要删除事件、动作或连线，单击并将其高亮显示，然后按【Delete】键。
- 要移动动作，请将其名称（而非其图标）拖动至新位置。

2）仓库

仓库包含了所有"粒子流"动作以及几种默认的粒子系统。要使用仓库中的项目，可将其拖动到事件显示中。仓库的内容可划分为三个类别：操作符、测试和流。

（1）流。流动作提供了粒子系统的起始点。

- Empgy Flows（空流）：创建一个空白的粒子流，只包含一个渲染动作。
- Standard Flows（标准流）：创建一个默认的标准粒子流，包含一些基本动作。

（2）操作符。操作符是粒子系统的基本元素，用于描述粒子的速度和方向、形状、外观、贴图等各种属性，如表 8-1-1 所示。

表 8-1-1　操作符及其功用

图标	名称	功用
	Birth（出生）	创建粒子并设置其初始属性
	Birth Script（出生脚本）	使用脚本语言来创建粒子
	Delete（删除）	删除粒子
	Force（力）	添加一个能够影响粒子的空间扭曲力（如重力、风等）
	Keep Apart（保持分离）	用力来控制粒子的距离，避免粒子间相撞
	Mapping（贴图）	设置粒子的贴图坐标
	Material Dynamic（材质动态）	在粒子的生命周期可发生变化的材质
	Material Frequency（材质频率）	按照特定的频率，为粒子指定不同的子材质
	Material Static（材质静态）	为粒子指定对于事件期间恒定的材质
	Position Icon（位置图标）	设置粒子在发射器上的位置
	Position Object（位置对象）	允许粒子从任何几何体对象发射
	Rotation（旋转）	设置粒子的初始旋转方向
	Spin（自旋）	设置粒子自旋
	Scale（缩放）	缩放粒子的大小
	Script（脚本）	通过编写脚本来创建新粒子行为
	Shape（形状）	设置粒子形状
	Shape Facing（图形朝向）	使用矩形形状，并且总是朝向摄影机或对象
	Shape Instance（图形实例）	指定场景中的一个对象作为粒子的形状
	Shape Mark（图形标记）	使用矩形形状，主要用于在碰撞中产生的标记
	Speed（速度）	定义粒子的速度和方向
	Speed By Icon（速度按图标）	在场景中使用指定的图标来定义粒子的速度和方向
	Speed By Surface（速度按曲面）	使用对象的曲面来定义粒子的速度和方向
	Cache（缓存）	记录粒子状态并将其存储到内存中
	Display（显示）	指定粒子在视口中的显示方式
	Note（注释）	为事件添加文字注释
	Render（渲染）	提供渲染粒子的有关控制

（3）测试（见表 8-1-2）。粒子流中测试的基本功能是确定粒子是否满足一个或多个条件，每个测试可以返回一个真或假值。如果满足，使粒子可以发送给另一个事件。未通过测试的粒子（测试为假值）保留在该事件中，反复受其操作符和测试的影响。测试能够检查很多事情，例如：粒子速度、碰撞、粒子年龄或者缩放比例等。用户可以测试粒子速度，如果测试结果比指定的值高，就可以把粒子送向另一个事件，那个事件可以让粒子减速或停止。

"繁殖"测试不实际执行测试，只是使用现有粒子创建新粒子，将新粒子的测试结果设置为真值，可以使粒子能够自动重定向到另一个事件。默认情况下，"发出"测试只是将所有粒子发送给下一个事件。

表 8-1-2　测试及其功用

图　标	名　称	功　用
◈	Age Test（年龄测试）	测试粒子的年龄
◈	Collision（碰撞）	测试粒子是否与选定导向板发生碰撞
◈	Collision Spawn（碰撞繁殖）	粒子与导向板发生了碰撞，则产生新粒子
◈	Find Target（查找目标）	将粒子发送到指定的目标，到达后返回真值
◈	Go To Rotation（转到旋转）	使粒子可以平滑地过渡到指定方向，完成后返回真值
◈	Scale Test（缩放测试）	测试粒子的缩放比例大小
Ⓢ	Script Test（脚本测试）	使用脚本来测试粒子
◈	Send Out（发出测试）	所有粒子无条件的送到下一事件或保留在当前事件中
◈	Spawn（繁殖）	创建新的粒子，送到下一事件
◈	Speed Test（速度测试）	测试粒子的速度
◈	Split Amount（分割量测试）	按百分比将粒子送入下一事件
◈	Split Selected（分割选定测试）	按照选定分离粒子，送入下一事件
◈	Split Source（分割源测试）	按照发射器来源分离粒子，送入下一事件

技能训练

制作字符雨效果，如图 8-1-34 所示。

要求：

（1）能创建文字与 PF 粒子发射器。

（2）正确操作粒子视图。

（3）能正确添加事件动作。

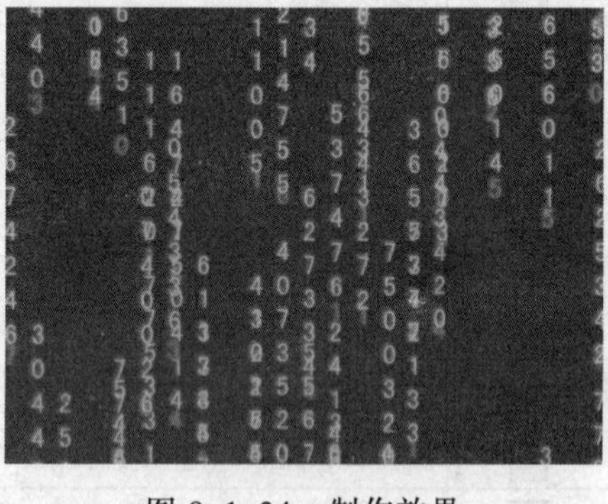

图 8-1-34　制作效果

学习评价

任务评价表如表 8-1-3 所示。

表 8-1-3　任务评价表

类　别	内　容		评　价		
	学习目标	评价项目	3	2	1
职业能力	能正确使用 PF 粒子	能正确设置动画时间			
		能创建 PF 粒子			
		能正确修改粒子参数			
	能熟练操作粒子视图	能正确添加粒子动作			
		能修改粒子动作参数			
		能添加与编辑粒子事件			
	使用空间扭曲对象	能创建风、重力等对象			
通用能力	造型能力				
	审美能力				
	组织能力				
	解决问题的能力				
	自主学习的能力				
	创新能力				
综　合　评　价					

思考与练习

（1）简述粒子生命周期。

（2）烟花粒子炸开后没有拖尾粒子是什么原因？

任务二 烟花材质与特效——Video Post 视频合成器

任务描述

为使烟花变得绚丽多彩，动画效果逼真、富有创意，这里需要使用 3ds Max 中一个功能强大的工具——Video Post 视频合成器。利用 Video Post 视频合成器，可以进行各种图像和动画的合成工作，也可以为场景画面加入发光特效以及两个场景切换时的淡入淡出效果。本任务中先为烟花粒子设置材质，然后再通过 Video Post 为烟花添加绚丽的光芒特效。场景渲染效果如图 8-2-1 所示。

图 8-2-1 任务二效果图

任务分析

首先对粒子添加分割量测试，以便制作出不同色彩的烟花效果；通过材质编辑器为粒子制作粒子年龄材质；进入 Video Post，为场景添加各种光芒效果，然后渲染输出。

方法与步骤

1. 添加粒子分割量测试

> **提示：**
> ① 添加分割量测试； ② 复制爆炸、拖尾事件； ③ 正确连接各事件。

（1）只为烟花设置一种颜色，显得有些单调，要想制作出五颜六色的烟花效果，可以先对粒子添加"分割量"测试。在仓库中选择 Split Amount（分割量）测试，将其拖动到事件显示窗口，如图 8-2-2 所示。

（2）再向事件中添加一个 Split Amount 测试，设置"比率"为 40%，单击"新建"按钮创建一个新种子。再添加一个 Send Out 测试，参数默认，如图 8-2-3 所示。

（3）选择爆炸和拖尾事件，在右键弹出的菜单中选择"复制"选项，然后"粘贴"，对事件进行复制。再一次对爆炸和拖尾事件复制。

（4）调整事件位置，并与分割量测试连接起来，如图 8-2-4 所示。

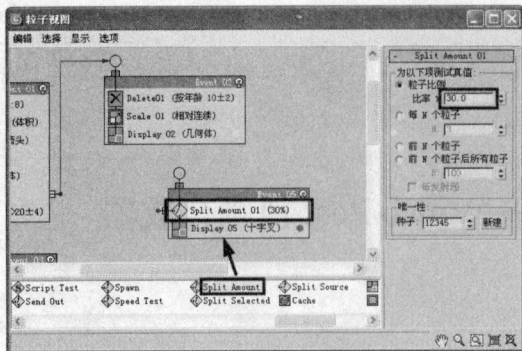

图 8-2-2 添加分割量测试

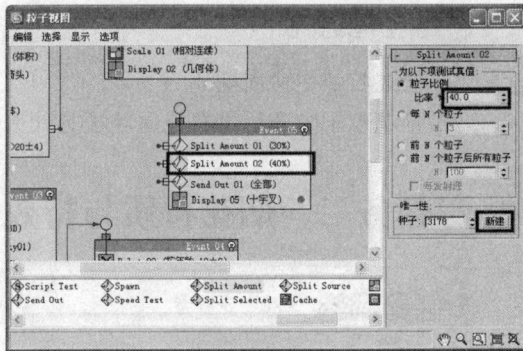

图 8-2-3 添加分割量测试

2. 制作粒子材质

提示：

① 设置三种不同颜色的粒子年龄材质；② 添加 Material Dynamic 操作；③ 设置 Material Dynamic 材质。

（1）按【M】键打开"材质编辑器"窗口，选择一空白材质球，命名为"烟花 01"。设置"自发光"选项组中"颜色"值为 100，单击"漫反射"右侧的按钮，在打开的"材质/贴图浏览器"对话框中双击"粒子年龄"选项，如图 8-2-5 所示。

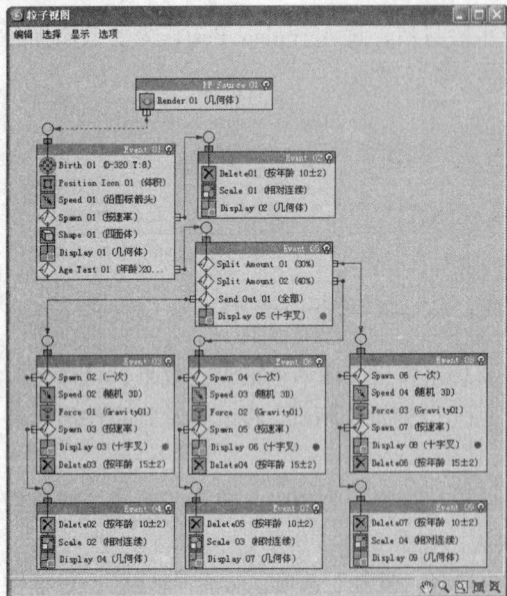

图 8-2-4 连接分割量测试

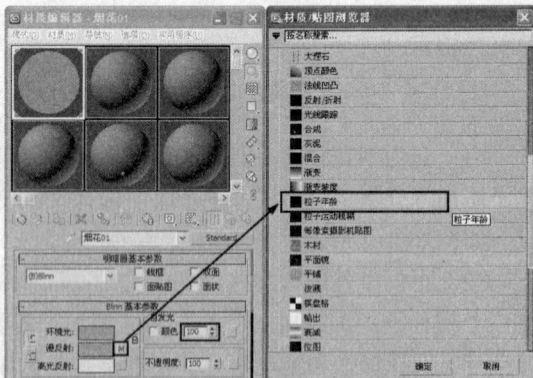

图 8-2-5 制作"烟花 01"材质

（2）在弹出的对话框中单击"颜色 #1"右侧颜色块，在弹出的"颜色选择器"中，选择深红色，单击"颜色 #2"右侧颜色块，选择浅红色；设置"颜色 #3"右侧颜色块为粉色，如图 8-2-6 所示。

（3）按照同样方法，制作另外两个烟花材质，分别为"烟花02"，颜色为深黄、黄、浅黄；"烟花03"，颜色为深蓝、蓝、浅蓝，如图8-2-7所示。

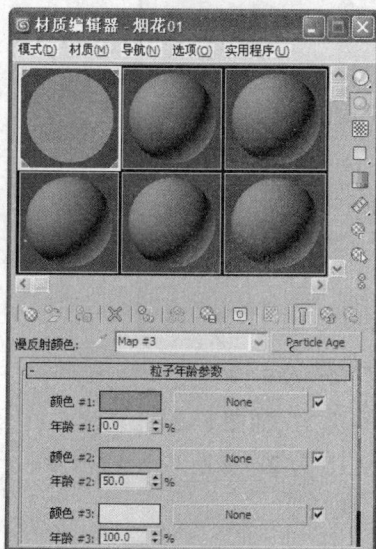

图8-2-6　设置"粒子年龄"颜色

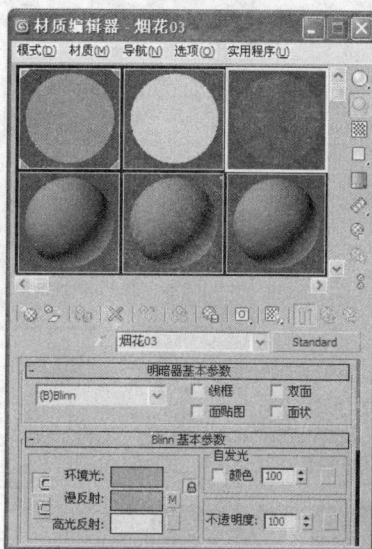

图8-2-7　其他颜色烟花材质

（4）在仓库中选择 Material Dynamic（材质动态）操作符，将其拖动到三个拖尾事件中，如图8-2-8所示。

（5）选择 Material Dynamic 01，打开"材质编辑器"窗口，将"烟花01"材质拖动到"指定材质"下方按钮上，将材质赋予拖尾粒子，如图8-2-9所示。同理，设置其他粒子材质。

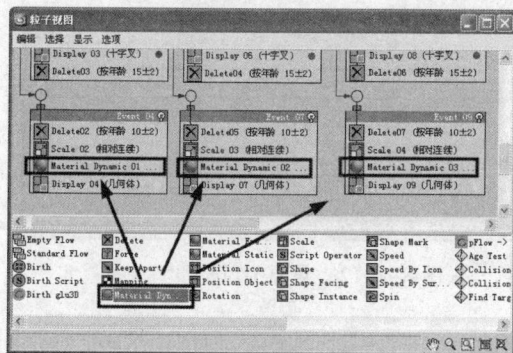

图8-2-8　添加 Material Dynamic 操作

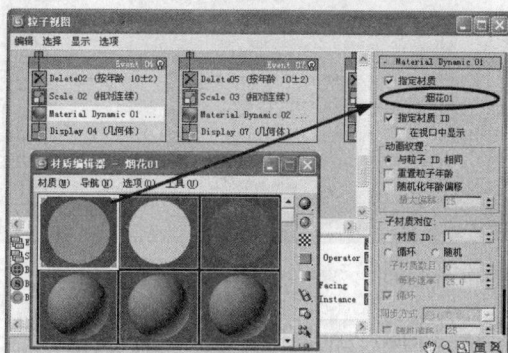

图8-2-9　设置粒子材质

3. 设置事件属性

提示：

① 设置拖尾事件属性对象 ID；② 设置爆炸事件属性对象 ID。

（1）为了使 Video Post 能正确设置烟花光芒效果，先对事件属性进行设置。选择三个拖尾事件并右击，在弹出的菜单中执行"属性"命令，如图8-2-10所示。

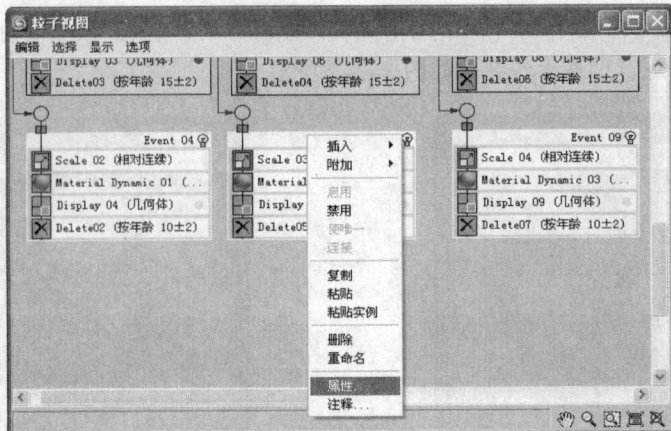

图 8-2-10 设置拖尾事件属性

（2）在弹出的"对象属性"对话框中设置"对象 ID"为 1，如图 8-2-11 所示。

（3）同样方法选择三个爆炸事件，设置爆炸事件对象 ID 为 2，如图 8-2-12 所示。

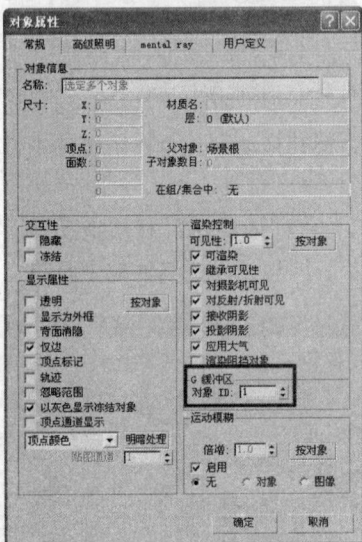

图 8-2-11 "对象属性"对话框

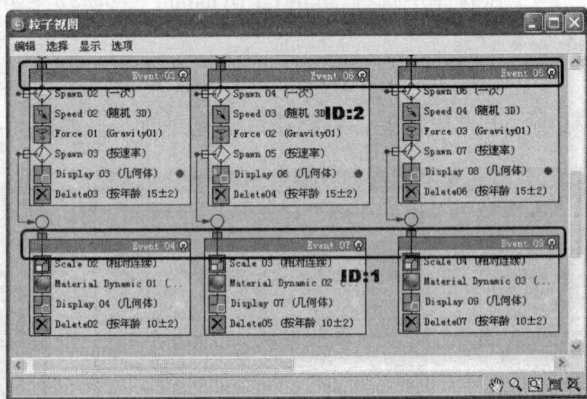

图 8-2-12 对象 ID 设置

4. Video Post 后期处理

> **提示：**
> ① 添加 Camera01 场景事件；② 添加镜头高光事件；③ 添加镜头光晕事件；④ 添加星空。

（1）执行"渲染" | Video Post 命令，打开 Video Post 窗口。单击"添加场景事件"按钮，打开"添加场景事件"对话框，选择 Camera01，如图 8-2-13 所示。

（2）首先制作烟花爆炸时星光效果。单击"添加图像过滤事件"按钮，打开"添加图像过滤事件"对话框，选择"镜头效果高光"，如图 8-2-14 所示。

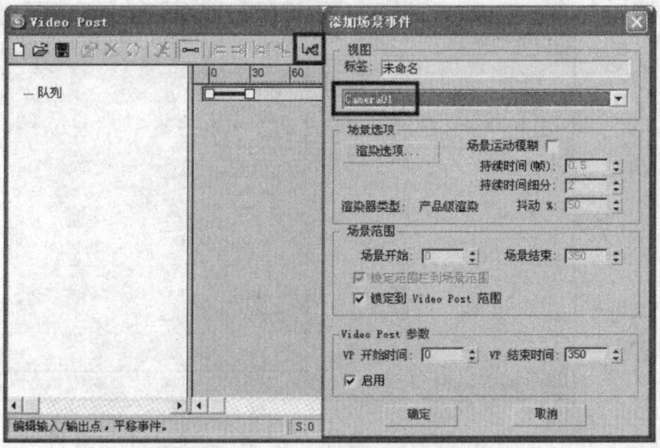

图 8-2-13　添加场景事件 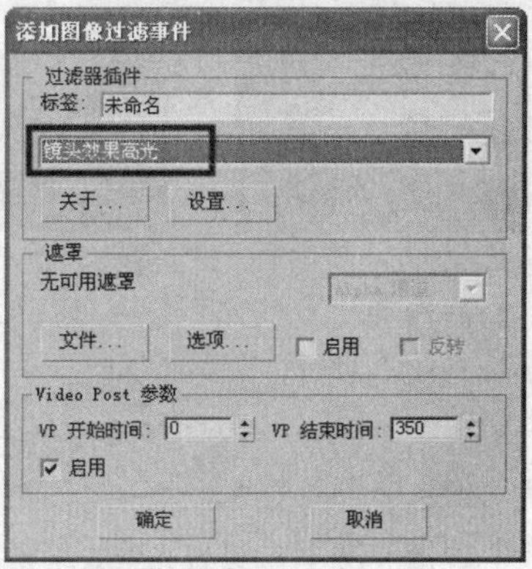　　　　　　　图 8-2-14　添加镜头高光事件

（3）单击"设置"按钮，打开"镜头效果高光"窗口，设置"对象 ID"为 2，如图 8-2-15 所示。单击窗口上方的"预览"和"VP 队列"按钮，可以预览场景中当前帧的星光效果。

（4）要改变星光的大小与点数，可以在"首选项"选项卡中设置，这里设置"大小"为 6，"点数"为 7，单击"确定"按钮，如图 8-2-16 所示。

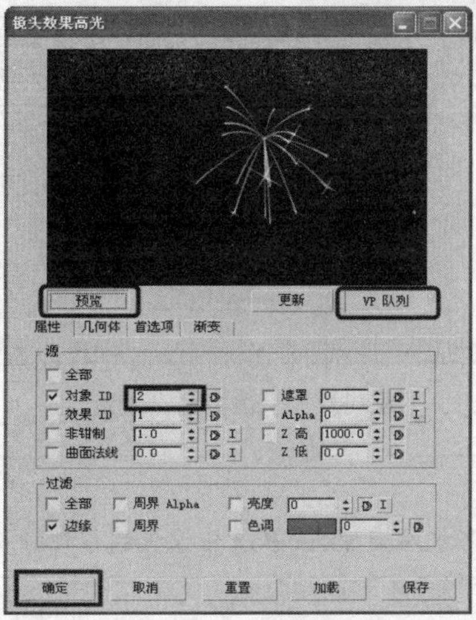

图 8-2-15　设置"对象 ID"参数 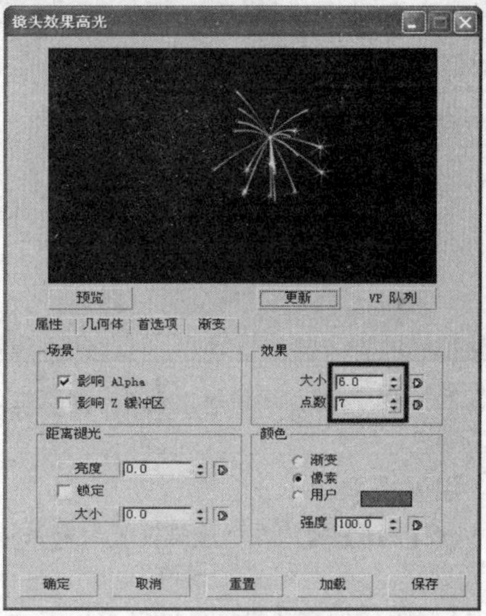　　　　　图 8-2-16　设置"首选项"参数

（5）单击"添加图像过滤事件"按钮，打开"添加图像过滤事件"对话框，制作拖尾粒子的光晕效果。

（6）选择"镜头效果光晕"，单击"设置"按钮，进入"镜头效果光晕"对话框，在"属性"面板中设置"对象 ID"为 1。

（7）进入"首先项"面板，设置效果"大小"为 0.1，如图 8-2-17 所示。单击"确定"按钮。

（8）再次单击"添加图像过滤事件"按钮，打开"添加图像过滤事件"对话框，选择"星空"选项，如图 8-2-18 所示。单击"确定"按钮，为场景添加星空背景。

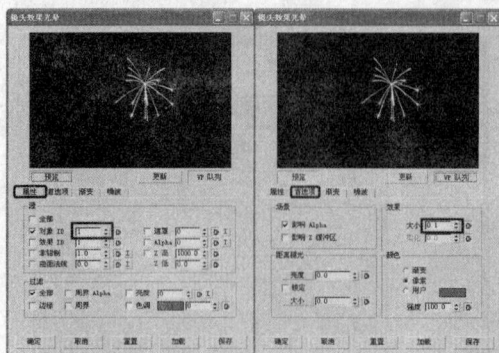

图 8-2-17　设置光晕效果参数

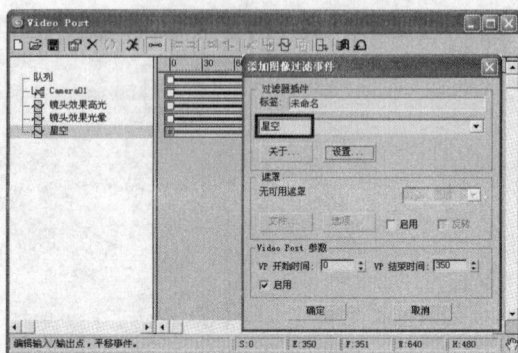

图 8-2-18　添加"星空"图像过滤事件

（9）单击"添加图像输出事件"按钮 ，打开"添加图像输出事件"对话框，单击"文件"按钮，输入要保存的文件名，选择 AVI 格式，如图 8-2-19 所示。

（10）设置好烟花效果后，现在渲染输出文件。单击"执行序列"按钮 ，打开"执行 Video Post"对话框，如图 8-2-20 所示。选择输出范围和输出大小，单击"渲染"按钮渲染场景。

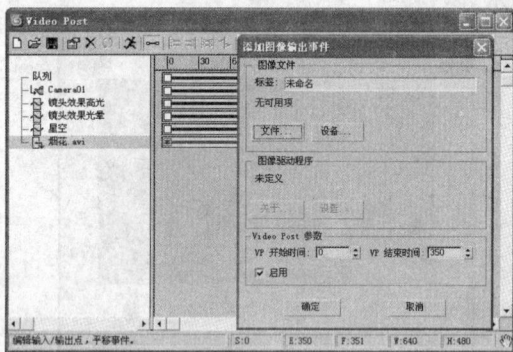

图 8-2-19　"添加图像输出事件"对话框

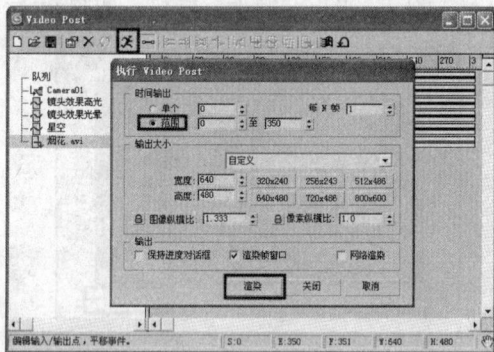

图 8-2-20　渲染输出设置

温馨提示：

按【F10】键，在"渲染设置"对话框中渲染时，不能渲染 Video Post 中设置的各种特效。

（11）保存场景文件。

相关知识

1. Video Post 视频合成器

Video Post 是 3ds Max 中一个非常重要的组成部分，是一座巨大的后期加工厂，类似 Adobe 公司的视频合成软件 Premeire。它提供了动态影像的非线性编辑功能以及特殊效果处理功能。利用 Video Post 视频合成器，用户可以进行各种图像和动画的合成工作，也可以为场景画面加入发光特效以及两个场景切换时的淡入淡出效果。

2. Video Post 窗口

执行"渲染" | Video Post 命令，打开 Video Post 窗口。窗口由 4 部分组成，分别为顶部的

编辑工具、左侧的序列窗口、右侧的编辑窗口、底部的视图工具，如图 8-2-21 所示。

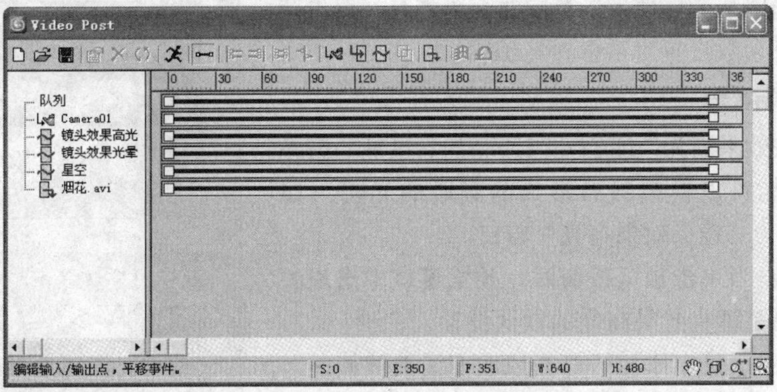

图 8-2-21 Video Post 窗口

（1）编辑工具如表 8-2-1 所示。

表 8-2-1 Video Post 编辑工具

按　钮	名　称	功　能
	新建序列	创建一个新序列，同时删除当前所有序列
	打开序列	打开 vpx 格式文件序列
	保存序列	保存当前文件序列，以便以后其他场景调用
	编辑当前事件	打开选中事件的编辑对话框
	删除当前事件	删除当前选择事件
	交换事件	交换两个同时选择事件的先后顺序
	执行序列	渲染输出事件序列。Video Post 效果必须通过"执行序列"才能实现
	编辑范围栏	拖动范围两端改变事件范围，拖动中间区域移动整个事件范围
	将选定项靠左对齐	将选定的多个事件范围线左侧对齐
	将选定项靠右对齐	将选定的多个事件范围线右侧对齐
	使选定项大小相同	将选择的多个事件范围线与最后一个选定事件范围线对齐
	关于选定项	将选定的事件端对端连接，一个事件结束时，下一个事件开始
	添加场景事件	输入场景事件，选择出现在序列窗口中的视图
	添加图像输入事件	输入动画文件或图像
	添加图像过滤器事件	对输入图像、动画、场景进行特效处理，各种特殊都是通过它来完成
	添加图像层事件	处理图层间关系，如进行各种场转效果等
	添加图像输出事件	输出图像或动画文件
	添加外部事件	为当前事件加入外部程序，外部程序处理完成后再导入 max 中进行操作
	添加循环事件	对指定事件进行循环输出

（2）序列窗口：序列窗口中列出了后期处理序列中包括的所有事件，按照处理先后顺序排列。要改变事件的先后次序，可以拖动事件到新位置。双击某个事件，可以打开参数设置对话框进行编辑。

（3）编辑窗口：编辑窗口中以蓝色范围线表示事件作用的时间段。选中某个事件后，范围线变为红色。双击范围线，可以打开参数设置对话框进行编辑。

3. 镜头效果高光

使用"镜头效果高光"能创建出明亮的、星形的高光效果。这种功能可以模拟钻石形成的耀眼的光芒。如图 8-2-22 所示为"镜头效果高光"窗口。

- "预览"：当单击预览按钮时，预览窗口中出现的高光效果是镜头效果高光的默认设置。
- "更新"：场景中添加了灯光或改变了关键帧时，单击该按钮可以进行手动更新，并可以在预览窗口中看到更新后的效果。
- "VP 队列"：当按下预览按钮后，单击该按钮可在预览窗口中看到事件效果。

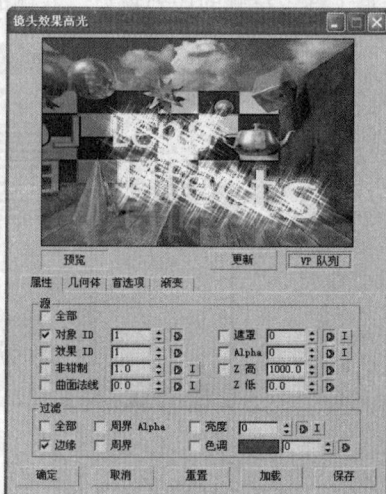

图 8-2-22 "镜头效果高光"对话框

1）"属性"选项卡

（1）"源"选项组：指定产生高光效果对象来源。

- "全部"：把高光作用于整个场景，即场景中每个像素都成为高光光源。
- "对象 ID"：按对象 ID 设置对象高光。要设置对象 ID，可以选定物体后单击右键，在弹出菜单中选择"对象属性"进行设置。
- "效果 ID"：将高光指定给对象材质的一个通道。可在材质编辑器中进行设置。
- "非钳制"：超亮度颜色比纯白色还要亮，常用于金属高光和爆炸设置。
- "曲面法线"：根据曲面法线到摄影机的角度，高亮显示对象的一部分。如果值为 0，则共面，与屏幕平行。如果值为 90，则为法向，即与屏幕垂直。如果将"曲面法线"设置为 45，则只有法线角度大于 45°的曲面会产生高光。
- "遮罩"：使图像遮罩产生高光。
- Alpha：使图像的 Alpha 具有高光效果。
- "Z 高/低"：由摄像机的距离决定高光的效果。在此距离内的物体将产生高光。

（2）"过滤"选项组：设置如何控制高光。

- "全部"：对场景中拾取物体的整体上产生高光。
- "边缘"：沿拾取物体的边缘形成高光效果，效果如图 8-2-23 所示。

（a）边缘高光　　　　　（b）周界 Alpha 高光　　　　　（c）周界高光

图 8-2-23 镜头效果高光

- "周界 Alpha"：对物体周边高光处理，不影响对象本身。
- "周界"：对物体周边高光处理，不如周界 Alpha 精确。
- "亮度"：根据源对象的亮度值过滤源对象。
- "色调"：按色调过滤源对象。

2）"几何体"选项卡（见图 8-2-24）

- "角度"：控制星形的角度。此参数可设置动画。

图 8-2-24 "几何体"选项卡

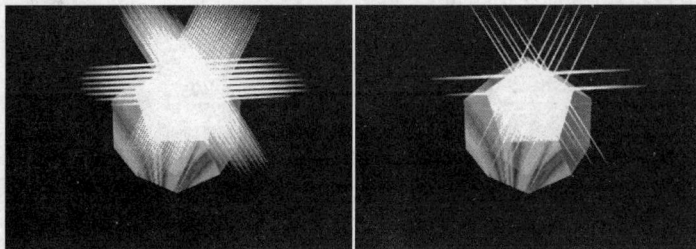

- "钳位"：确定高光读取的像素数，以此数量来放置一个单一高光效果。此参数可设置动画。图 8-2-25 所示为钳位为 5 和 15 时的效果。

（a）钳位值为 5　　　　　　（b）钳位值为 15

图 8-2-25 调整钳位后的效果

- "交替射线"：控制高光周围点的长度。此操作每隔一个射线点进行一次。"交替射线"使用效果如图 8-2-26 所示。

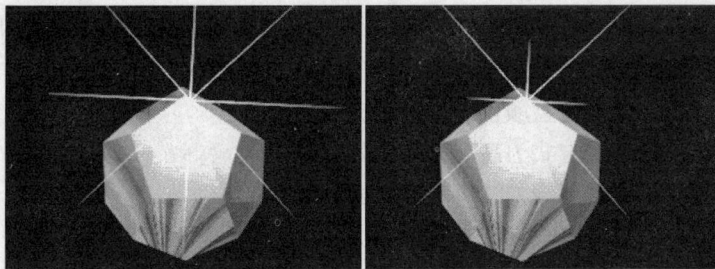

（a）关闭交替射线效果　　　　　　（b）设置交替射线 40%时效果

图 8-2-26 "交替射线"使用的效果

- "大小"：改变单个高光的大小。
- "角度"：改变单个高光的初始角度。
- "重生成种子"：使用不同随机数来生成效果。
- "平移"：星形镜头平移而产生旋转。平移变化越快，旋转也越快。

3）"首选项"选项卡（见图 8-2-27）

（1）场景选项组：

- "影响 Alpha"：当渲染为 32 位文件格式时，高光设置是否影响图像的 Alpha 通道。

- "影响 Z 缓冲区"：确定高光是否影响图像的"Z 缓冲区"。

（2）"距离褪光"选项组：

- "亮度"：根据到摄影机的距离来衰减高光效果的亮度。
- "大小"：根据到摄影机的距离来改变高光效果的大小。

（3）"效果"选项组：

- "大小"：设置高光的尺寸大小。
- "点数"：控制要为高光效果生成的点数。

（4）"颜色"选项组：

- "渐变"：根据"渐变"面板中的设置创建高光。
- "像素"：根据高光对象的像素颜色创建高光颜色。这是"镜头效果高光"的默认方式，速度特别快。
- "用户"：用户指定一种发光颜色。
- "强度"：控制高光的强度或亮度。

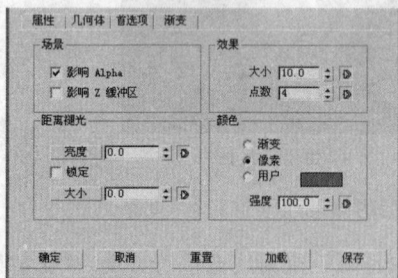

4）"渐变"选项卡（见图 8-2-28）

图 8-2-27 "首选项"面板

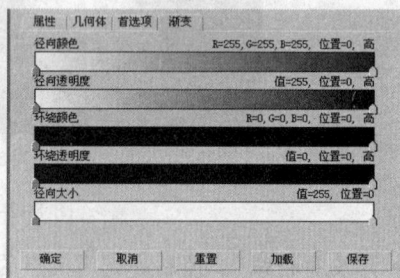

图 8-2-28 "渐变"面板

- "径向颜色"：以径向渐变方式影响光晕的颜色。渐变左侧边与效果的中心对齐，右侧边与效果的外边对齐。
- "径向透明度"：根据色盘颜色设置决定透明度。
- "环绕颜色"：以环绕方式为高光添加光效。
- "环绕透明度"：根据环绕方式决定透明度。
- "径向大小"：以灰度方式计算光效大小。

4. 镜头效果光晕

镜头效果光晕可以在任何指定的对象周围添加有光晕的光环。例如，对于爆炸粒子系统，给粒子添加光晕使它们看起来更明亮、鲜艳。图 8-2-29 所示为"镜头效果光晕"窗口，它的选项面板与镜头效果高光相似。

"噪波"选项卡：

- "气态"：设置松散和柔和的效果，通常用于云和烟雾。
- "炽热"：产生带有亮度的不规则碎片效果，通常用于火焰。
- "电弧"：设置卷状图案，设置动画时，可用于生成电弧。通过将图案质量调整到 0，可以创建水波反射效果。
- "运动"：设置噪波动画时，决定运动速度。当模拟烈火时，就要加大该数值。

- "方向"：以度为单位指定噪波效果运动的方向。
- "质量"：指定噪波效果的精细程度。值越大，会导致分形迭代次数越多，效果越细化，渲染时间也会有所延长。
- "大小"：设置噪波碎片大小。
- "速度"：设置噪波的运动速度。较高的数值会生成更快的湍流。
- "基准"：指定噪波效果中的颜色亮度。较高的数值会生成较亮的颜色范围和较亮的噪波。较低的数值会产生较暗和较柔和的效果。
- "振幅"：与基准值共同控制噪波亮度。值越大，颜色越明亮。
- "偏移"：将效果颜色移向颜色范围的一端或另一端。当设置为 50 时，"偏移"不产生任何影响。高于 50 时，颜色较亮，低于 50 时，颜色会变得较暗和较柔和。
- "边缘"：设置噪波效果亮区域和暗区域之间的对比度。
- "径向密度"：控制噪波效果的可见性，白色为完全可见，黑色为不可见。

图 8-2-29 "镜头效果光晕"窗口

5. 镜头效果光斑

镜头效果光斑是最复杂的过滤器，利用它可以制作带有光芒、光晕和光环的亮星，并且还可以产生由于镜头折射而造成的一串耀斑，常用于模拟太阳、刺眼的亮光等，从某种意义上讲，镜头光斑比高光和光晕更具有艺术性和真实性。

镜头效果光斑对话框由两大部分组成，如图 8-2-30 所示。左面是总体设置面板：上部是预览区，用来预览最后的光斑效果；下部是总体参数设置区，可以对强度、亮度、角度等进行设置。右边是各项效果设置区，可对单个效果进行设置：上面是单个效果预览区；下面是具体参数设置。

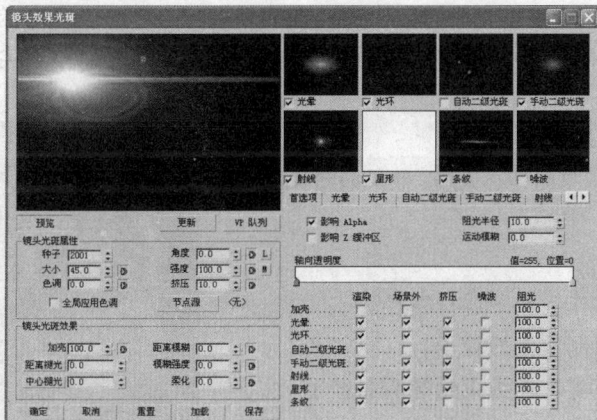

图 8-2-30 "镜头效果光斑"窗口

"镜头光斑属性"选项组：指定光斑的全局设置，例如光斑源、大小和种子数、旋转等。

- "种子"：给镜头指定随机数，创建不同的镜头效果，差别是细微的。
- "大小"：影响整个镜头光斑的大小。
- "色调"：如果选择了"全局应用色调"，它将控制"镜头光斑"效果中应用的"色调"的量。
- "全局应用色调"：将"节点源"的"色调"全局应用于其他光斑效果。
- "角度"：设置光斑从自身默认位置旋转的角度。该角度作为光斑改变的位置，是相对于摄像机而言的。右侧的 L（锁定）按钮用来锁定二级光斑的旋转，此按钮不按下，二级光斑将不旋转。
- "强度"：控制整个光斑的明亮度和不透明度，值越大，光斑越亮，也越不透明。默认值为 100，即全部效果，减低该值会使光斑亮度减弱。
- "挤压"：用于校正光斑的长宽比，以适合不同的屏幕比例需求。值大于 0 时将在水平方向拉长，垂直方向缩短。在宽银幕电影和电视之间转换时经常用到，也可以通过它来制作椭圆形的光斑。
- "节点源"：用来选择产生光斑效果的对象，可以选择任何类型的物体作为光斑效果的来源对象，效果的中心会定位在对象的轴心点上。通常我们都使用灯光作为效果来源，尤其是泛光灯或目标聚光灯。

"镜头光斑效果"选项组：主要控制光斑效果怎样在场景中出现，在哪里出现。

- "加亮"：设置光斑对整个图像的照明影响，只有当在右侧的预设面板中选择"渲染"卷展栏下的"加亮"复选框后，它才会起作用。值为 0 时，不产生照明效果；值为 500 时，场景会非常亮。
- "距离褪光"：按下该按钮，会依据光斑与摄像机的距离大小产生褪光效果，它要求作用于摄像机视图，采用 3ds Max 的标准世界单位，如果值为 100，表示光斑与摄像机距离 100 单位处时衰减为 0。
- "中心褪光"：按下该按钮，沿着光斑的主轴，以主光斑为中心，对二级光斑做褪光处理。它采用 3ds Max 的标准世界单位，常用于真实镜头光斑效果的模拟。
- "距离模糊"：依据光斑与摄像机的距离做模糊处理，采用 3ds Max 的世界标准单位计量。
- "模糊强度"：设置整体光斑进行模糊处理的强度，这样可以产生光晕效果。
- "柔化"：用来对整个光斑效果进行柔化处理，较小的值可以消除尖锐芒刺产生的锯齿。

技能训练

制作有闪光、拖尾效果的爱心火焰，效果如图 8-2-31 所示。

要求：
（1）创建两个椭圆作为粒子运行路径。
（2）使用超级喷射制作火焰粒子。
（3）使用路径约束将粒子约束到椭圆路径上。
（4）制作火焰粒子材质（粒子年龄）。
（5）在 Video Post 中添加镜头效果光晕与光斑效果。

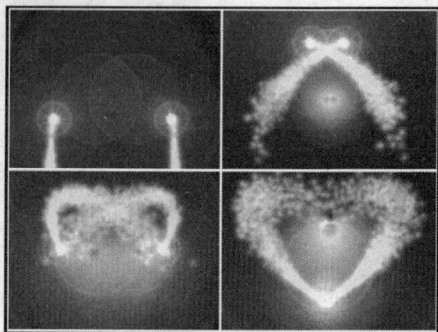

图 8-2-31　火焰效果

学习评价

任务评价表如表 8-2-2 所示。

表 8-2-2　任务评价表

类　别	内　　　容		评　　价		
	学习目标	评价项目	3	2	1
职业能力	制作粒子材质	能正确设置对象"UVW 贴图"			
		能制作多维子对象材质			
		能制作渐变坡度材质			
		能制作粒子年龄材质			
	使用 Video Post 后期处理	学会 Video Post 操作方法			
		能用 Video Post 添加镜头效果光晕			
		能用 Video Post 添加镜头效果光斑			
		能用 Video Post 添加镜头效果高光			
通用能力	造型能力				
	审美能力				
	组织能力				
	解决问题的能力				
	自主学习的能力				
	创新能力				
综 合 评 价					

思考与练习

（1）说明设置烟花对象 ID 作用？

（2）为什么按【F10】键渲染场景时看不到设置好的 Video Post 光效？

项目实训　制作被风吹散的茶壶

一、项目背景

在学习了 PF 粒子特效和 Video Post 后期处理以后，下面来制作一只被风吹散的茶壶的特效动画，场景渲染效果如图 8-实训-1 所示。

二、项目要求

（1）能正确制作与设置茶壶材质。

（2）灵活操作粒子视图，为粒子添加相应事件动作。

（3）能运用 Video Post 制作粒子发光特效。

（4）能正确渲染输出动画。

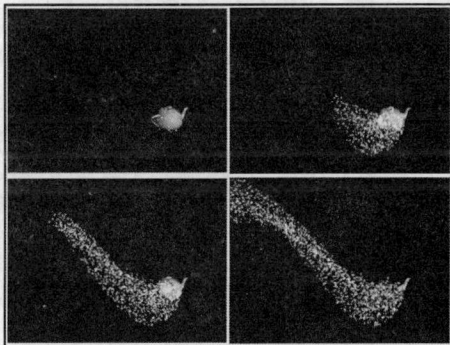

图 8-实训-1　实训效果图

三、项目提示

（1）在场景中创建茶壶对象，在修改面板中为茶壶对象添加"UVW 贴图"修改器。

（2）进入材质编辑器制作一个多维子对象材质，设置材质 ID 数量为 2，如图 8-实训-2 所示。

（3）单击 ID2 右侧的按钮，制作粒子密度贴图材质。单击"漫反射"右侧的按钮，在"材质/贴图浏览器"对话框中双击"渐变坡度"贴图。

（4）修改"渐变坡度参数"卷展栏中的参数。单击添加颜色滑块，设置对应颜色依次为白、白、黑、黑、白、白 6 种颜色，如图 8-实训-3 所示。

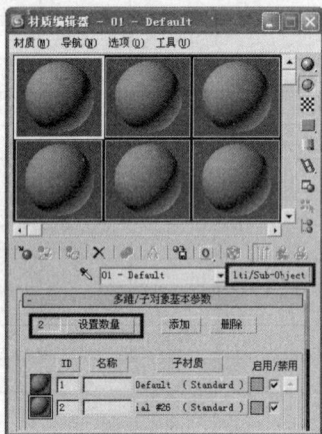

图 8-实训-2　制作多维子对象材质　　　　　　图 8-实训-3　设置"渐变坡度"参数

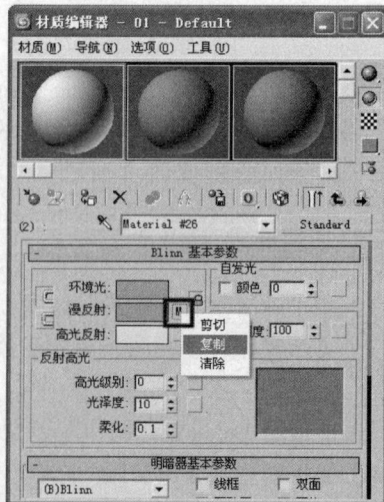

（5）将时间滑块拖至 75 帧，按下"自动关键点"按钮，将中间颜色滑块移到右侧，如图 8-实训-4 所示。

（6）单击"转到父对象"按钮，进入 Standard 材质面板，复制"渐变坡度"贴图，如图 8-实训-5 所示。

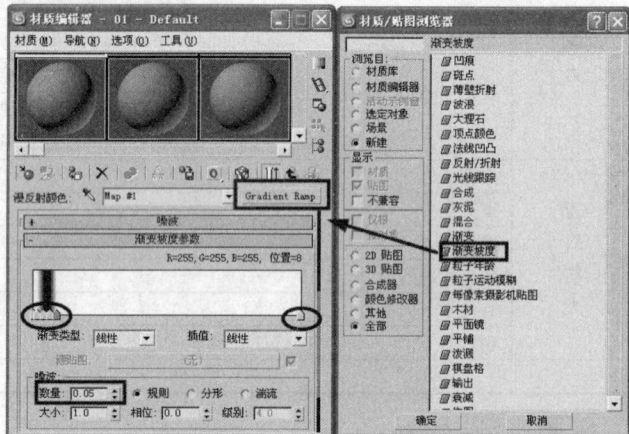

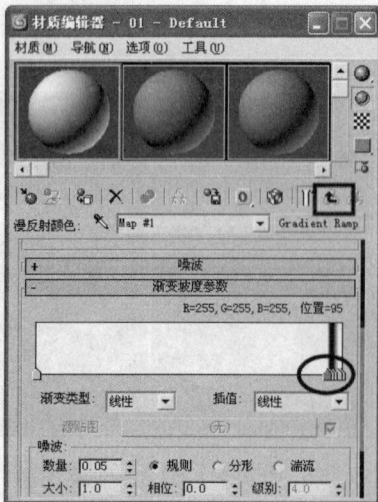

图 8-实训-4　修改"渐变坡度"参数　　　　　　图 8-实训-5　复制"渐变坡度"贴图

（7）单击 ID1 右侧的按钮，将"渐变坡度"贴图粘贴到"不透明度"右侧的按钮上，如图 8-实训-6 所示。

（8）将时间滑块拖至第 75 帧，按下"自动关键点"按钮。对"渐变坡度"贴图进行修改，如图 8-实训-7 所示。

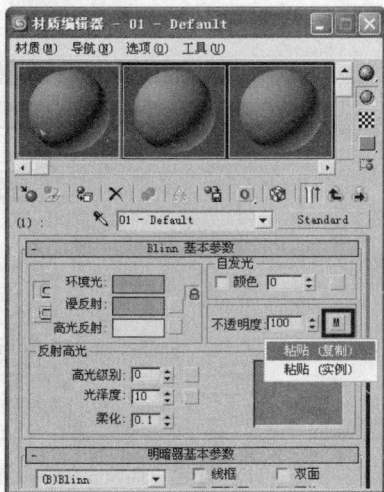

图 8-实训-6 粘贴"渐变坡度"贴图   图 8-实训-7 修改"渐变坡度"贴图

（9）调节滑块到不同帧并渲染场景，效果如图 8-实训-8 所示。

图 8-实训-8 创建场景对象

（10）在场景中创建"PF 粒子""风"和"漩涡"对象，"风"的强度设为 0.4 左右，如图 8-实训-9 所示。

图 8-实训-9 创建场景对象

（11）进入粒子视图，修改粒子出生动作的"发射停止"为 75，"数量"为 2 000，如图 8-实训-10 所示。

（12）从仓库中拖动 Position Object 动作到事件中替换 Position Icon 01，修改右侧面板中参数。选择茶壶对象作为粒子发射对象。选择"密度按材质"和"使用子材质"复选框，设置"材质 ID"为 2，如图 8-实训-11 所示。

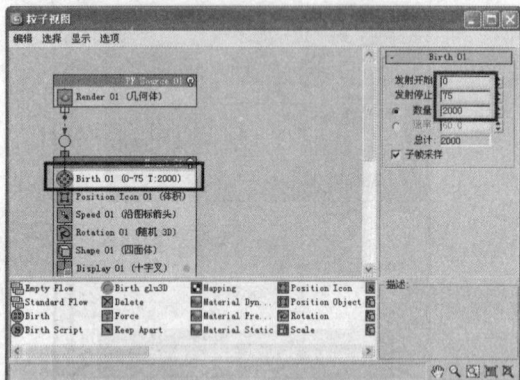

图 8-实训-10　修改粒子出生参数

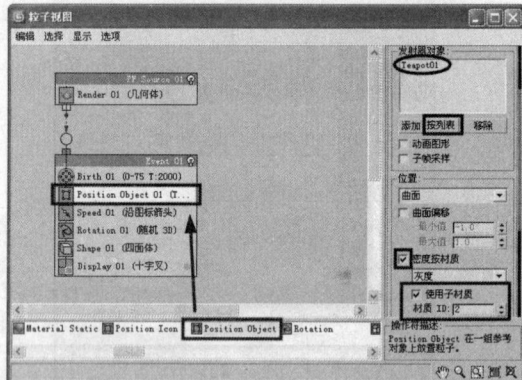

图 8-实训-11　设置 Position Object 参数

（13）添加 Force 动作到事件中，选择前面创建的"风"和"旋涡"对象作为"力空间扭曲"对象，设置"影响%"值为 100，如图 8-实训-12 所示。

（14）修改"Shape 01"动作参数面板中"大小"为 1。

（15）进入 Video Post，添加"镜头效果高光"图像过滤事件。在"首选项"选项卡中设置"效果"选项组中的"大小"和"点数"，如图 8-实训-13 所示。

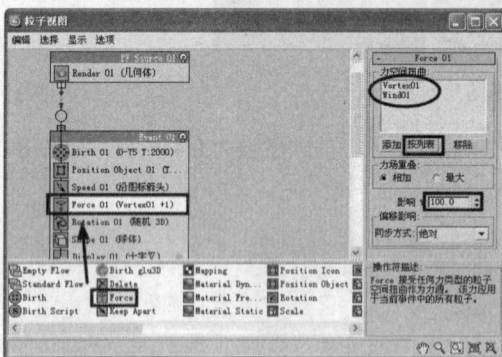

图 8-实训-12　Force 参数

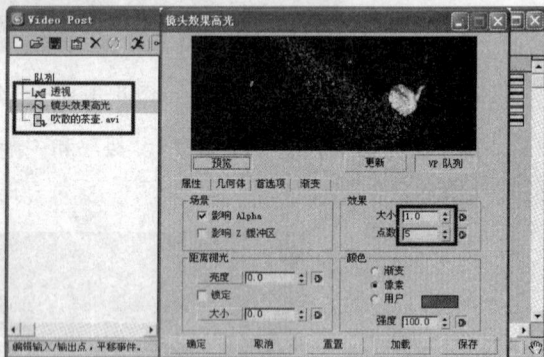

图 8-实训-13　添加"镜头效果高光"

四、项目评价

项目实训评价表如表 8-实训-1 所示。

表 8-实训-1　项目实训评价表

类别	内容		评价			
	学习目标	评价项目	3	2	1	
职业能力	能正确使用 PF 粒子	能正确设置动画时间				
		能创建 PF 粒子				
		能正确修改粒子参数				
	能熟练操作粒子视图	能正确添加粒子动作				
		能修改粒子动作参数				
		能添加与编辑粒子事件				
	制作粒子材质	能正确设置对象"UVW 贴图"				
		能制作多维子对象材质				
		能制作渐变坡度材质				
		能制作粒子年龄材质				
	使用空间扭曲对象	能创建风、重力、旋涡等对象				
		能修改对象参数				
	使用 Video Post 后期处理	学会 Video Post 操作方法				
		能用 Video Post 添加镜头效果光晕				
		能用 Video Post 添加镜头效果光斑				
		能用 Video Post 添加镜头效果高光				
通用能力	审美能力					
	组织能力					
	沟通能力					
	相互合作的能力					
	解决问题的能力					
	自主学习的能力					
	创新能力					
综合评价						

项目九

角色动画制作

　　影视动画、媒体广告中那些经典的三维角色形象让人难以忘怀，3ds Max 提供了丰富的动画创作工具，利用 Character Studio 和 Cat 对象能够轻松地实现角色骨骼模型的创建以及角色动画的制作。

　　本项目通过三个任务完成角色动画的制作。在任务一中，完成 Biped 骨骼系统的创建、骨骼动画的制作；在任务二中，运用蒙皮和 Physique 修改器完成角色模型的蒙皮设置；在任务三中，使用 Cat 对象创建角色骨骼系统，并完成 Cat 预设动画、曲面路径动画的制作。

学习目标

- ☑ 能够建立并调整 Biped 人体骨骼系统
- ☑ 能够创建 Biped 多足迹动画
- ☑ 能够完成角色蒙皮
- ☑ 能够完成 Cat 对象创建
- ☑ 能够制作 Cat 曲面路径动画

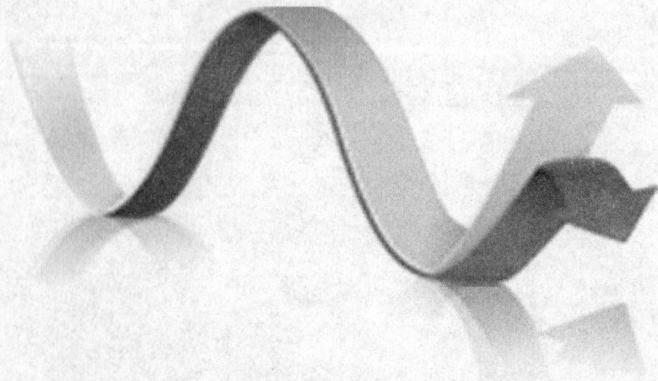

任务一 骨骼动画——Biped 骨骼系统的使用

任务描述

动物的身体是由骨骼、肌肉和皮肤组成的，骨骼主要用来支撑动物的躯体，肌肉筋腱拉动骨骼关节产生移动或旋转，从而表现出动物形体的运动效果。在本任务中，主要完成骨骼系统的创建、动画的制作，动画效果分解动作如图9-1-1所示。

任务分析

角色模型的骨骼系统由 Character Studio 的 Biped 对象创建，采用三种方式完成 Biped 足迹动画的制作：多足迹动画、手动调节足迹动画、Biped 动作库足迹动画。调整足、手、腰等身体部位的动作，完成 Biped 行走动画制作。

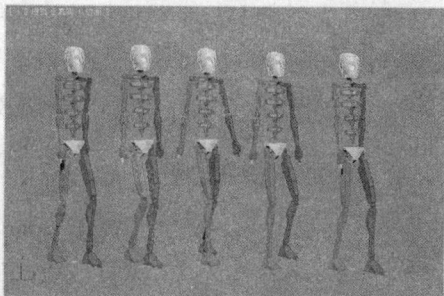

图 9-1-1 任务一效果图

方法与步骤

1. 创建 Biped 对象

提示：

① 创建 Biped；② 修改 Biped 参数。

（1）单击"创建"面板 ░ "系统"类别 ░ 中的 Biped 按钮，在视图中拖动鼠标创建 Biped，如图 9-1-2 所示。

（2）在"创建 Biped"卷展栏下"躯干类型"选项组中修改 Biped 对象的参数，设置"手指"为 5，"手指链接"为 3，脚趾为 5，"脚趾链接"为 2，"高度"为 1 700 mm，如图 9-1-3 所示。

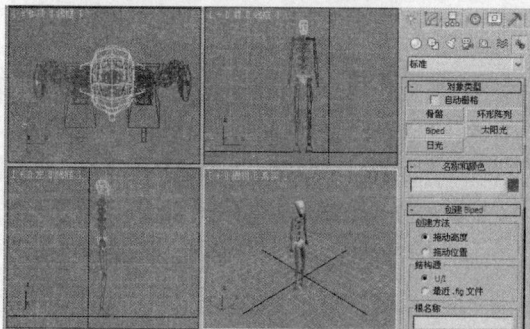

图 9-1-2 创建 Biped

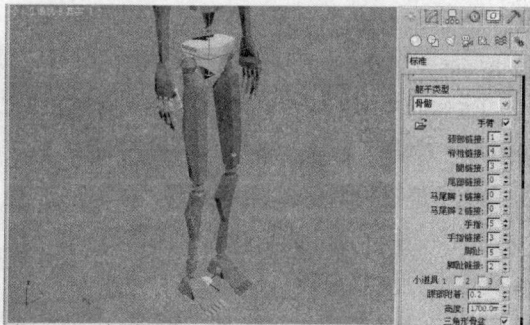

图 9-1-3 修改 Biped 参数

（3）Biped 对象创建后，如果要再次修改 Biped 参数，可以在"运动"面板中完成。首先选中 Biped 对象，然后单击"运动"面板 ░ Biped 卷展栏下的"体形模式"按钮 ░ ，然后在"结构"卷展栏修改 Biped 参数即可，如图 9-1-4 所示。

2. Biped 足迹动画

> **提示：**
> ① 创建多足迹动画；② 手动建立 Biped 足迹；③ 使用 Biped 动作库创建足迹。

（1）首先创建 Biped 的多个足迹。单击"运动"面板 ◎Biped 卷展栏下的"足迹模式"按钮 ，进入足迹模式。单击"足迹创建"卷展栏中"创建多个足迹.."按钮 ，在打开的"创建多个足迹：行走"对话框中设置"足迹数"为 8，创建一个 8 步的行走动画，如图 9-1-5 所示。

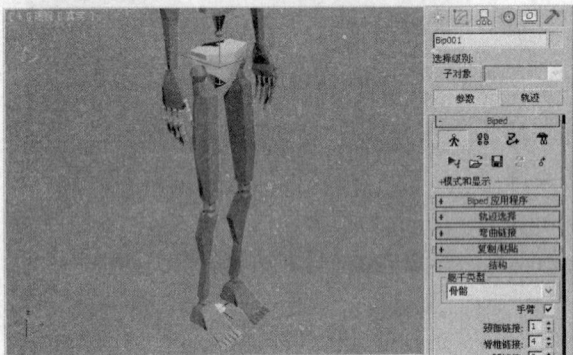

图 9-1-4　在运动面板中修改 Biped 参数　　　　图 9-1-5　设置行走足迹

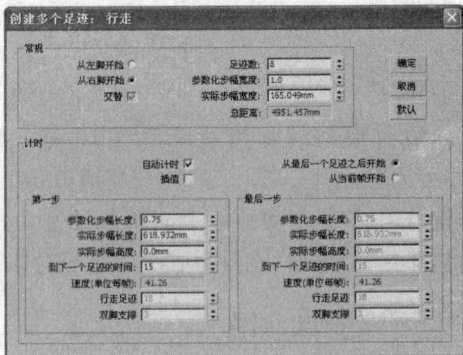

（2）单击"足迹操作"卷展栏下"为非活动足迹创建关键点"按钮 ，为上面建立的足迹创建关键点。在动画播放区单击"播放动画"按钮 ▶，我们能够看到 Biped 运动效果，如图 9-1-6 所示。

（3）单击 Biped 卷展栏下的"Biped 播放"按钮 ，我们可以观察到角色的线条动画播放效果，如图 9-1-7 所示。

（4）手动建立 Biped 足迹。完成了 Biped 多足迹自动设置后，下面介绍手动添加足迹的方法。在 Biped 足迹模式下，单击"足迹创建"卷展栏中"创建足迹（在当前帧上）"按钮 ，在视图中需要添加足迹的地方单击鼠标，完成 Biped 足迹的创建。

（5）足迹建立后，还可以通过"选择并移动" 和"选择并旋转" 工具，对每一个足迹进行调整，如图 9-1-8 所示。

（6）使用 Biped 动作文件。单击 Biped 卷展栏中"加载文件"按钮 ，打开素材文件中 biped 动作库中的"跳绳全动作.bip"，跳绳动作被赋予到 Biped 对象，单击"播放动画"按钮 ▶，我们能够看到 Biped 对象的跳绳动画效果，如图 9-1-9 所示。

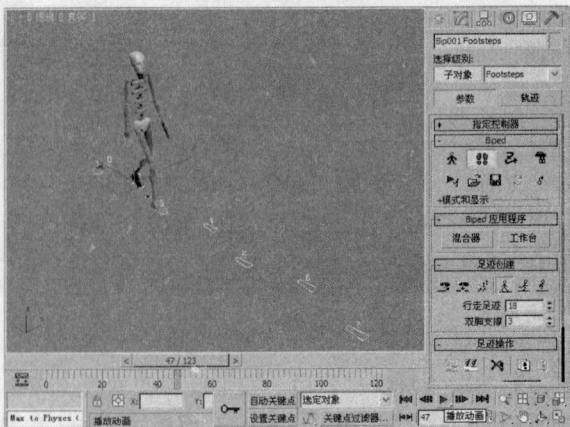

图 9-1-6　Biped 运动

图 9-1-7 Biped 线条动画效果

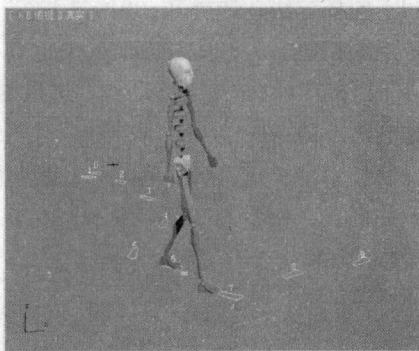

图 9-1-8 调整足迹

3. Biped 行走动画

> **提示：**
> ① 调整足部行走动作；② 调整手部运动动作；③ 调整腰部动作；④ 调整肩部动作。

（1）创建一个 Biped，选择骨盆中 Bip001 对象，为 Bip001 设置一个选择集 middle 便于以后操作，如图 9-1-10 所。

图 9-1-9 Biped 跳绳动画

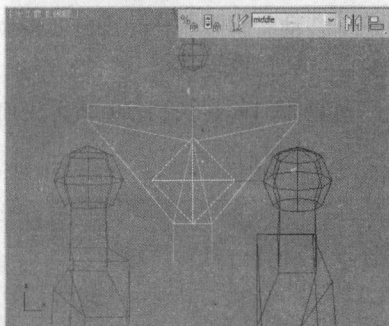

图 9-1-10 创建 Biped

（2）调整 Biped，使其成为行走的预备动作，如图 9-1-11 所示。

（3）调节时间滑块到第 0 帧，选择左脚 Bip001 L Foot 对象，进入"运动"面板 ，单击"关键点信息"卷展栏下"设置踩踏关键点"按钮，固定左脚位置，如图 9-1-12 所示。

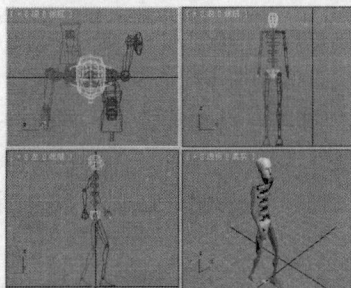

图 9-1-11 调整 Biped 行走预备动作

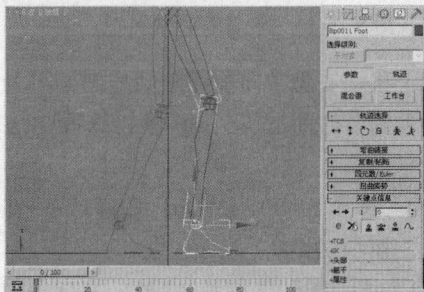

图 9-1-12 设置左脚踩踏关键点

（4）同样方法，选择 Bip001、"手掌""右脚"等对象，单击"关键点信息"卷展栏下"设置关键点"按钮，为这些对象设置关键点，如图 9-1-13 所示。

（5）以每 10 帧做一走路动作。选择 Bip001 对象，滑动时间滑块到第 10 帧，按下"轨迹选择"卷展栏下的"锁定 COM 关键点""躯干水平"和"躯干垂直"按钮，将骨盆稍微向前上方移动以制作半个步伐，然后单击"关键点信息"卷展栏下"设置关键点"按钮，为 Bip001 对象设置关键点，如图 9-1-14 所示。由于左脚设置了踩踏关键点，在调节骨盆过程中，左脚不会随着移动。

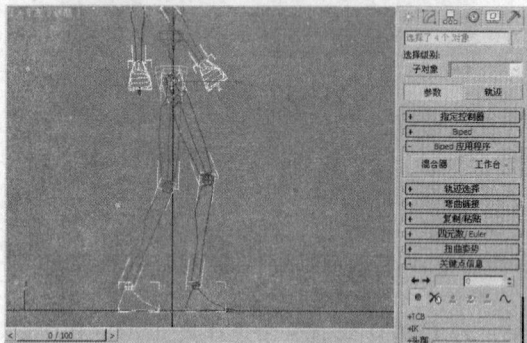

图 9-1-13　设置手、右脚等对象关键点

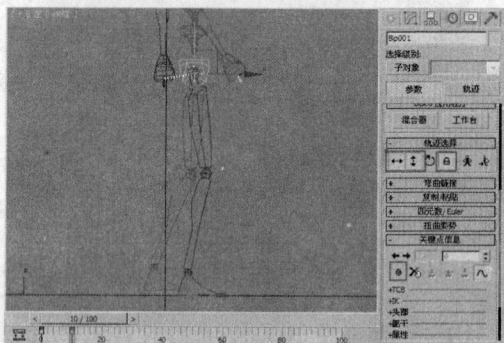

图 9-1-14　设置 Bip001 关键点

（6）移动右脚掌制作一个跨步的动作，单击"设置关键点"按钮，为右脚掌设置关键点，如图 9-1-15 所示。

（7）调节时间滑块到 20 帧，向前下移动 Bip001，使身体稍微下压，做出踩步的动作，如图 9-1-16 所示。

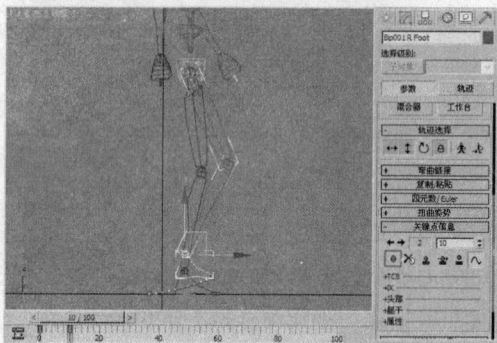

图 9-1-15　设置右脚掌关键点

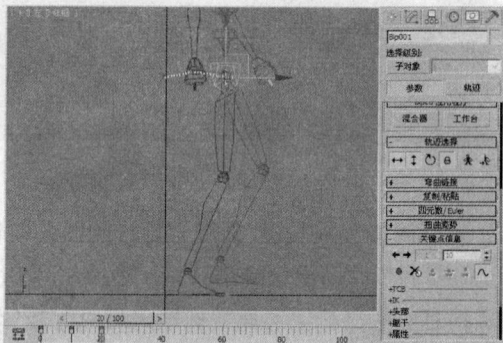

图 9-1-16　设置 Bip001 关键点

（8）移动右脚掌向前踩踏到地面，设置为踩踏关键点，如图 9-1-17 所示。

（9）调节时间滑块到 30 帧，选取 Bip001 对象向前上方移动并设置关键点，如图 9-1-18 所示。

（10）选择 Bip001 L Foot（左脚掌），在第 20 帧设置踩踏关键点，使其在 0 至 20 帧保持踩地状态，如图 9-1-19 所示。

（11）滑动时间滑块到 30 帧，左脚向前移动做抬腿的动作，单击按钮设置自由关键点，如图 9-1-20 所示。

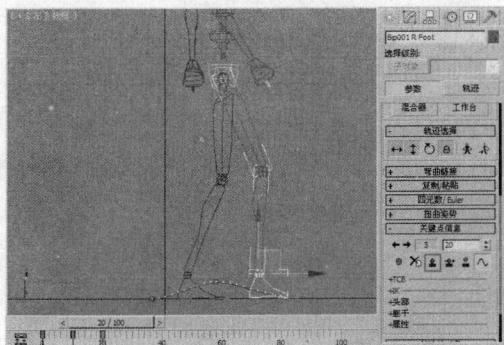

图 9-1-17 设置右脚掌踩踏关键点

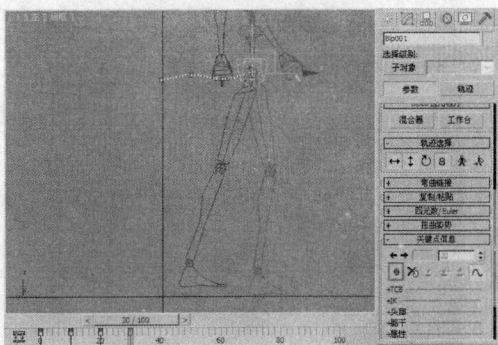

图 9-1-18 设置 Bip001 关键点

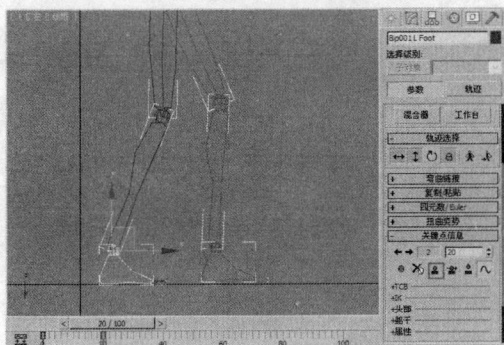

图 9-1-19 设置左脚踩踏关键点

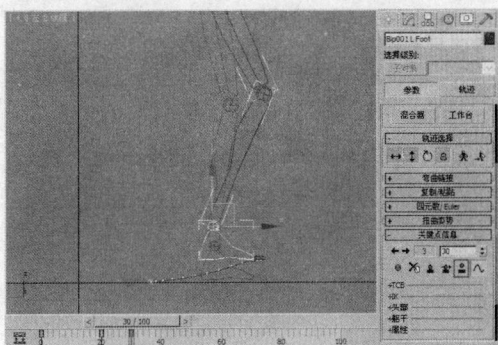

图 9-1-20 设置左脚自由关键点

（12）调节时间滑块到 40 帧，向前下移动 Bip001，使身体稍微向下压并设置关键点，如图 9-1-21 所示。

（13）选择左脚，在 40 帧处向前下方移动，设置踩踏关键点，如图 9-1-22 所示。

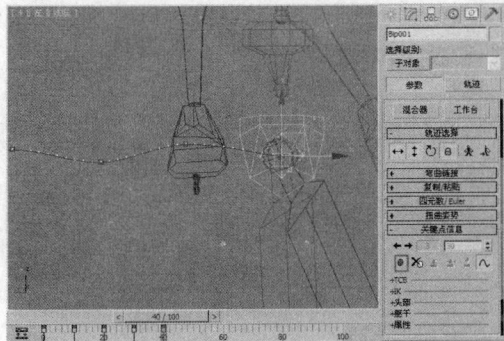

图 9-1-21 设置 Bip001 关键点

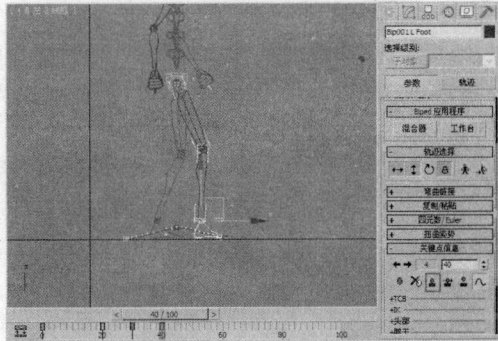

图 9-1-22 设置 40 帧左脚踩踏关键点

（14）简单的走路动作轨迹如图 9-1-23 所示。

（15）下面对脚掌弯曲动作进一步细调。选择右脚在第 40 帧设置踩踏关键点，如图 9-1-24 所示。

（16）在 42 帧对脚掌进行旋转调节，设置踩踏关键点，如图 9-1-25 所示。

（17）调节时间滑块到 50 帧，选择 Bip001，稍向前上方移动并设置关键点，如图 9-1-26 所示。

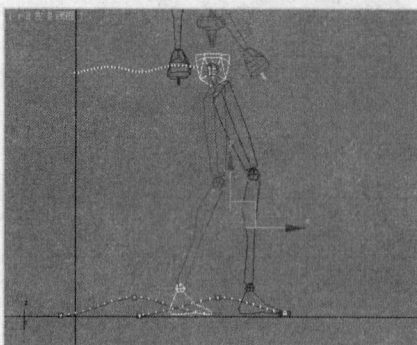

图 9-1-23　左右脚动作轨迹

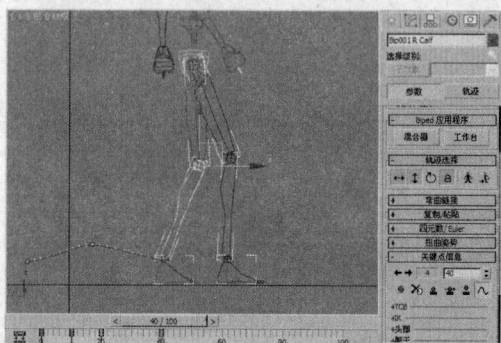

图 9-1-24　右脚踩踏关键点

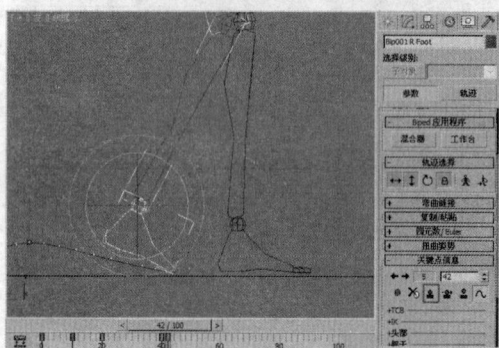

图 9-1-25　右脚位置调整

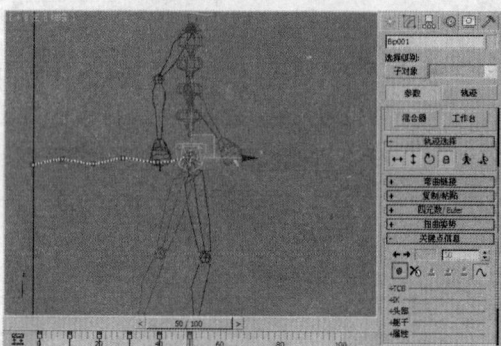

图 9-1-26　移动 Bip001

（18）在第 50 帧，使右脚抬起并设置自由关键点，调整后的位置如图 9-1-27 所示。

（19）调节时间滑块到 60 帧，选择 Bip001，稍向前下方移动并设置关键点，如图 9-1-28 所示。

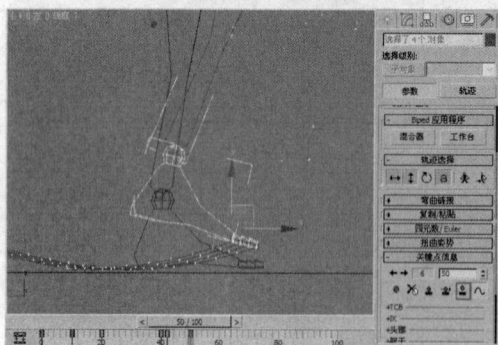

图 9-1-27　设置右脚自由关键点

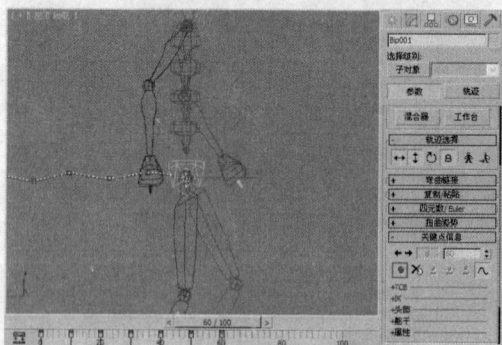

图 9-1-28　向前下方移动 Bip001

（20）选择右脚，在第 60 帧处向前移动，旋转脚掌后设置踩踏关键点，位置如图 9-1-29 所示。

（21）在第 60 帧处更改脚掌的轴心。在 IK 选项组中，单击"选择轴"按钮，在右脚的脚跟处单击，以便于踩地动作的调节，如图 9-1-30 所示。

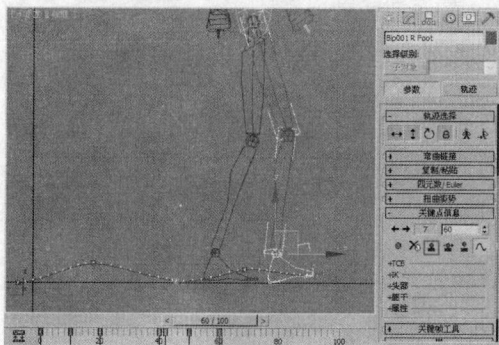

图 9-1-29 调整右脚位置并设置关键点

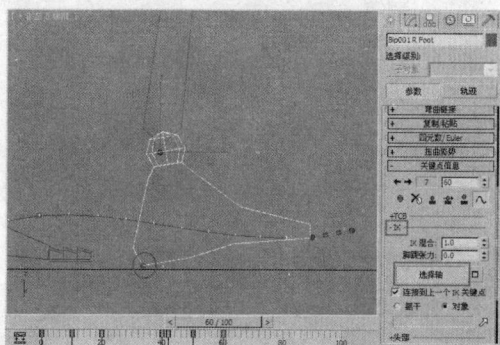

图 9-1-30 设置右脚掌轴心

（22）在第 62 帧处旋转脚掌到踩地位置，设置踩踏关键点，如图 9-1-31 所示。

（23）选择左脚，在 60 帧处设置踩踏关键点，如图 9-1-32 所示。

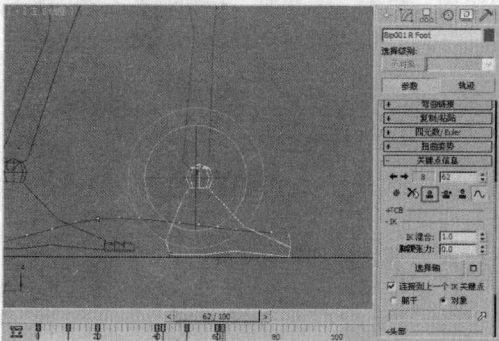

图 9-1-31 旋转调整右脚掌位置

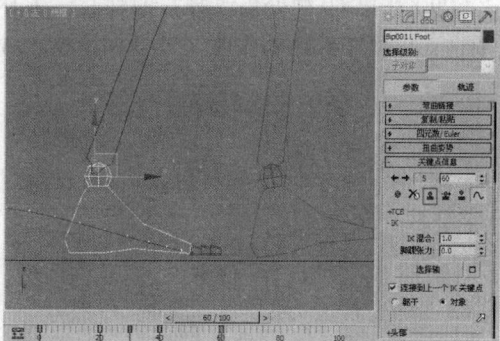

图 9-1-32 设置左脚踩踏关键点

（24）在第 62 帧，旋转左脚掌，做出弯曲的动作，设置踩踏关键点，如图 9-1-33 所示。

（25）选择 Bip001，在第 70 帧处继续向前上方移动，设置关键点，如图 9-1-34 所示。

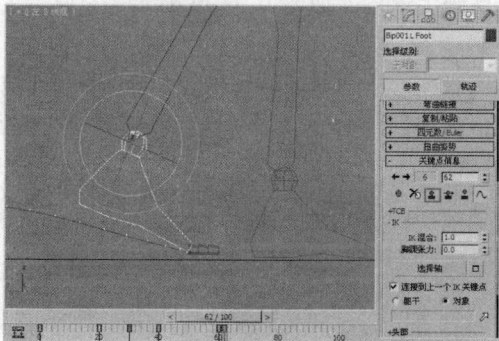

图 9-1-33 旋转调整左脚掌位置

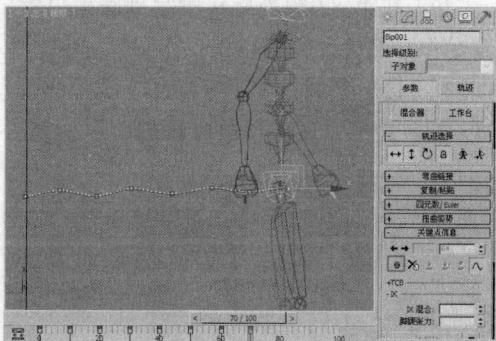

图 9-1-34 向前上方移动 Bip001

（26）移动左脚掌到抬起状态，设置自由关键点，旋转调整后的位置如图 9-1-35 所示。

（27）调节时间滑块到 80 帧，选择 Bip001 稍向前下方移动，设置关键点，如图 9-1-36 所示。

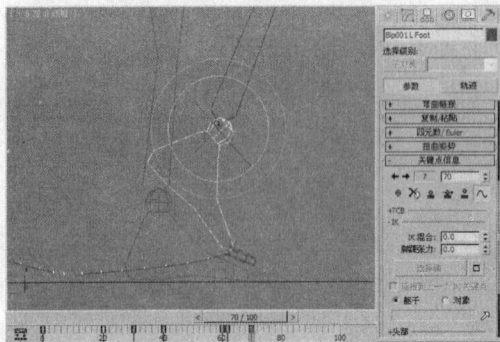

图 9-1-35　旋转调整左脚掌

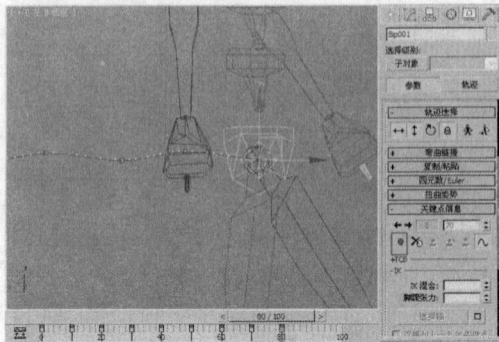

图 9-1-36　向前下方移动 Bip001

（28）选择左脚掌，在第 80 帧移动位置，做出踩地的预备动作并设置踩踏关键点，如图 9-1-37 所示。

（29）在第 60 帧处更改脚掌的轴心。在 IK 选项组中，单击"选择轴"按钮，在左脚的脚跟处单击，以便于踩地动作的调节，如图 9-1-38 所示。

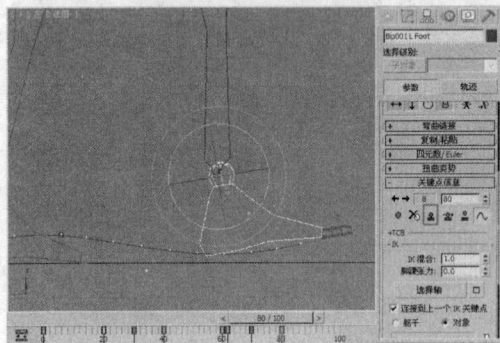

图 9-1-37　旋转调整左脚掌位置

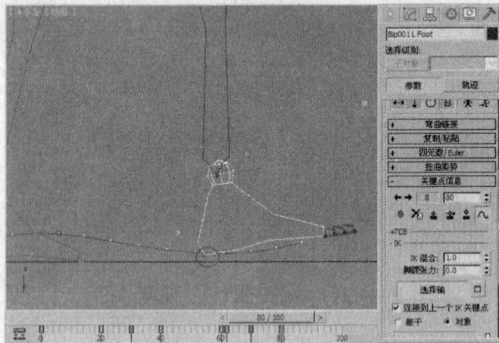

图 9-1-38　调整左脚掌轴心

（30）在第 82 帧处旋转脚掌到踩地位置，设置踩踏关键点，如图 9-1-39 所示。至此，下半身动作已经大致完成。

（31）接下来制作上半身动作。选择颈部与脊椎骨骼，按下"弯曲链接模式"按钮 ，在第 0 帧，旋转角度，做出稍微弯腰的动作，如图 9-1-40 所示。

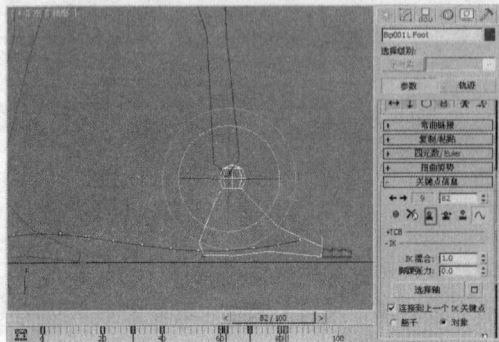

图 9-1-39　旋转调整左脚掌

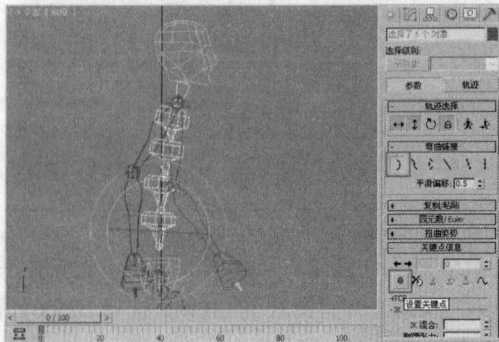

图 9-1-40　调整腰部骨骼

（32）向上抬脚时身体重心较高，在第 10 帧，脊柱向上调整，如图 9-1-41 所示。

（33）右脚踩地后重心降低，再次向下旋转脊椎。这样依次调整到 80 帧，如图 9-1-42 所示。

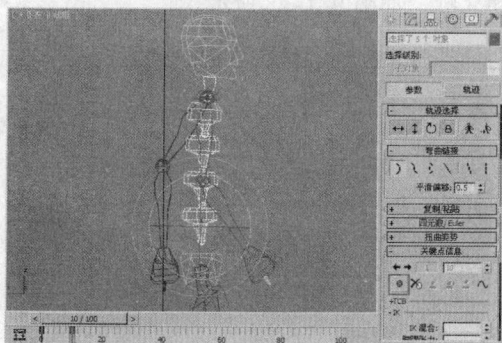

图 9-1-41　调整腰部骨骼

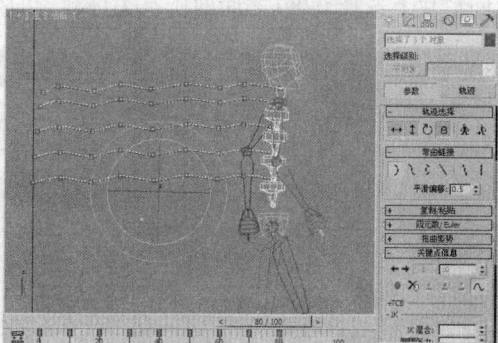

图 9-1-42　腰部骨骼调整轨迹

（34）制作手部运动。在第 0 帧时，左脚在前所以我们先调整右手，选择右手设置关键点，如图 9-1-43 所示。

（35）在第 10 帧时，右手移至身体中间，设置关键点，如图 9-1-44 所示。

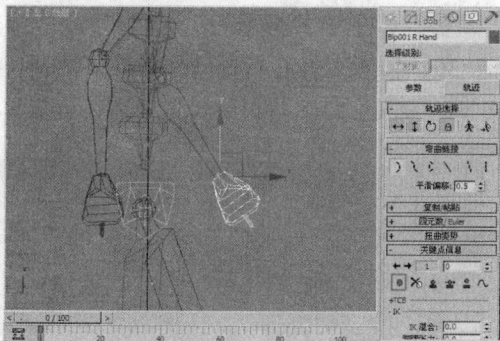

图 9-1-43　调整右手到身体前方

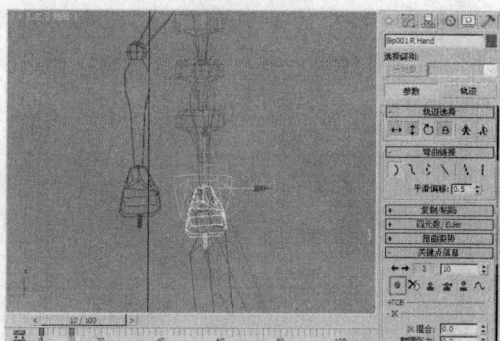

图 9-1-44　调整右手到身体中间

（36）在第 20 帧时，右手移至身体后方，设置关键点，如图 9-1-45 所示。

（37）在 30 帧时移至身体中间，40 帧时移至身体前方，同样方式调整至 80 帧，如图 9-1-46 所示。

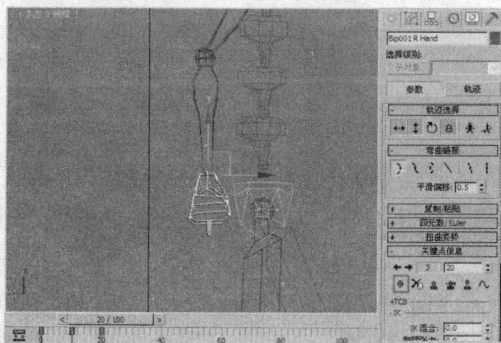

图 9-1-45　调整右手到身体左边

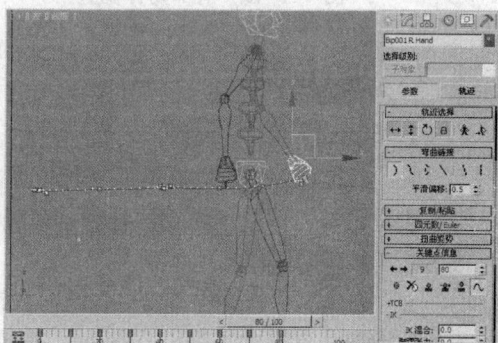

图 9-1-46　右手动作轨迹

（38）同样方法，对左手动作进行调整，如图 9-1-47 所示。

（39）在走路时，手的动作要比脚稍慢一些，需要将手的关键点向后移动，选择两手掌，在时间滑块上选择 0-80 之间的所有关键帧，向后移动 3 帧，如图 9-1-48 所示。

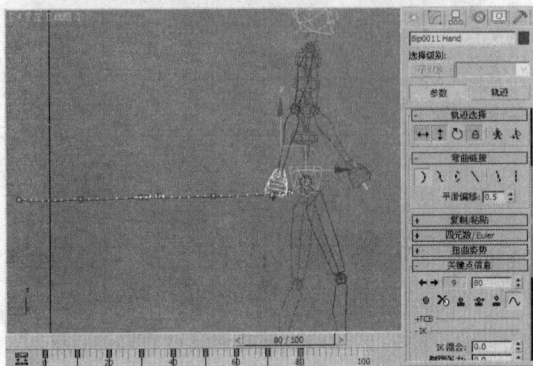

图 9-1-47　左手动作轨迹　　　　　　　图 9-1-48　调整左右手关键点

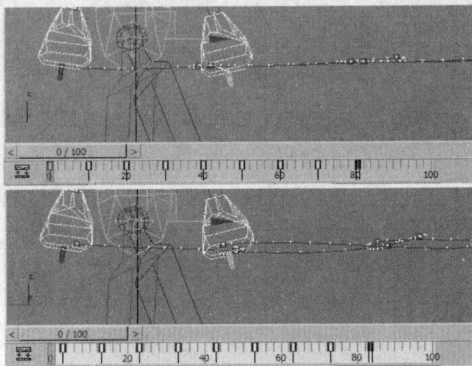

（40）肩膀动作设置。由于走路时肩膀会左右晃动，需对肩膀再做进一步调整。在前视图中选择四段脊椎。选择顶视图，第 0 帧时，左脚在前，所以肩膀向右倾斜。第 20 帧时，右脚在前，身体向左倾。依次在 40、60、80 帧处进行调整，调整后如图 9-1-49 所示。

（41）走路动作已经大致完成，第 0、10、20、30、40 帧处角色行走动作效果如图 9-1-50 所示。

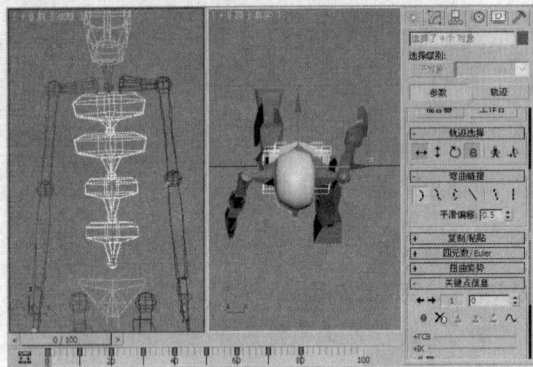

图 9-1-49　肩部动作调整　　　　　　　图 9-1-50　行走动作分解

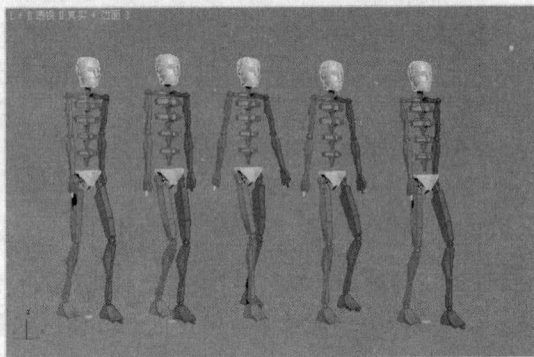

相关知识

1. Biped

3ds Max 2012 为用户提供了一套非常方便的人体骨骼系统——Biped 骨骼。使用 Biped 工具可以创建出与人体基本一致的骨骼，利用该工具可以快速地制作人物动画。同时也可以通过修改 Biped 参数来制作其他生物。

在"创建"面板 中单击"系统"按钮 ，设置系统类型为"标准"，然后单击 Biped 按钮，在视图中拖动鼠标即可创建一个 Biped，如图 9-1-51 所示。Biped 对象可以通过 Biped 参数进行调节，一种是在创建 Biped 时的创建参数，另一种是创建完成后的运动参数。

2. Biped 创建参数

Biped 创建参数，如图 9-1-52 所示。

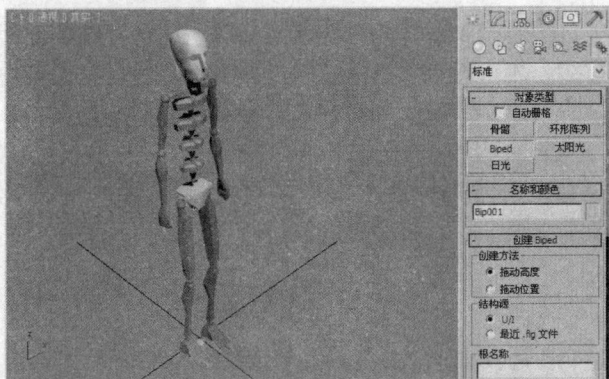

图 9-1-51 创建 Biped

图 9-1-52 Biped 创建参数

（1）"创建方法"选项组：

- "拖动高度"：以拖动鼠标的方式创建 Biped。
- "拖动位置"：在视图中单击鼠标就可以创建 Biped。

（2）"结构源"选项组：

- U/I：以 3ds Max 默认的源方式创建 Biped。
- "最近.flg 文件"：以最近用过的.flg 文件创建结构。

（3）"躯干类型"选项组：

- "躯干类型"下拉列表中包含了以下 4 种躯干类型。
  - ◆ 骨骼：这是一种自然适应角色网络的真实躯干骨骼，如图 9-1-53 所示。
  - ◆ 男性：基于男性比例的骨骼模型，男性的头骨上眉弓较宽，下颌骨方正，如图 9-1-54 所示。
  - ◆ 女性：基于女性比例的骨骼模型，女性头骨下颌内收，呈尖形，如图 9-1-55 所示。
  - ◆ 标准：3ds Max 中最初的骨骼模型，如图 9-1-56 所示。
- "手臂"：设置是否为当前两足动物生成手臂，图 9-1-57 所示为关闭该选项的效果。
- "颈部链接"数值框：设置在两足动物颈部的链接数，默认值为 1,范围为 1 ~ 25,图 9-1-58 所示为颈部链接为 1 和 4 的效果。
- "脊椎链接"数值框：设置在两足动物脊骨上的链接数，默认设置为 4，范围为 1 ~ 10，图 9-1-59 为脊椎链接为 4 和 6 时的效果。

图 9-1-53 骨骼

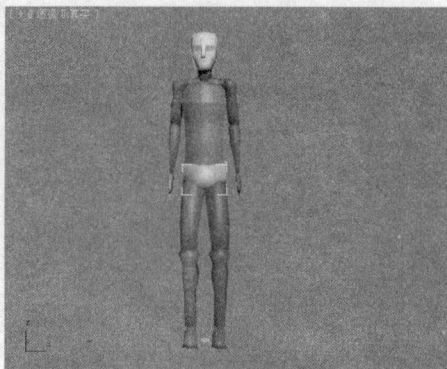

图 9-1-54 男性

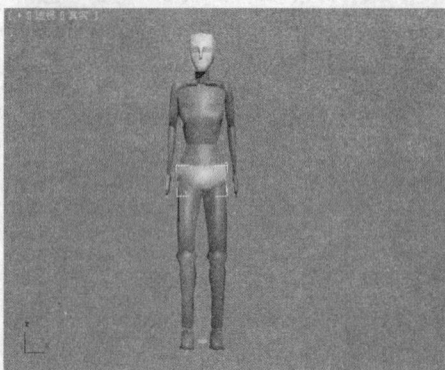

图 9-1-55 女性

图 9-1-56 标准

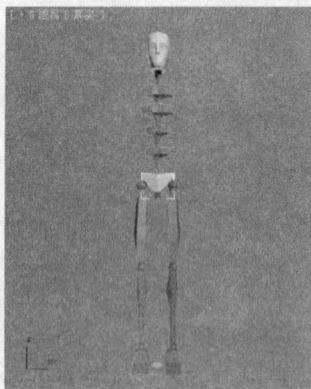

图 9-1-57 关闭手臂效果

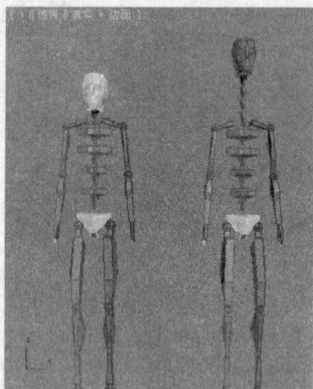

图 9-1-58 颈部效果

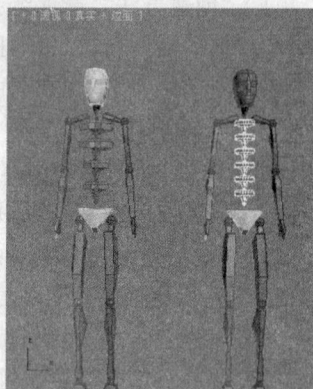

图 9-1-59 脊椎效果

- "腿链接"数值框：设置两足动物腿部的链接数，默认值为 3。
- "尾部链接"数值框：设置两足动物尾部的链接数，值 0 表明没有尾部。默认设置为 0，范围为 0 ~ 25，图 9-1-60 所示为尾部链接为 4 和 8 时的效果。
- "马尾辫 1/2 链接"数值框：设置马尾辫链接的数目，默认设置为 0。图 9-1-61 所示为"辫 1 链接"为 4 和 12 时的效果，范围为 0 至 25。可以使用马尾辫链接来制作头发动画。马尾辫链接到角色头部并且可以用来制作其他附件动画。通过在体形模式中重新设置并定位，可以使用马尾辫来实现角色下颌、耳朵、鼻子或任何其他随着头部一起移动的部位的动画。

- "手指"数值框：设置两足动物手指的数目，默认值为 5，范围为 0 ~ 1。
- "手指链接"数值框：设置每个手指链接的数目，默认值为 1，范围为 1 ~ 3。
- "脚趾"：设置两足动物脚趾的数目，默认值为 1，范围为 1 ~ 5。
- "脚趾链接"：设置每个脚趾链接的数目，默认设置为 3，范围为 1 至 3。注意，如果角色穿鞋的话，只需要设计含有一个脚趾的脚趾链接就行了。
- "小道具 1/2/3"：最多可以使用三个道具，这些道具可以用来表现连接到两足动物的工具或武器。可以通过小道具设置来制作角色手持道具（如武器）的效果，如图 9-1-62 所示。

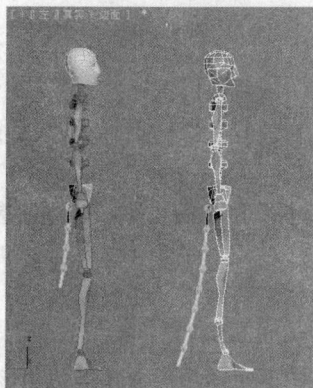

图 9-1-60　尾部效果　　　　图 9-1-61　马尾辫效果　　　　图 9-1-62　小道具效果

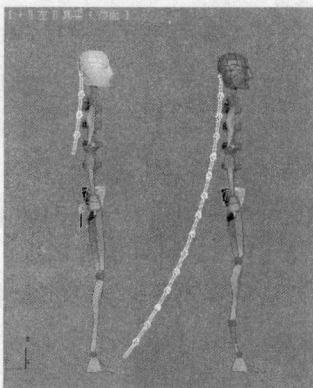

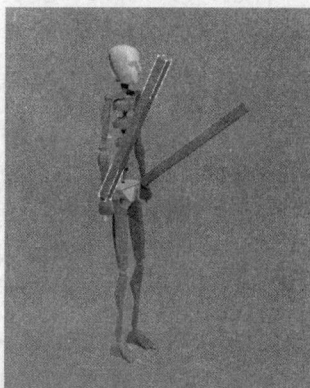

- "踝部附着"复选框：沿着足部块指定踝部的粘贴点。可以沿着足部块的中线在脚后跟到脚趾间的任何位置放置脚踝。值 0 表示将踝部粘贴点放置在脚后跟上。值 1 表示将踝部粘贴点放置在脚趾上。
- "高度"数值框：设置当前两足动物的高度。用于在附加 Physique 前改变两足动物大小以适应网格角色，该参数也用于附加 Physique 后缩放角色的大小。
- "三角形骨盆"复选框：当附加 Physique 后，打开该选项来创建从大腿到两足动物最下面一个脊骨对象的链接。

（4）"扭曲链接"选项组：

- "扭曲"：对两足动物肢体启用扭曲链接。启用扭曲之后，扭曲链接可见，但是仍然被冻结。可以使用"冻结"卷展栏上的"按名称解冻"或"按单击解冻"将其解冻。
- "上臂"：设置上臂中扭曲链接的数量，默认设置为 0，范围为 0 ~ 10。
- "前臂"：设置前臂中扭曲链接的数量，默认设置为 0，范围为 0 ~ 10。
- "大腿"：设置大腿中扭曲链接的数量，默认设置为 0，范围为 0 ~ 10。
- "小腿"：设置小腿中扭曲链接的数量，默认设置为 0，范围为 0 ~ 10。
- "脚架链接"：设置"脚架链接"中扭曲链接的数量，默认设置为 0，范围为 0 ~ 10。

3. Biped 运动参数

"运动"面板中，Biped 运动参数包括 13 个参数卷展栏，如图 9-1-63 所示。

（1）"指定控制器"卷展栏，如图9-1-64所示。

▣ "指定控制器"：为选定的轨迹显示一个可供选择的控制器列表。

（2）"Biped"卷展栏，如图9-1-65所示。

图 9-1-63　Biped 运动参数　　　图 9-1-64　"指定控制器"卷展栏　　　图 9-1-65　Biped 卷展栏

- ⚹ "体型模式"：用于更改两足动物的骨骼结构，并使两足动物与网格对齐。
- ⚏ "足迹模式"：用于创建和编辑足迹动画。在该模式下，Biped 卷展栏下的卷展栏将变成"足迹模式"的卷展栏。
- ⛒ "运动流模式"：用于将运动文件集成到较长的动画脚本中。在该模式下，Biped 卷展栏下的卷展栏将变成"运动流模式"的相关卷展栏。
- ⚘ "混合器模式"：用于查看、保存和加载使用运动混合器创建的动画。在该模式下，Biped 卷展栏下的卷展栏将变成"混合器模式"的相关卷展栏。
- ▶ "Biped播放"：仅在"显示首选项"对话框中删除了所有的两足动物后，才能使用该工具播放它们的动画。
- ☞ "加载文件"：加载 Biped 文件（.bip）、体形文件（.flg）或步长文件（.stp）。
- ▣ "保存文件"：用于保存.bip、.flg 或 .stp 文件。
- ⟳ "转换"：将足迹动画转换成自由形式的动画。
- ♂ "移动所有模式"：一起移动和旋转两足动物及相关动画。

"模式"选项组：用于编辑 Biped 的"缓冲区模式""橡皮圈模式""缩放步幅模式和原地模式"等。

- ▣ "缓冲区模式"：用于编辑缓冲区模式中的动画分段。
- ✌ "橡皮圈模式"：使用此选项可重定位 Biped 的肘部和膝盖，而无需在体形模式下移动 Biped 的手或脚。
- ▣ "缩放步幅模式"：可以调整足迹步幅的长度和宽度，使其与 Biped 体形的步幅长度和宽度相匹配。
- ◉ "原地模式"：使用"原地模式"可在播放动画时确保 Biped 显示在视口中。使用"原地 X 模式"可以锁定 X 轴运动的质心；使用"原地 Y 模式"可以锁定 Y 轴运动的质心。

"显示"选项组：用于设置 Biped 在视图中的显示模式。

- ▣ 对象/ ▌ 骨骼/ ▣ 骨骼与对象：显示 Biped 形体对象、显示 Biped 的骨骼、同时显示骨骼和对象。

- ∎⁴² "显示足迹和编号"：显示 Biped 的足迹和足迹编号。
- ∎∎ "显示足迹"：在视口中显示 Biped 足迹，但不显示足迹编号。
- ∎∎ "隐藏足迹"：在视口中关闭足迹和足迹编号。
- ∎∎∎ "扭曲链接"：切换 Biped 中使用的扭曲链接的显示。默认设置为启用。
- ∎ "腿部状态"：启用该按钮后，视口会在相应帧的每个脚上显示移动、滑动和踩踏。
- ∿ "轨迹"：显示选定的 Biped 肢体的轨迹。
- ∎ "显示首选项"：显示"显示首选项"对话框，该对话框用于更改足迹的颜色和轨迹参数，以及设置使用"Biped"卷展栏中的"播放"时要播放的 Biped 参数。

（3）"Biped 应用程序"卷展栏，如图 9-1-66 所示。
- "混合器"：打开"混合器"，设置动画文件层。
- "工作台"：打开"工作台"，用于分析并调整 Biped 的运动曲线。

（4）"轨迹选择"卷展栏，如图 9-1-67 所示。
- ↔ "躯干水平"：选择重心可编辑 Biped 的水平运动。
- ↕ "躯干垂直"：选择重心可编辑 Biped 的垂直运动。
- ↻ "躯干旋转"：选择重心可编辑 Biped 的旋转运动。
- ∎ "锁定 COM 关键点"：启用该选项，可以同时选择多个 COM 轨迹。一旦锁定，轨迹将存储在内存中，并且每次选择 COM 时，都将记住这些轨迹。
- ∎ "对称"：选择 Biped 另一侧的匹配对象。例如，如果选择右臂，单击"对称"按钮就会选择左臂。
- ∎ "相反"：选择 Biped 另一侧的匹配对象，并取消选择当前对象。

（5）"弯曲链接"卷展栏，如图 9-1-68 所示。

图 9-1-66　"Biped 应用程序"
卷展栏

图 9-1-67　"轨迹选择"
卷展栏

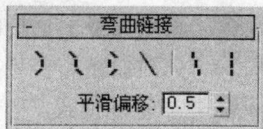

图 9-1-68　"弯曲链接"
卷展栏

- ⌐ "弯曲链接模式"：此模式可以用于旋转链的多个链接，而无需先选择所有链接。
- ∖ "扭曲链接模式"：该模式与"弯曲链接模式"很相似，其使沿局部 X 轴的旋转应用于选定的链接，并在其余整个链中均等地递增它，从而保持其他两个轴中链接的关系。
- ∫ "扭曲个别模式"：该模式与"弯曲链接模式"很相似，其允许沿局部 X 轴旋转选定的链接，而不会影响其父链接或子链接。
- ∖ "平滑扭曲模式"：此模式考虑沿链的第一个和最后一个链接的局部 X 轴的方向旋转，以便分布其他链接的旋转。
- ∤ "零扭曲"：根据链的父链接的当前方向，沿局部 X 轴将每个链接的旋转重置为 0。
- ∣ "所有归零"：根据链的父链接的当前方向，沿所有轴将每个链接的旋转重置为 0。

（6）"复制/粘贴"卷展栏，如图 9-1-69 所示。

- ▣ "创建集合"：清除当前集合名称以及与之关联的姿势、姿态和轨迹。

- ☞ "加载集合"：加载 CPY 文件。

- ▤ "保存集合"：保存当前会话活动集合中的所有姿态、姿势和轨迹。

- ✗ "删除集合"：从场景中删除当前集合。

- ▥ "删除所有集合"：从场景中删除所有集合。

- ▤ "Max 加载首选项"：显示包含打开场景文件时可采取操作选项的对话框。

- "姿势、姿态和轨迹"：选择其中一个按钮来选择要进行复制和粘贴的信息种类。默认值为"姿态"。

- "复制/粘贴"按钮：这些按钮按照当前模式进行更改，如姿势、姿态和轨迹中所述。

图 9-1-69 "复制/粘贴"卷展栏

- ✗ "删除选定项"：删除选定的姿态、姿势或轨迹缓冲区。选定的缓冲区是活动的，它的名称通常显示在"复制的姿势"/"复制的姿态"/"复制的轨迹"列表中。

- ▥ "全部删除"：删除"复制的姿态/姿势/轨迹"列表中的所有缓冲区。

- ▣▢▢：姿势模式。

- ▢ "复制姿态"：复制选定 Biped 对象姿势并将其保存在一个新的姿势缓冲区中。

- ▢ "粘贴姿态"：将活动缓冲区中的姿势粘贴到 Biped。

- ▢ "向对面粘贴姿态"：将活动缓冲区中的姿势粘贴到 Biped 相反的一侧中。

- ▣▢▢：姿态模式。

- ▢ "复制姿势"：复制整个 Biped 的当前姿态并将其保存在新的姿态缓冲区中。

- ▢ "粘贴姿势"：将活动缓冲区中的姿态粘贴到 Biped 中。

- ▢ "向对面粘贴姿势"：将活动缓冲区中的相反姿态粘贴到 Biped 中。

- ▣▢▢：轨迹模式。

- ▢ "复制轨迹"：复制选定 Biped 对象的轨迹并创建一个新的轨迹缓冲区。

- ▢ "粘贴轨迹"：将活动缓冲区中的一个或多个轨迹粘贴到 Biped 中。

- ▢ "向对面粘贴轨迹"：将活动缓冲区中的一个或多个轨迹粘贴到 Biped 相反的一侧。

（7）"四元数/Euler"卷展栏，如图 9-1-70 所示。

- "四元数"：将选择的 Biped 动画转化为四元数旋转。如果 Biped 旋转尚未设置动画，则该选项将作为默认选项启动。

- Euler：将选择的 Biped 动画转化为 Euler 旋转。

（8）"扭曲姿势"卷展栏，如图 9-1-71 所示。

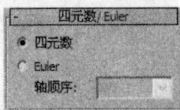

图 9-1-70 四元数/Euler 卷展栏

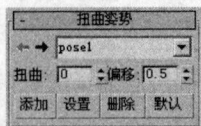

图 9-1-71 扭曲姿势卷展栏

- ← → "上一个/下一个关键点"：滚动扭曲姿势列表并从中进行选择。
- "扭曲姿态列表"：可以使您选择一个预设或保存姿态，应用到 Biped 选定的肢体中。默认情况下，有五个扭曲姿态可用于每个有三种自由度的肢体：上、前、侧、下和后。您还可以重命名当前的扭曲姿态。
- "扭曲"：将所应用的扭曲旋转的数量（以度计算）设置给链接到选定肢体的扭曲链接。这样就影响了来自相反一侧的扭曲链接。默认值为 0。范围为–180 至 180。
- "偏移"：沿扭曲链接设置旋转分布。设置为 1.0 将使扭曲向顶部链接集中，设置为 0.0 将使扭曲向底部链接集中。默认设置是 0.5，这时旋转均匀地分布在链接中。这样就影响了来自相反一侧的扭曲链接。
- "添加"：根据选定肢体的方向创建一个新的扭曲姿态，并将"扭曲"和"偏移"重设为其默认值。
- "设置"：用当前的"扭曲"和"偏移"值更新活动扭曲姿态。
- "删除"：移除当前的扭曲姿态。
- "默认"：用五个默认的预设姿态替换所有具有三种自由度的肢体的所有扭曲姿态。

（9）"关键点信息"卷展栏，如图 9-1-72 所示。

- ● "设置关键点"：移动 Biped 对象时在当前帧创建关键点。
- ✂ "删除关键点"：删除选定对象在当前帧的关键点。
- ♙ "设置踩踏关键点"：设置一个 Biped 关键点，使其 IK 混合值为 1，启用"连接到上一个 IK 关键点"，并在 IK 组中选定"对象"。
- ♙ "设置滑动关键点"：设置一个滑动关键点，使其 IK 混合值为 1，启用"连接到上一个 IK 关键点"，并在 IK 组中选定"对象"。

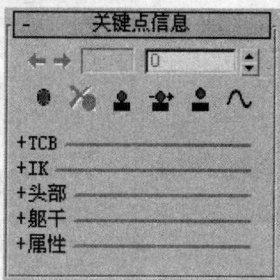

图 9-1-72 "关键点信息"卷展栏

- ♙ "设置自由关键点"：设置一个 Biped 关键点，使其 IK 混合值为 0，启用"连接到上一个 IK 关键点"，并在 IK 组中选定"对象"。

（10）"关键帧工具"卷展栏，如图 9-1-73 所示。

- ∿ "启用子动画"：启用 Biped 子动画。
- ∿ "操纵子动画"：修改 Biped 子动画。
- ∅ "清除选定轨迹"：从选定对象和轨迹中移除所有关键点和约束。
- ∅ "清除所有动画"：从 Biped 中移除所有关键点和约束。
- ▸◂ "镜像"：围绕世界空间 XZ 平面反射动画。该选项将 Biped 的位置反转 180°。
- "设置多个关键点"：使用过滤器选择关键点或将转动增量应用于选定的关键点。
- ⌐┘ "设置父对象模式"：启用"设置父对象模式"后，在创建肢体关键点的同时，还会为父对象创建关键点。启用"单独 FK 轨迹"后使用"设置父级模式"。
- ⟨ ⟩ ⟨ ⟩ "锚定右臂、左臂、右腿以及左腿"：用于临时修正手和腿的位置和方向，可以确保手或腿保持对齐，直到设置了建立对象空间序列的第二个关键点为止。
- "在轨迹视图中显示全部"：显示轨迹视图"设置关键帧"中选项的所有曲线。

- “单独 FK 轨迹”组：默认情况下，手指、手、前臂、上臂关键点存储在锁骨轨迹中。脚趾、脚和小腿关键点保存在大腿轨迹中。如果需要额外的轨迹，可以指定 Biped 身体部位的轨迹。
  - “手臂”：启用时，为手指、手、前臂和上臂创建单独的变换轨迹。
  - “颈部”：启用时，为颈部链接创建单独的变换轨迹。
  - “腿”：启用时，创建单独的脚趾、脚和小腿变换轨迹。
  - “尾部”：启用时，为每个尾部链接创建单独的变换轨迹。
  - “手指”：启用时，为手指创建单独的变换轨迹。
  - “脊椎”：启用时，创建单独的脊椎变换轨迹。
  - “脚趾”：启用时，为脚趾创建单独的变换轨迹。
  - “马尾辫 1”：启用时，创建单独的马尾辫 1 变换轨迹。
  - “马尾辫 2”：启用时，创建单独的马尾辫 2 变换轨迹。
  - Xtras：启用时，可为附加尾部创建单独的轨迹。

（11）“层”卷展栏，如图 9-1-74 所示。

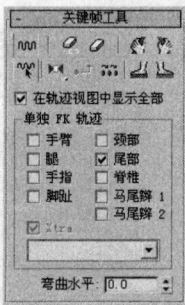

图 9-1-73 “关键帧工具”卷展栏　　　　图 9-1-74 “层”卷展栏

- “加载层”：选择并打开当前活动层的 BIP 文件。
- “保存层”：将当前层的动画保存为 BIP 文件。
- “上一层 – 下一层”：使用向上和向下箭头对层进行导航。
- “活动”：打开和关闭显示的层。
- “创建层”：创建层以及级别字段增量。
- “删除层”：删除当前层。被删除层以上的所有层的层号减一。
- “塌陷层”：将所有层塌陷为层 0。
- “捕捉和设置关键点”：将选定的 Biped 部位捕捉到其在层 0 中的原始位置，然后创建关键点。
- “只激活我”：在选定的层中查看动画。
- “全部激活”：激活所有层。
- “之前可视”：设置要显示为线型轮廓图的前面的层编号。
- “之后可视”：设置要显示为线型轮廓图的后面的层编号。

- "高亮显示关键点"：通过突出显示线型轮廓图来显示关键点。
- "Biped 的基础层"：将所选 Biped 的原始层上的 IK 约束作为重新定位参考。
- "参考 Biped"：将 "选择参考 Biped"按钮旁边的 Biped 的名称作为重新定位参考。
- ↗ "选择参考 Biped"：选择 Biped 作为所选 Biped 的重新定位参考。选定 Biped 的名称显示在按钮旁边。
- ✋ "重定位左臂"：启用选项，可以使 Biped 的左臂遵循基础层的 IK 约束。
- ✋ "重定位右臂"：启用选项，可以使 Biped 的右臂遵循基础层的 IK 约束。
- ↲ "重定位左腿"：启用选项，可以使 Biped 的左腿遵循基础层的 IK 约束。
- ↳ "重定位右腿"：启用选项，可以使 Biped 的右腿遵循基础层的 IK 约束。
- "更新"：重新定位身体部位和"仅限 IK"选项为每个设置的关键点计算选定 Biped 的手部和腿部位置。
- "仅 IK"：启用选项，仅在那些受 IK 控制的帧间才重新定位 Biped 受约束的手部和足部。

（12）"运动捕捉"卷展栏，如图 9-1-75 所示。

- 🖥 "加载运动捕捉文件"：加载 BIP、CSM 或 BVH 文件。
- 🎥 "从缓冲区转化"：过滤最近加载的运动捕捉数据。
- 📋 "从缓冲区粘贴"：将一帧原始运动捕捉数据粘贴到 Biped 的选中部位。
- 📹 "显示缓冲区"：将原始运动捕捉数据显示为红色线条图。
- 〽 "显示缓冲区轨迹"：将为 Biped 的选定躯干部位缓冲的原始运动捕捉数据显示为黄色区域。
- ⟳ "批处理文件转化"：将一个或多个 CSM 或 BVH 运动捕获文件转换为过滤的 BIP 格式。
- 🏃 "特征体形模式"：加载原始标记文件后，启用该项来相对于标记缩放 Biped。退出"特征形体"时，会校准整个标记文件。
- 🔢 "保存特征体形结构"：更改 Biped 的比例后，可以保存为 FIG 文件。
- ⚡ "调整特征姿势"：加载标记文件后，使用该项来相对于标记修正 Biped 的位置。
- 🖼 "保存特征姿势调整"：将特征姿势调整保存为 CAL 文件。
- 👣 "加载标记名称文件"：加载标记名称 (MNM) 文件。
- + "显示标记"：打开"标记显示"对话框，其中提供了用于指定标记显示方式的设置。

（13）"动力学和调整"卷展栏，如图 9-1-76 所示。

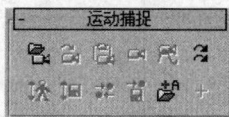

图 9-1-75 运动捕捉"卷展栏

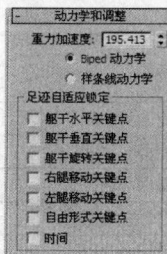

图 9-1-76 "动力学和调整"卷展栏

- "重力加速度"：设置用来计算 Biped 运动的重力加速度强度。
- "Biped 动态处理"：使用 Biped 动态处理创建新的重心关键点。
- "样条线动态处理"：使用完全样条线插值来创建新的重心关键点。
- "躯干水平关键点"：防止在空间中编辑足迹时躯干水平关键点发生自适应调整。
- "躯干垂直关键点"：防止在空间中编辑足迹时躯干垂直关键点发生自适应调整。
- "躯干翻转关键点"：防止在空间中编辑足迹时躯干旋转关键点发生自适应调整。
- "右腿移动关键点"：防止在空间中编辑足迹时右腿移动关键点发生自适应调整。
- "左腿移动关键点"：防止在空间中编辑足迹时左腿移动关键点发生自适应调整。
- "自由形式关键点"：防止在足迹动画中自由形式周期发生自适应调整。如果在自由形式周期之后的足迹被移得更远，那么在一个自由形式周期中的 Biped 位置将不发生移动。
- "时间"：防止当"轨迹视图"中的足迹持续时间发生变化时上半身关键点发生自适应调整。

技能训练

打开素材文件夹中的 gongqiao.max 文件，添加一个女性角色，完成角色步行通过拱桥的动画效果，角色的足迹如图 9-1-77 所示。

要求：

（1）创建 Biped 对象，选择女性骨骼。

（2）进入"足迹模式"，创建多足迹动画。

（3）足迹步数为 25，调整足迹到拱桥桥面。

图 9-1-77 过拱桥动画

学习评价

任务评价表如表 9-1-1 所示。

表 9-1-1 任务评价表

类　　别	内　　容		评　　价		
	学 习 目 标	评 价 项 目	3	2	1
职业能力	创建 Biped	能够创建 Biped 对象			
		能够修改 Biped 参数			
	Biped 足迹动画	能够制作多足迹动画			
		能够手动建立 Biped 足迹动画			
		能够制作 Biped 动作库动画			
	行走动画	创建 Biped 对象			
		能够调整身体各部位动作			
通用能力	动画能力				
	审美能力				
	组织能力				
	解决问题的能力				
	自主学习的能力				
	创新能力				
综 合 评 价					

思考与练习

（1）创建 Biped 后，如何修改 Biped 参数？

（2）有哪几种方法可制作 Biped 对象的行走动画？

（3）制作一个 Biped 对象的跑步动画。

任务二　角色蒙皮——"蒙皮"修改器的使用

任务描述

在制作角色动画之前，需要将模型与骨骼进行绑定，也就是首先要完成角色的蒙皮操作。3ds Max 中可以使用蒙皮修改器和 Physique 修改器实现蒙皮操作。本任务主要是创建出符合模型大小的骨骼，运用两种蒙皮方法完成角色蒙皮与动画，角色蒙皮后动画分解动作如图 9-2-1 所示。

任务分析

根据模型创建 Biped 对象，在调整骨骼时只需完成一侧骨骼的调节，然后将其镜像复制到另一侧；使用蒙皮修改器为角色蒙皮，调整编辑封套，通过权重调节关节处的顶点，使关节部位能够得到正确地控制；使用 Physique 修改器为角色蒙皮，并调节修改器封套，最后完成角色动画。

图 9-2-1　任务二动作分解效果图

方法与步骤

1. 创建 Biped

提示：

① 创建与角色人物高度一致的 Biped 骨骼；② 使用移动、旋转等工具调整身体左侧骨骼适应角色模型；③ 复制角色左侧骨骼姿态到右侧。

（1）打开素材文件夹中 cman01.max 文件，透视图中角色模型效果如图 9-2-2 所示。

（2）进入 "系统"面板，单击 Biped 按钮，在前视图中创建一个与角色高度相当的骨骼。进入"运动"面板，单击 "体形模式"按钮，展开"结构"卷展栏，设置骨骼参数，如图 9-2-3 所示。

（3）在前视图中使用移动、旋转、缩放工具，将左手臂向上抬起，同时调节左视图与顶视图，使骨骼与模型相匹配，调整后的效果如图 9-2-4 所示。模型的左臂和右臂是对称的，调整好左臂骨骼后，采用 "向对面粘贴姿态"按钮将左臂骨骼姿态粘贴到右臂骨骼。

（4）在"复制/粘贴"卷展栏下，单击"创建集合"按钮，建立集合 Col01。选择前臂（Bip001 L UpperArm）骨骼，确保 "姿态"按钮处于按下状态，单击"复制姿态"按钮，然后再单击"向对面粘贴姿态"按钮，这时右手臂骨骼将照按左手臂骨骼自动调整，如图 9-2-5 所示。

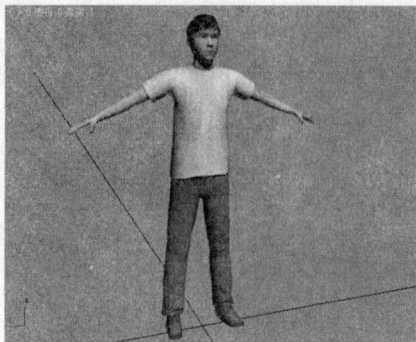

图 9-2-2　角色效果

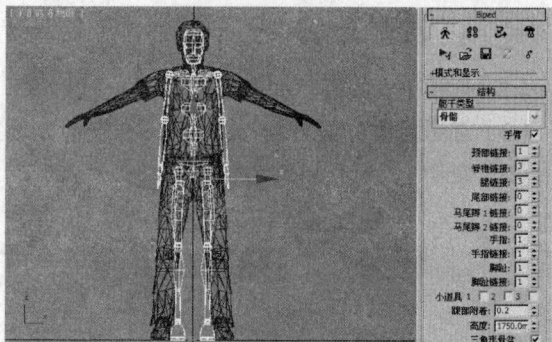

图 9-2-3　创建 Biped

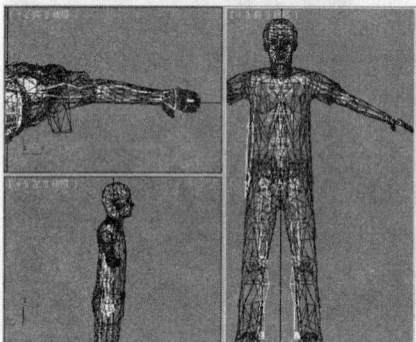

图 9-2-4　调整 Biped 骨骼

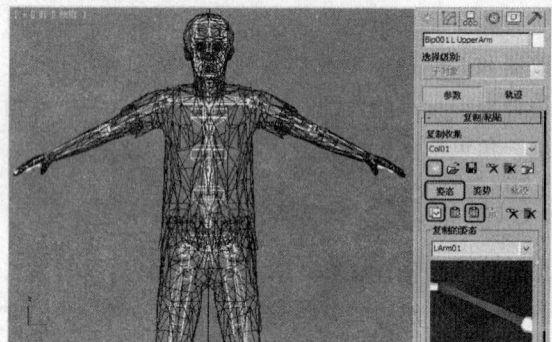

图 9-2-5　镜像骨骼姿态

（5）调整左腿骨骼以适应左腿模型，选择左大腿 Bip001 L Thigh 骨骼，依次单击"复制姿态"按钮 和"向对面粘贴姿态"按钮 ，使右腿骨骼与模型相匹配，调整后的效果如图 9-2-6 所示。

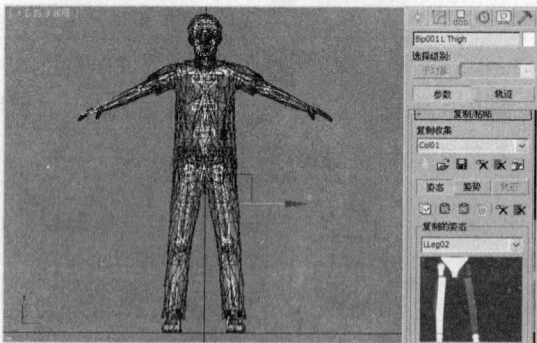

图 9-2-6　调整腿骨匹配角色模型

2. 角色蒙皮

提示：

① 选择模型，添加"蒙皮"修改器；② 添加 Biped 骨骼；③ 编辑头部封套；④ 编辑身体左侧骨骼封套；⑤ 左侧骨骼封套镜像粘贴到右侧；⑥ 权重调节关节处顶点。

（1）选择角色模型，在修改器下拉列表框中选择"蒙皮"修改器，单击"参数"卷展栏中"添加"骨骼按钮，在打开的"选择骨骼"对话框中选择所有骨骼，将骨骼加入到蒙皮骨骼列表框中，如图 9-2-7 所示。

（2）角色模型添加"蒙皮"修改器后，对 Biped 骨骼产生的封套进行设置。单击"参数"卷展栏下的"编辑封套"按钮，我们看到每个封套选择器在相应的骨骼上都显示为在每一端上都带有圆形控制柄的深灰色线条，如图 9-2-8 所示。

图 9-2-7　添加"蒙皮"修改器

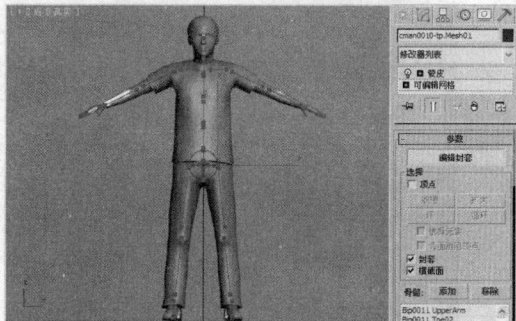

图 9-2-8　角色效果

（3）下面对几个封套进行调节，头部封套设置如图 9-2-9 所示，左上臂的封套设置如图 9-2-10 所示，左前臂的封套设置如图 9-2-11 所示，胸部 spine1 封套设置如图 9-2-12 所示，胸部 spine2 封套设置如图 9-2-13 所示，髋部封套设置如图 9-2-14 所示，左大腿封套设置如图 9-2-15 所示，左小腿的封套设置如图 9-2-16 所示，左脚的封套设置如图 9-2-17 所示，左脚趾封套设置如图 9-2-18 所示。

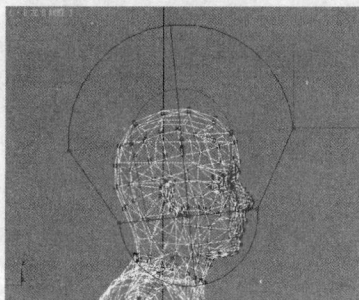

图 9-2-9　头部封套

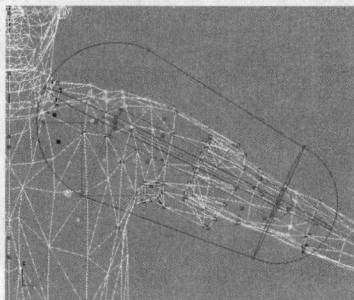

图 9-2-10　左上臂的封套

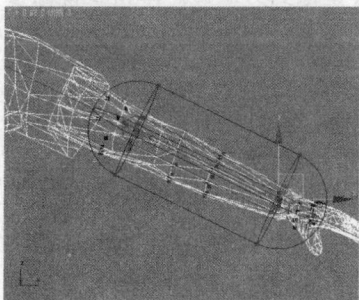

图 9-2-11　左前臂的封套

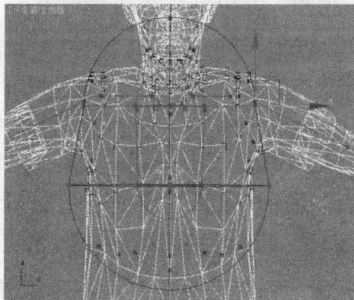

图 9-2-12　胸部 spine1 封套

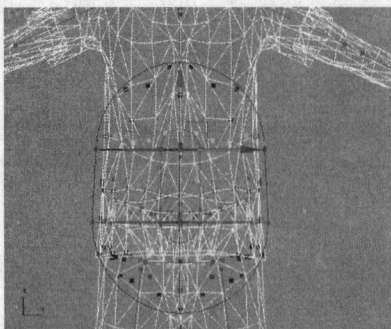

图 9-2-13　胸部 spine2 封套

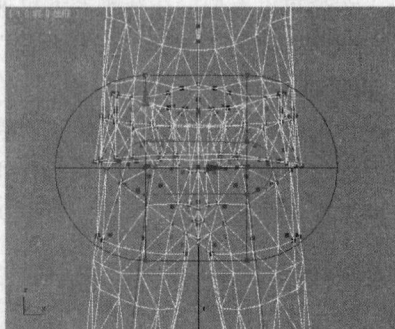

图 9-2-14　髋部封套

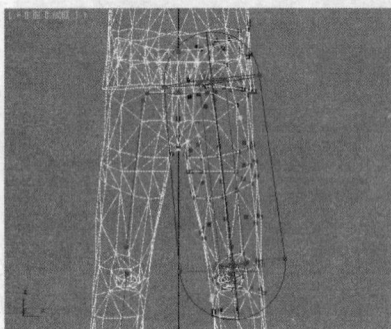

图 9-2-15　左大腿封套

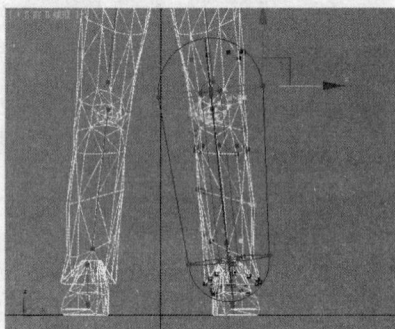

图 9-2-16　左小腿封套

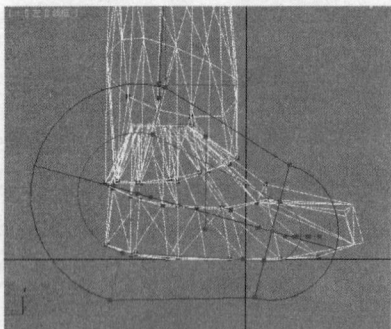

图 9-2-17　左脚封套

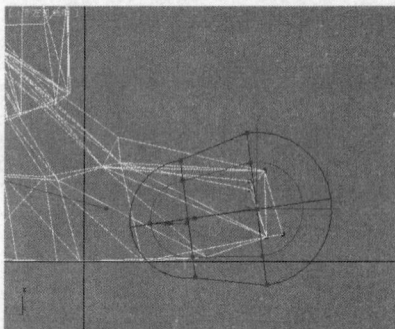

图 9-2-18　左脚趾封套

（4）完成了对角色模型左侧封套的设置，下面把封套镜像到另一边。单击"镜像参数"卷展栏下的"镜像模式"按钮，单击"将蓝色粘贴到绿色的顶点"按钮，将左边的封套镜像到右侧，如图 9-2-19 所示。

（5）为了测试蒙皮效果，我们先对 Biped 设置一些动作，如图 9-2-20 所示。

（6）这时会发现角色模型的蒙皮出现了问题，如图 9-2-21 所示。随着肢体的运动，模型关节处变形扭曲严重，需要进一步调整封套对顶点的权重影响。

（7）选择"参数"卷展栏下的"顶点"复选框，选择扭曲变形处的顶点，单击"权重工具"按钮，在"权重工具"对话框中设置点的权重值，如图 9-2-22 所示。单击"权重表"按钮，在图 9-2-23 所示的"蒙皮权重表"窗口中也可以完成顶点权重的设置。

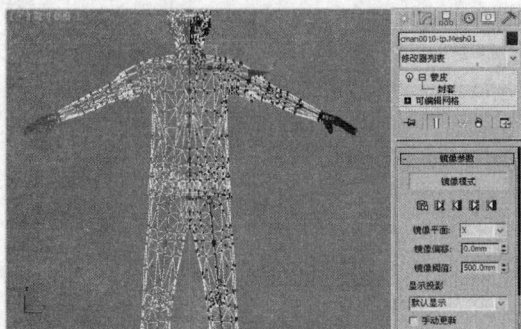

图 9-2-19　镜像封套

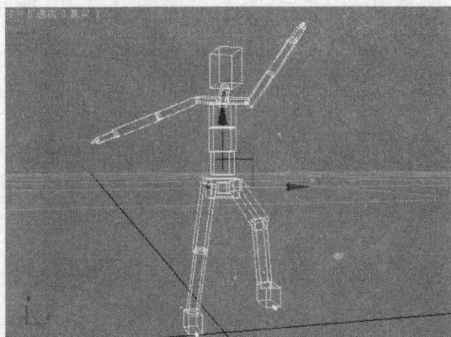

图 9-2-20　设置角色动作

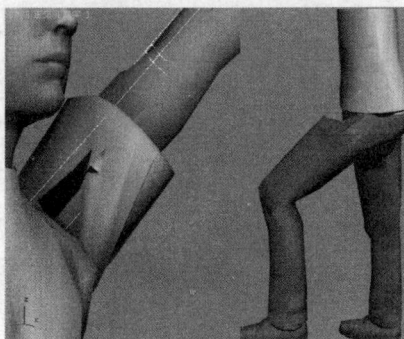

图 9-2-21　关节变形扭曲

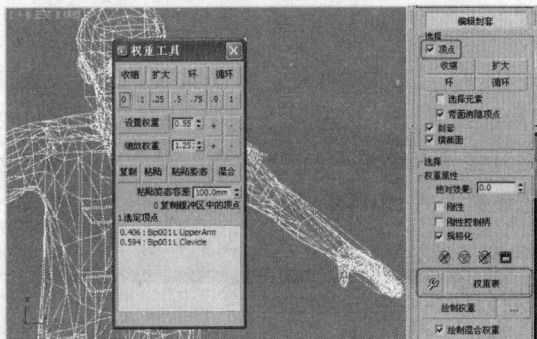

图 9-2-22　设置顶点权重

（8）选择角色的骨骼对象，单击 Biped 卷展栏中"加载文件"按钮 ，打开素材文件中 Biped 动作库中的"拍蚊子.bip"文件，为人物添加拍蚊子的动作，单击"播放动画"按钮 ，我们能够看到角色对象的动画效果，如图 9-2-24 所示。

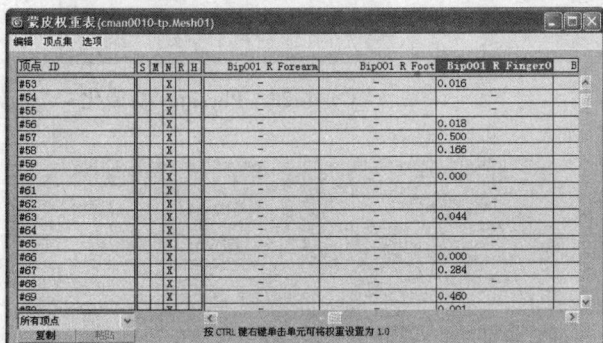

图 9-2-23　"蒙皮权重表"窗口

图 9-2-24　角色动作分解效果

3. 使用 Physique 为角色蒙皮

（1）打开素材文件夹中 nazhe.max 文件，模型效果如图 9-2-25 所示。

（2）进入"系统"面板 ，单击 Biped 按钮，创建一个与角色高度相当的 Biped 骨骼。进入"运动"面板 ，单击"体形模式"按钮 ，展开"结构"卷展栏，设置骨骼参数。按照模型调整 Biped 骨骼姿态，如图 9-2-26 所示。

图 9-2-25　素材模型

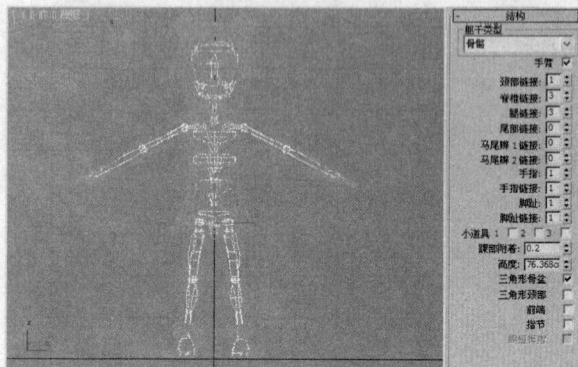

图 9-2-26　创建 Biped

（3）选择角色模型，在修改器下拉列表框中选择 Physique 修改器，单击 Physique 卷展栏中"附加到节点"按钮 。按【H】键打开如图 9-2-27 所示的"拾取对象"对话框，选择 Bip001，此时会显示"Physique 初始化"对话框，如图 9-2-28 所示，在对话框中单击"初始化"按钮，完成模型的 Physique 蒙皮设置。

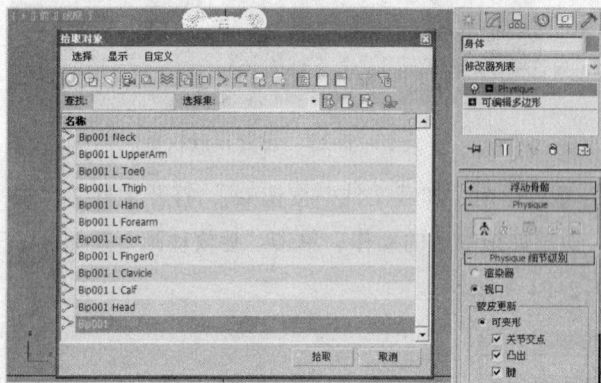

图 9-2-27　添加 Physique 修改器

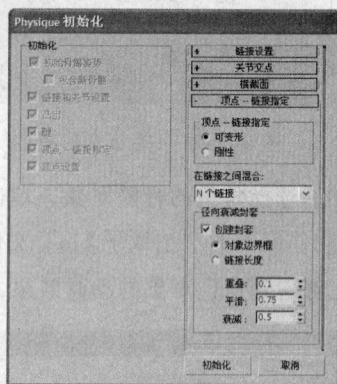

图 9-2-28　Physique 初始化

（4）选择并孤立"身体"模型，按【1】键进入 Physique 修改器"封套"子对象层级，对身体左侧的封套进行调整设置，如图 9-2-29 所示。

（5）身体左侧封套设置好后，将封套镜像粘贴到身体右侧。选择左上臂封套，单击"编辑命令"选项组中的"复制"按钮，再选择右上臂封套，单击"粘贴"按钮即可，如图 9-2-30 所示。其他封套设置方法相同。

（6）为 Biped 设置一些简单动作，测试

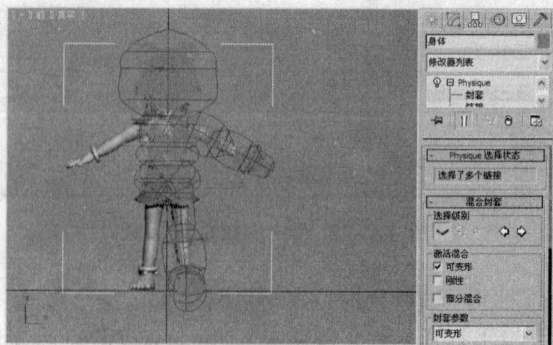

图 9-2-29　调整封套

蒙皮效果，如果蒙皮出现问题，只需重新调整封套。所有封套全部设置正确后，选择 Biped 骨骼，加载素材文件夹中"健美表演.bip"。播放动画，角色动画分解动作如图 9-2-31 所示。

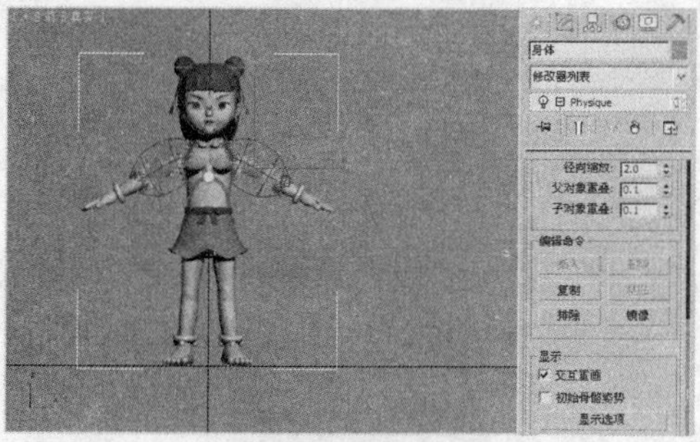

图 9-2-30　复制粘贴封套

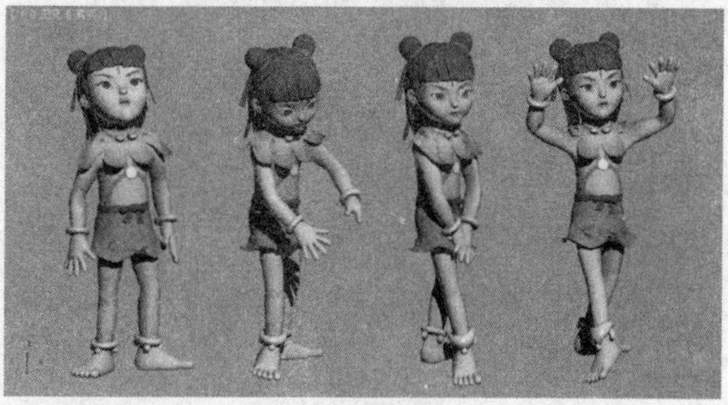

图 9-2-31　角色动作分解效果

相关知识

1. 蒙皮相关知识介绍

在建立好角色骨骼模型后，接下来就是要把角色模型和骨骼绑定到一起，让模型在骨骼的带动下运动，这个过程称为"蒙皮"。3ds Max 2012 提供了两种蒙皮修改器："蒙皮"修改器和 Physique 修改器，下面首先讲解"蒙皮"修改器的使用方法。

2. "蒙皮"修改器

"蒙皮"修改器是一种骨骼变形工具，用于通过一个对象控制另一个对象的变形，打开创建骨骼的场景文件，在场景中选择角色模型，在"修改器列表"中选择"蒙皮"修改器，在参数卷展栏中单击"骨骼"右侧的"添加"按钮，在弹出的"选择骨骼"对话框中选择角色的骨骼，如图 9-2-32 所示。

在"参数"卷展栏中单击"编辑封套"按钮，观察到封套的两端，有两组截面控制点，调整两端的截面控制点，使其影响区扩大，红色部分为完全影响区域，黄色的部分为半影响区域，蓝色的为不影响区域，如图 9-2-33 所示。如果两组横面不能完成控制模型的话，可以单击"选择"选项组中"添加"按钮，通过移动横截面上的控制点来调整蒙皮封套的范围。

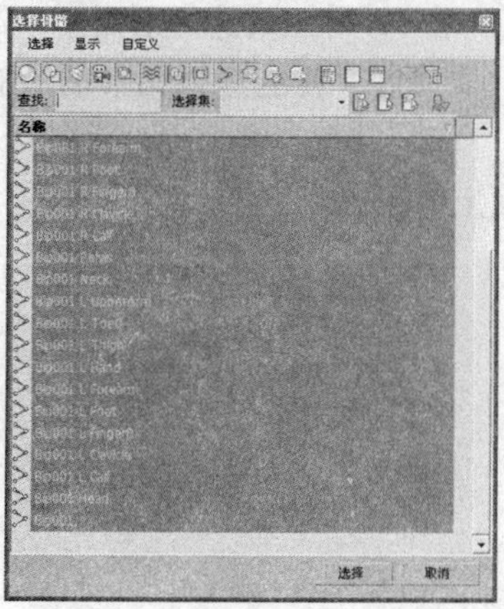

图 9-2-32　选择骨骼对话框

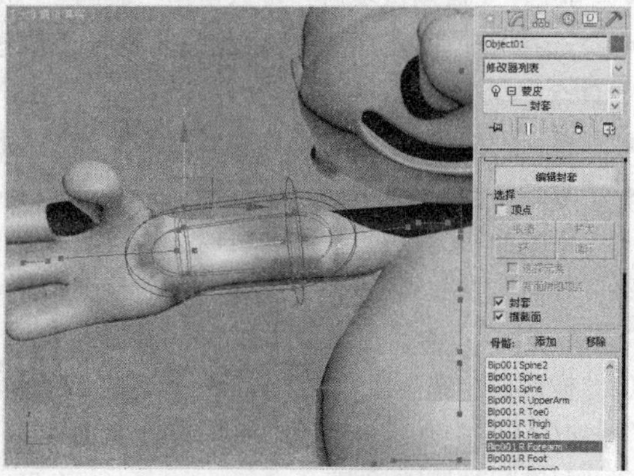

图 9-2-33　编辑封套

选择角色模型，在"修改器列表"中选择"蒙皮"修改器。"蒙皮"修改器包括 5 个参数卷展栏，如图 9-2-34 所示。

（1）"参数"卷展栏如图 9-2-35 所示。

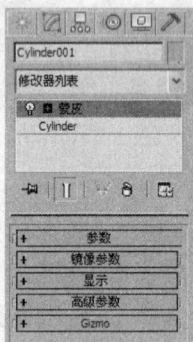

图 9-2-34 蒙皮修改器

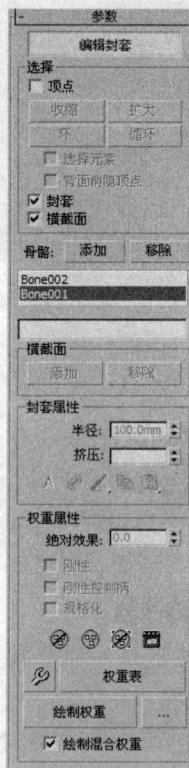

图 9-2-35 参数卷展栏

"编辑封套"：激活该按钮可以进入子对象层级，进入子对象层级后可以编辑封套和顶点的权重。

① "选择"选项组：

- "顶点"：启用该项后，可以使用"收缩""扩大""环""循环"等工具选择顶点。
- "选择元素"：启用该项后，只要选择了所选元素上一个顶点，就能选择元素的所有顶点。
- "背面消隐顶点"：启用该项后，不能选择当前对象背面上的顶点。
- "封套"：启用该项后，可以选择封套。
- "横截面"：启用该项后，可以选择横截面。

② "骨骼"参数组：

"添加/移除"：为当前模型添加/移除骨骼。

③ "横截面"选项组：

"添加/移除"：为当前模型添加/移除横截面。

④ "封套属性"选项组：

- "半径"：设置封套横截面半径的大小。

- "挤压"：设置拉伸骨骼挤压数量。
- "绝对/相对"：切换计算内外封套间的顶点权重方式。
- "封套可见性"：用于控制未选定的封套是否可见。
- "衰减"：为选定的封套选择衰减曲线。
- "复制/粘贴"：使用"复制"工具可以复制选定封套的大小、图形；使用"粘贴"工具可将复制的对象粘贴到选定的封套上。

⑤ "权重属性"选项组：

- "绝对效果"：输入选定骨骼相对于选定顶点的绝对权重。
- "刚性"：使选定顶点仅受一个最具影响力的骨骼影响。
- "刚性控制柄"：使选定面片顶点的控制柄仅受一个最具影响力的骨骼影响。
- "规格化"：强制每个选定顶点的总权重合计为 1.0。
- ⊗ "排除选定的顶点"：将当前选定的顶点添加到当前骨骼的排除列表中。此排除列表中的任何顶点都不受此骨骼影响。
- ⊙ "包含选定顶点"：从排除列表中为选定骨骼获取选定顶点。然后，该骨骼将影响这些顶点。
- ⊗ "选定排除的顶点"：选择所有从当前骨骼排除的顶点。
- "烘焙选定顶点"：单击以烘焙当前的顶点权重。所烘焙权重不受封套更改的影响，仅受"绝对效果"的影响，或者受"权重表"中权重的影响。
- ⊘ "权重工具"：显示"权重工具"对话框，该对话框提供了一些控制工具，用于帮助用户在选定顶点上指定和混合权重。
- "权重表"：显示一个表，用于查看和更改骨架结构中所有骨骼的权重。
- "绘制权重"：在视口中的顶点上单击并拖动鼠标，以便刷过选定骨骼的权重。
- "绘制混合权重"：启用后，通过将相邻顶点的权重均分，然后基于笔刷强度应用平均权重，可以缓和绘制的值。默认设置为启用。

（2）"镜像参数"卷展栏如图 9-2-36 所示。

- "镜像模式"：启用镜像模式，允许将封套和顶点指定从网格的一个侧面镜像到另一个侧面。此模式仅在"封套"子对象层级可用。
- ⊞ "镜像粘贴"：将选定封套和顶点指定粘贴到物体的另一侧。
- ▷ "将绿色粘贴到蓝色骨骼"：将封套设置从绿色骨骼粘贴到蓝色骨骼。
- ◁ "将蓝色粘贴到绿色骨骼"：将封套设置从蓝色骨骼粘贴到绿色骨骼。
- ▷ "将绿色粘贴到蓝色顶点"：将各个顶点指定从所有绿色顶点粘贴到对应的蓝色顶点。
- ◁ "将蓝色粘贴到绿色顶点"：将各个顶点指定从所有蓝色顶点粘贴到对应的绿色顶点。
- "镜像平面"：启用"镜像"模式时，该平面在视口中显示在网格的轴点处。选定网格的局部轴用作平面的基础。如果选择了多个对象，将使用一个对象的局部轴。默认值为 X。
- "镜像偏移"：沿"镜像平面"轴移动镜像平面。
- "镜像阈值"：设置在将顶点设置为左侧或右侧顶点时，镜像工具看到的相对距离。
- "手动更新"：如果启用，则可以手动更新显示内容，而不是每次释放鼠标后自动更新。

- "更新"：在启用"手动更新"时，使用此按钮可使新设置更新显示。
（3）"显示"卷展栏如图 9-2-37 所示。

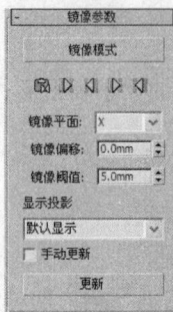

图 9-2-36 "镜像参数卷"展栏   图 9-2-37 "显示"卷展栏

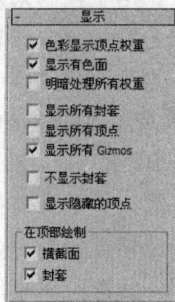

- "色彩显示顶点权重"：根据顶点权重设置视口中的顶点颜色。
- "显示有色面"：根据面权重设置视口中的面颜色。
- "明暗处理所有权重"：向封套中的每个骨骼指定一个颜色。
- "显示所有封套"：同时显示所有封套。
- "显示所有顶点"：在每个顶点绘制小十字叉。在面片曲面上，该控件还绘制所有控制柄。
- "显示所有 Gizmo"：显示除当前选定 Gizmo 以外的所有 Gizmo。
- "不显示封套"：即使已选择封套，也不显示封套。
- "显示隐藏的顶点"：启用后，将显示隐藏的顶点。否则，这些顶点将保持隐藏状态，直至启用该选项或转到对象的修改器。

"在顶端绘制"选项组：

- "横截面"：强制在顶部绘制横截面。
- "封套"：强制在顶部绘制封套。

（4）"高级参数"卷展栏如图 9-2-38 所示。

- "始终变形"：用于编辑骨骼和所控制点之间的变形关系的切换。此关系是在最初应用"蒙皮"时设置的。要更改该关系，可禁用"始终变形"，移动对象或骨骼后重新激活它。
- "参考帧"：设置骨骼和网格位于参考位置的帧。
- "回退变换顶点"：用于将网格链接到骨骼结构。通常，在执行此操作时，任何骨骼移动都会根据需要将网格移动两次，一次随骨骼移动，一次随链接移动。选中此选项可防止在这些情况下网格移动两次。
- "刚性顶点（全部）"：如果启用此选项，则可以有效地将每个顶点指定给其封套影响最大的骨骼，即使为该骨骼指定的权重为 100% 也是如此。
- "刚性面片控制柄（全部）"：在面片模型上，强制面片控制柄权重等于结权重。
- "骨骼影响限制"：限制可影响一个顶点的骨骼数。

（5）Gizmo 卷展栏如图 9-2-39 所示。

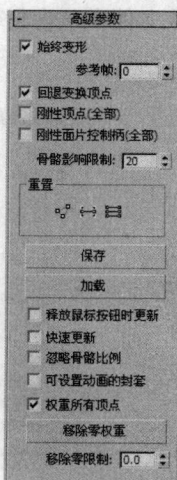

图 9-2-38　"高级参数"卷展栏

图 9-2-39　Gizmo 卷展栏

Gizmo 卷展栏中的控件用于根据关节的角度变形网格，以及将 Gizmo 添加到对象上的选定点，共有三个变形器可用：

- "关节角度变形器"：具有一个晶格，它可变形父骨骼和子骨骼上的顶点。
- "凸出角度变形器"：具有一个晶格，它仅在父骨骼上的顶点起作用。
- "变形角度变形器"在父骨骼和子骨骼上的顶点上起作用。使用前后效果对比，如图 9-2-40 所示。
- ✛ "添加 Gizmo"：将当前 Gizmo 添加到选定顶点。
- ✖ "移除 Gizmo"：从列表中移除选定 Gizmo。
- ▤ "复制 Gizmo"：将高亮显示的 Gizmo 复制到缓冲区以便粘贴。
- "粘贴 Gizmo"：从复制缓冲区粘贴 Gizmo。

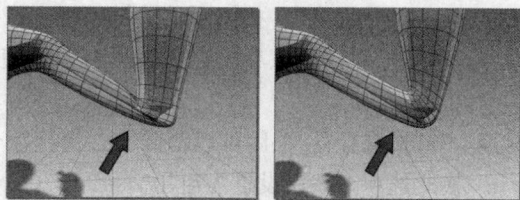

图 9-2-40　变形角度使用前后对比

3. Physique 修改器

（1）Physique 卷展栏如图 9-2-41 所示。

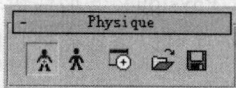

图 9-2-41　Physique 卷展栏

- ♟ "附加到节点"：将网格对象附加到 Biped 或骨骼层次。
- ♟ "重新初始化"：显示"Physique 初始化"对话框，然后将任意或全部 Physique 属性重置为默认值。
- ⊡ "凸出编辑器"：它是一种针对于凸出子对象级别的图形替代方法，用于创建和编辑凸出角度。
- ⬀ "打开 Physique 文件"：加载已有 Physique (.phy) 文件，该文件中存储封套、凸出角度、链接、腱以及顶点的设置。

- ▪ "保存 Physique 文件"：保存 Physique (.phy) 文件，该文件中包含封套、凸出角度、链接以及腱的设置。

（2）"Physique 细节级别"卷展栏，如图 9-2-42 所示。

- "渲染器"：选中时，"蒙皮更新"选项组中的设置会影响渲染的图像。

- "视口"：选中时，"蒙皮更新"选项组中的设置会影响视口。

① "蒙皮更新"选项组：

- "可变形"：选中时，Physique 变形处于活动状态。使用"可变形"时，会生成最高质量的渲染效果。如果未选中"可变形"，则无法切换"可变形"。

  - ◆ "关节交点"：关闭可消除关节交点产生的影响。使用关节交点的影响，可以使模型自行重叠；例如，在肘部和膝盖关节处。默认设置为启用。

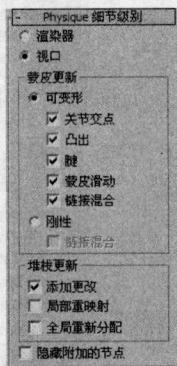

图 9-2-42 "Physique 细节级别"卷展栏

  - ◆ "凸出"：关闭可消除凸出交点产生的全部影响。默认设置为启用。

  - ◆ "腱"：关闭可消除腱部产生的全部影响。默认设置为启用。

  - ◆ "蒙皮滑动"：关闭可消除蒙皮滑动产生的影响。默认设置为启用。

  - ◆ "链接混合"：关闭可消除链接混合产生的影响。默认设置为启用。

- "刚性"：选中该项，会强制所有顶点使用"刚性"指定，这是一种解决变形问题的简单方法。

- "链接混合"：关闭可以消除刚性链接混合产生的影响。如果未选中"刚性"，则无法切换此选项。默认设置为启用。

② "堆栈更新"选项组：

此组中的控件可以处理对顶点数所做的更改。这些更改是由修改器堆栈的（非动画）更改而产生的。

- "添加更改"：添加堆栈中的更改，然后应用 Physique 变形。不能重新贴图或重新指定顶点。默认设置为启用。

- "局部重映射"：对变形顶点而言，此选项可以重置用于混合的 Physique 变形样条线的顶点位置和插补扭曲时所用的链接位置。对刚性顶点而言，此选项可以重置插补扭曲时所用的链接位置。默认设置为禁用状态。

- "全局重新分配"：在混合全局移动的顶点时所用的样条线中重新设置权重并重置位置。此选项的作用和重新初始化每帧一样，默认设置为禁用状态。

- "隐藏附加的节点"：切换基本骨骼系统的显示。例如，使用此选项，可以隐藏和取消隐藏 Biped。

（3）"混合封套"卷展栏如图 9-2-43 所示。

① "选择级别"选项组：

- ⌄ "链接"：启用此选项可从视口中选择链接并编辑选定链接的封套参数。例如，打开链接，选择二头肌链接，按住【Ctrl】键单击添加，选择相反的二头肌，然后对两个链接同时编辑封套参数。

- ⊕ "横截面"：启用此选项可编辑封套横截面，从而更改封套图形及其影响区域。例如，打开"横截面"，选择封套的内部或外部边界横截面，并且对其进行移动或缩放。可以"非统一缩放"颈部封套的横截面，以避开胸部的顶点。

- ▫ "控制点"：启用此选项可编辑横截面上的控制点。例如，打开"控制点"，选择封套横截面上的一点，并且移动该点以改变封套形状和影响区域。

- ◇ ◇ "上一个"和"下一个"：单击可移到下一个或上一个链接、横截面或控制点，具体取决于处于活动的选择级别。

② "激活混合"选项组：

- "可变形"：此选项打开时，为选定的链接启用可变形封套，默认设置为启用。默认情况下，可变形封套显示为红色。

图 9-2-43 "混合封套"卷展栏

- "刚性"：此选项打开时，为选定的链接启用刚性封套。默认设置为禁用状态。默认情况下，刚性封套显示为绿色。

- "部分混合"：对选定的链接使用"部分混合"。保持可变形或刚性封套中的一个为开启状态，然后打开"部分混合"。Physique 计算出给定顶点每个链接的权重。如果已禁用"部分混合"，且总权重小于 1，则 Physique 会将组合权重规范化为 1。

③ "封套参数"选项组：

- "封套类型"下拉列表：显示选定封套的类型。如果链接同时有刚性和可变形封套，可以用此列表选择要调整的封套参数。

- "强度"：更改封套的强度，范围从 0.0 ~ 100.0，默认值为 1.0。主要用于封套重叠区域，希望某个封套比其他封套有更强的影响作用。

- "衰减"：更改封套内部边界与外部边界之间的衰减速率。这是 Bezier 曲线函数（贝塞尔曲线），范围从 0.0 ~ 1.0，默认值为 0.1。

内部边界内的顶点受到链接的完全影响（权重=1.0），而在外部边界外的顶点不受链接的影响（权重=0.0）。衰减决定了影响衰减值从 1.0 降到 0.0 的速率。

"内部""外部"以及"二者"按钮决定了后面介绍的控件（径向缩放、父对象重叠和子对象重叠）是否应用于封套的内部边界、外部边界，还是同时应用于内外边界。首先，点击按钮选择要调整的边界，然后在微调器中更改值。

- "内部"：打开此选项，更改内部边界值。
- "外部"：打开此选项，更改外部边界值。
- "二者"：打开此选项，同时更改内部和外部边界值。

当选择"二者"时，"径向缩放""父对象重叠""子对象重叠"的显示值反映了内部边界的情况。

- "径向缩放"：以放射状缩放封套边界。范围从 0.0 ~ 100.0，默认值为 1.0。
- "父对象重叠"：在层次中更改父级链接的封套重叠。范围从 -1.0 ~ 10.0，默认值为 0.1。值 0.0 导致封套末端落在关节处。值如果小于 0.0，封套将落在链接内；大于 0.0 封套将与相邻的链接重叠。
- "子对象重叠"：在层次中更改子级链接的封套重叠。范围从 -1.0 ~ 10.0，默认值为 0.1。值 0.0 导致封套末端落在关节处；值如果小于 0.0，封套将落在链接内；大于 0.0 封套将与相邻的链接重叠。

④ "编辑命令"选项组：

该选项组中可用的按钮取决于"链接""横截面"或"控制点"是否在活动的选择层上。

- "插入"：在横截面上插入横截面或控制点。
- "删除"：删除横截面或控制点。
- "复制"：复制封套或横截面。
- "粘贴"：粘贴封套或横截面。
- "排除"：单击此按钮，显示"排除封套"对话框。可以排除一个链接，使之不影响其他链接。
- "镜像"：镜像选定链接上的封套，或镜像在某个封套中选定的横截面。镜像操作后，可以通过单击主工具栏上的"旋转"来调整方向，选择局部坐标系，然后单击拖动链接或横截面。

⑤ "显示"选项组：

- "交互重画"：此选项打开时，在调整封套时动态更新网格。此选项关闭时，输入最终值（按下【Enter】或【Tab】键，或是释放鼠标）后才更新网格。默认设置为启用。
- "最初骨骼姿势"：此选项打开时，把网格角色放到应用 Physique 之前的姿态上。默认设置为禁用状态。
- "显示选项"：单击此按钮显示"混合封套显示选项"对话框，可以定制封套的显示设置。
- "明暗处理"：切换视口中顶点权重的着色显示。默认设置为禁用状态。

技能训练

导入素材文件夹中 lanjingling.3ds，为角色添加骨骼并蒙皮，完成角色跑步动作，角色模型效果如图 9-2-44 所示。

要求：

（1）创建 Biped 骨骼。

（2）添加"蒙皮"或 Physique 修改器。

（3）制作多足迹跑步动画。

图 9-2-44　角色模型效果

学习评价

任务评价表如表 9 – 2 –1 所示。

表 9-2-1 任务评价表

类 别	内 容		评 价		
	学习目标	评价项目	3	2	1
职业能力	创建 Biped	创建 Biped 对象			
		根据模型调整 Biped			
	蒙皮修改器	模型添加"蒙皮"修改器			
		添加 Biped 骨骼			
		编辑封套			
		镜像封套			
		调节顶点权重			
	Physique 修改器	创建适应模型的 Biped 对象			
		完成 Physique 初始化			
		编辑封套			
		镜像封套			
通用能力	动画能力				
	审美能力				
	组织能力				
	解决问题的能力				
	自主学习的能力				
	创新能力				
综 合 评 价					

思考与练习

（1）3ds Max 2012 提供了哪几种蒙皮修改器？

（2）在蒙皮时调节权重有什么作用？

（3）试为模型添加不同的修改器完成角色蒙皮。

任务三　角色动画——CAT 对象的使用

任务描述

在 3ds Max 2012 中，包括 Character Studio 和 CAT 两种角色动画设置工具，CAT 动画原理与 Character Studio 较为接近，但是 CAT 包含更多的模版，操作更为简单。本任务主要运用 CAT 完成角色骨骼的创建与角色动画的制作，CAT 角色动画效果如图 9-3-1 所示。

任务分析

首先，使用预设模型创建 CAT 对象；根据角色模型，手动添加 CAT 骨骼，完成自定义 CAT 对象的创建；创建 CATMotion 层，在层

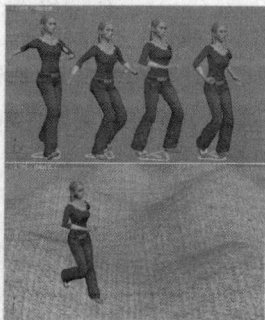

图 9-3-1 任务三效果图

管理器中加载 CAT 预设动作完成角色预设动作动画；创建虚拟对象绑定到路径，在 CATMotion 编辑器中拾取路径、地面，完成角色曲面路径动画制作。

方法与步骤

1. 使用预设模型创建 CAT 对象

> **提示：**
> ① 创建 CATParent 对象；② 在"CATRig 加载保存"中加载其他预设模型。

（1）在 3ds Max 2012 提供的 CAT 工具中，包含了二十多种预设模型，使用这些预设模型可以快速创建 CAT 对象。预设模型包含人物、四足动物、昆虫等多种角色类型，几乎可以适应任何角色模型的制作。

（2）首先进入"创建"面板 下的"辅助对象"面板 ，在"对象类型"卷展栏中选择"CAT 对象"选项。然后在"对象类型"卷展栏中单击 CATParent 按钮，在顶视图中拖动鼠标创建 CAT 对象，如图 9-3-2 所示。

（3）场景中出现了一个 CAT 标记而没有 CAT 模型，这是因为预设模型默认选项为 None，不显示预设模型。在"CATRig 加载保存"卷展栏中预设类型框中选择 Alien 选项，在顶视图创建 CAT 对象，这时视图中出现外星人模型，如图 9-3-3 所示。

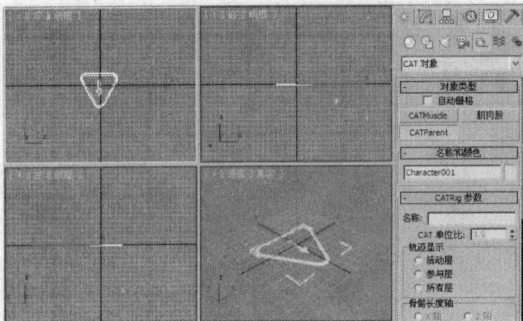

图 9-3-2　创建 CATParent 对象　　　　图 9-3-3　创建"外星人"CAT 模型

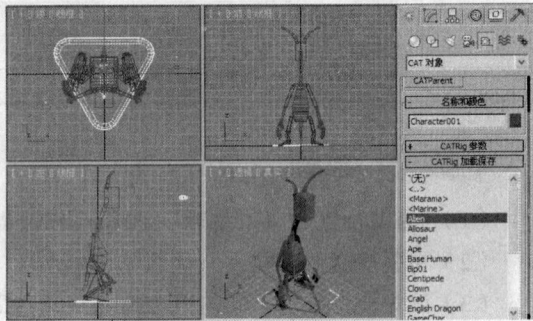

（4）选择其他预设类型选项，在视图中创建 CAT 模型，如图 9-3-4 所示。

2. 创建自定义 CAT 对象

> **提示：**
> ① 创建 Cat 对象的 CATParent；② 创建骨盆；③ 添加并调整左、右腿；④ 添加右脚掌骨，镜像复制至左脚；⑤ 添加并调整脊柱；⑥ 创建左右手臂、手指骨；⑦ 添加头、颈骨骼。

（1）预设模型为用户提供了最简便地创建与角色模型形态相近的 CAT 骨骼，但 CAT 预设模型不一定能够适合所有的模型，这时我们可以创建自定义的 CAT 对象。打开素材文件 lady.max，场景为一个锁定的角色模型，如图 9-3-5 所示。下面将创建 CAT 对象以适应角色模型。

图 9-3-4　CAT 对象预设模型

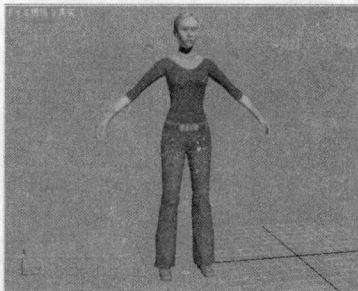

图 9-3-5　角色模型效果

（2）进入"创建"面板下的"辅助对象"面板，在该面板的下拉列表内选择 CAT Objects。单击 CATParent 按钮，在顶视图拖动鼠标创建 CAT 对象，同时修改"CATRig 参数"卷展栏下的"CAT 单位比"为 0.35，将 CAT 标记移至角色模型中间，如图 9-3-6 所示。

（3）确定 Character001（CAT 标记）对象为选择状态，进入"修改"面板，单击"创建骨盆"按钮在视图中创建一个名为 CATRigHub001 的骨盆对象，如图 9-3-7 所示。

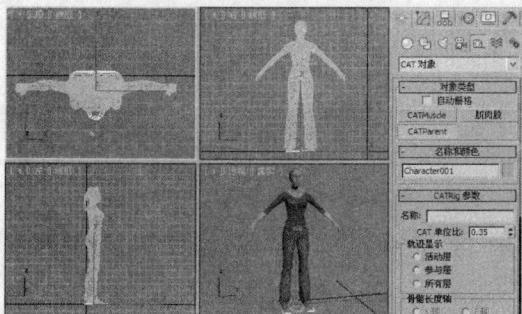

图 9-3-6　创建 Cat 对象标记

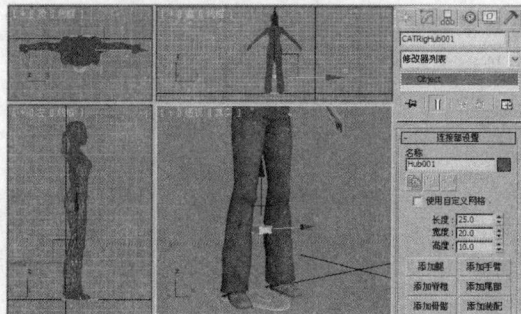

图 9-3-7　创建骨盆对象

（4）设置骨盆参数，长度为 30、宽度为 70、高度为 20，将其移动到角色模型的骨盆位置，如图 9-3-8 所示。

（5）接下来添加左腿。单击"添加腿"按钮，为 CAT 对象添加左腿，如图 9-3-9 所示。

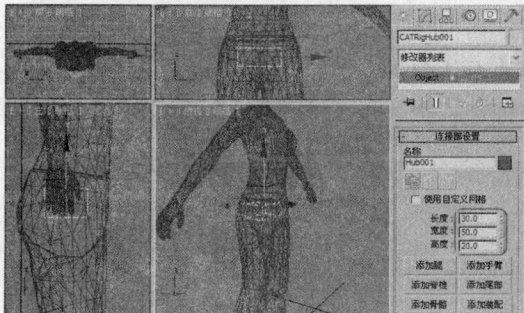

图 9-3-8　设置骨盆参数

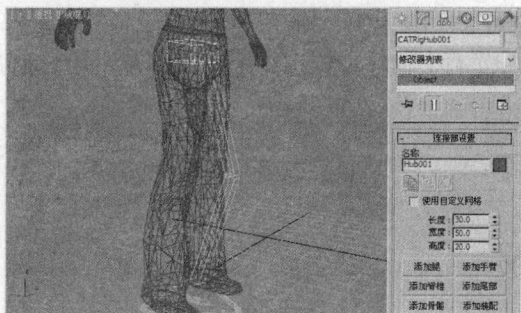

图 9-3-9　添加左腿

（6）再次单击"添加腿"按钮，为 CAT 对象添加右腿，如图 9-3-10 所示。

（7）运用移动、旋转等工具调整腿部对象，使其适应模型，修改对象宽度、深度参数，如

图 9-3-11 所示。

图 9-3-10 添加右腿

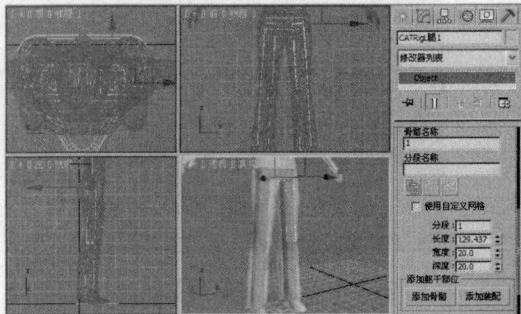

图 9-3-11 调整腿的位置

（8）添加前脚掌骨。选择 "CATRigR 腿 Ankle" 对象，单击 "添加骨骼" 按钮，在右脚踝对象上添加一块骨骼，名称为 "Ankle 骨骼 001"。选择并设置 "Ankle 骨骼 001" 对象参数，并调整其位置，如图 9-3-12 所示。

（9）镜像复制右脚前脚掌骨骼。选择 "CATRigL 腿 1" 对象，单击 "复制肢体设置" 按钮，将对象数据拷贝。然后再选择 "CATRigL 腿 2" 对象，单击 "粘贴/镜像肢体设置" 按钮，完成骨骼的镜像复制，如图 9-3-13 所示。

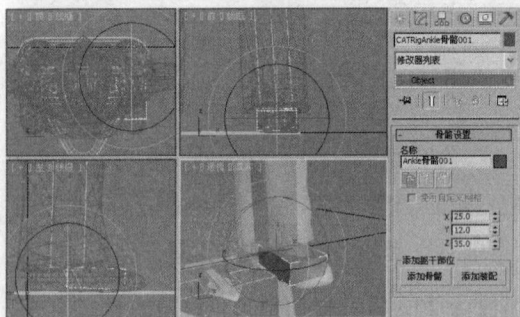

图 9-3-12 调整左脚前脚掌

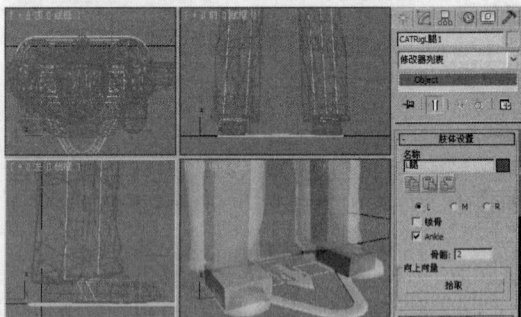

图 9-3-13 镜像复制腿部骨骼

（10）添加脊柱。选择 CATRigHub001（骨盆对象），单击 "添加脊柱" 按钮，为模型添加脊柱，如图 9-3-14 所示。

（11）选择最底层脊柱 CATRigSpine1 对象并设置其大小,如图 9-3-15 所示。

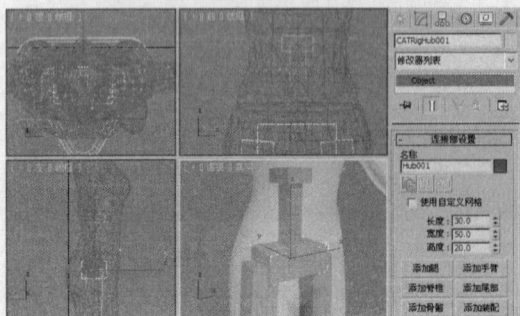

图 9-3-14 添加脊柱

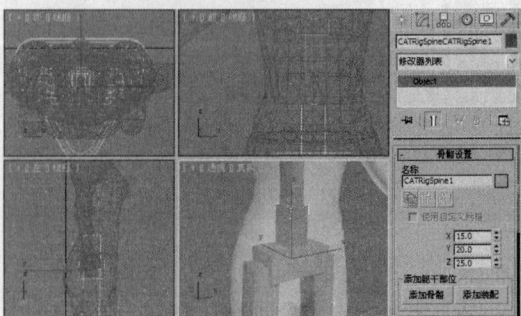

图 9-3-15 设置 CATRigSpine1 参数

（12）选择第 2 层脊柱 CATRigSpine2 对象并设置其大小，如图 9-3-16 所示。

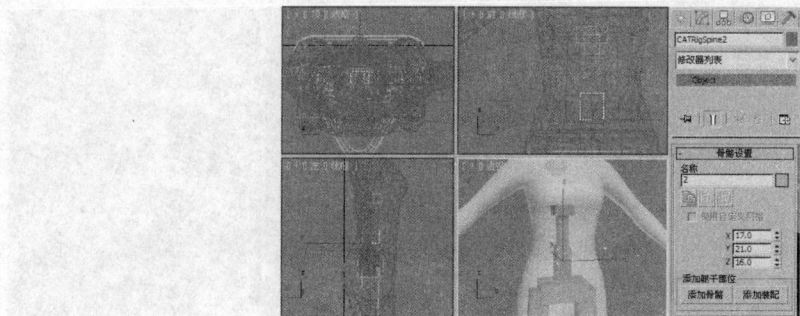

图 9-3-16　设置 CATRigSpine2 参数

（13）依次选择 CATRigSpine3、CATRigSpine4、CATRigSpine5 对象，设置其参数大小，如图 9-3-17 所示。

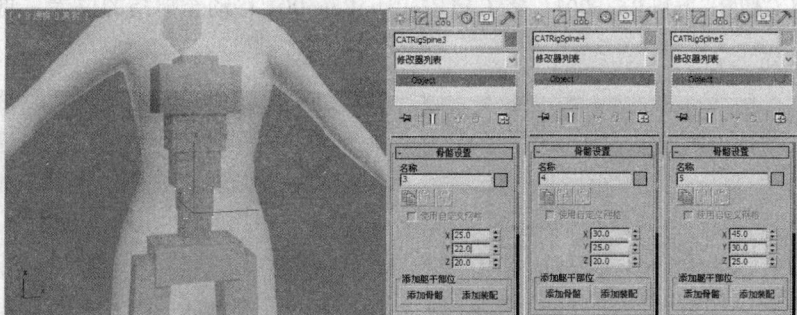

图 9-3-17　设置其他脊柱参数

（14）选择并设置 CATRigHub002 对象的大小，并在左视图移动 CATRigHub002 对象，使其与肩部对齐，调整时脊柱也会随着变化，如图 9-3-18 所示。

（15）创建手臂骨骼。选择 CATRigHub002，单击"添加手臂"按钮，添加左手臂骨骼，再次单击"添加手臂"按钮，添加右手臂骨骼，如图 9-3-19 所示。

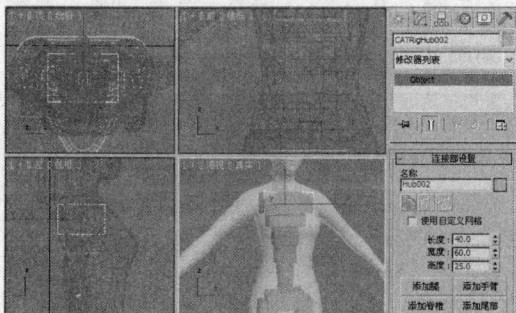

图 9-3-18　设置 CATRigHub002 参数

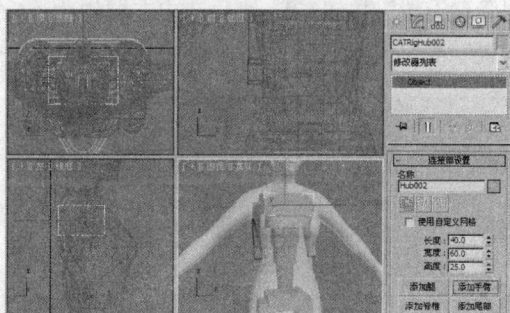

图 9-3-19　制添加手臂

（16）运用移动、旋转工具，选择并设置 CATRigRArmCollarbon（锁骨）对象大小，使各块骨骼与模型对齐，如图 9-3-20 所示。

（17）选择并设置 CATRigR 手臂 1（右前臂）、CATRigR 手臂 2（右上臂）的大小及位置，如图 9-3-21 所示。

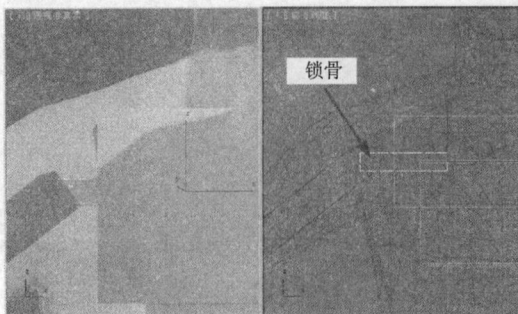

图 9-3-20 调整锁骨对象

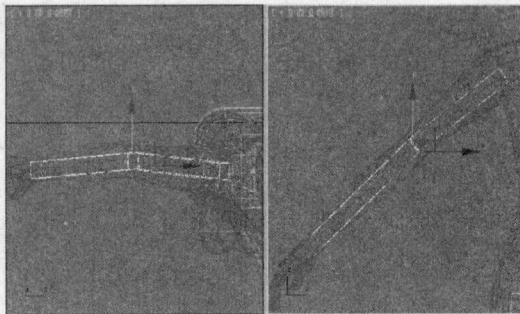

图 9-3-21 调整右臂

（18）旋转 CATRigRArmPalm（右手掌）对象，使其水平向上，如图 9-3-22 所示。

（19）创建手指骨，确认 CATRigRArmPalm 对象为选择状态，单击"添加骨骼"按钮添加一个新的骨骼 CATRigPalmBone001，将 CATRigPalmBone001 移动至拇指的位置，调整角度，如图 9-3-23 所示。

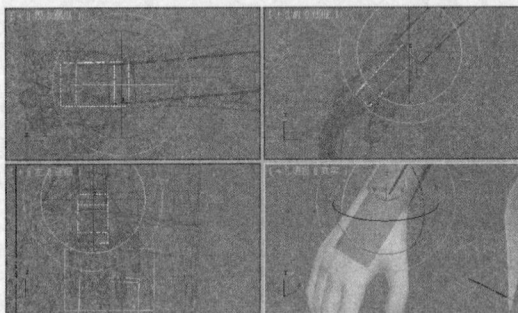

图 9-3-22 调整右手掌

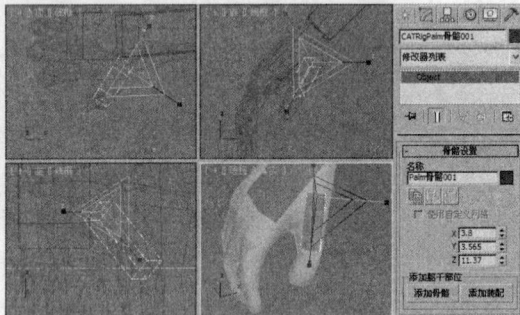

图 9-3-23 创建右手拇指指骨

（20）同样方法，创建其他手指骨，如图 9-3-24 所示。

（21）选择右臂锁骨（CATRigR 手臂 Collarbone）对象，单击"肢体设置"卷展栏下的"复制骨骼设置"按钮 ，然后选中左臂锁骨（CATRigL 手臂 Collarbone）对象，单击"粘贴骨骼设置"按钮 ，将右手臂骨骼镜像复制到左手臂，如图 9-3-25 所示。

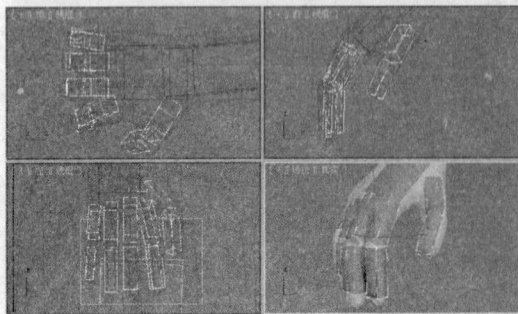

图 9-3-24 创建其他手指指骨

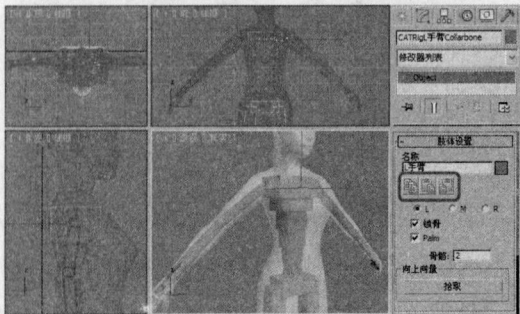

图 9-3-25 镜像右臂到左臂

（22）创建颈部、头部骨骼。选择 CATRigHub002 对象，单击"添加脊椎"按钮，在该对象上添加颈椎、头部骨骼，如图 9-3-26 所示。

（23）在左视图中移动 CATRigHub003 对象，使其与头部模型对齐，设置对象大小，如图 9-3-27 所示。

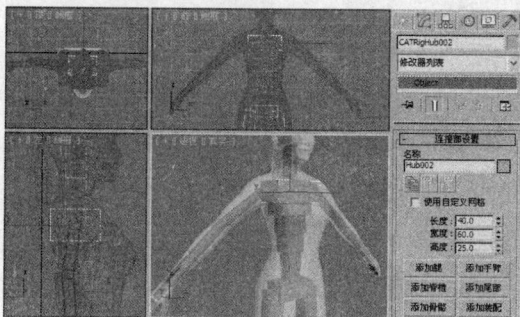

图 9-3-26 创建头颈骨

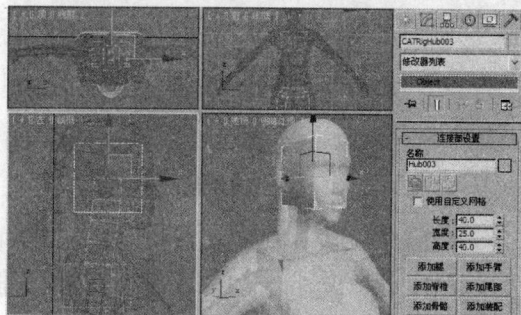

图 9-3-27 调整头骨

（24）骨骼对象创建完毕，保存文件。

3. 制作 CAT 预设动画

> **提示：**
> ① 选择 Character001，创建 CATMotion 层；② 在 CATMotion 编辑器中更改角色动作。

（1）打开素材文件夹中的 "lady(CAT 骨骼).max" 文件，选择 body 对象并右击，在弹出的快捷菜单中执行"隐藏选定对象"命令，隐藏模型对象，保留骨骼对象，如图 9-3-28 所示。

（2）选择 Character001（CAT 标记）对象，进入 "运动"面板，在"层管理器"卷展栏下按住 Abs 按钮打开弹出菜单，选择 CATMotion，创建行走循环动画层，如图 9-3-29 所示。

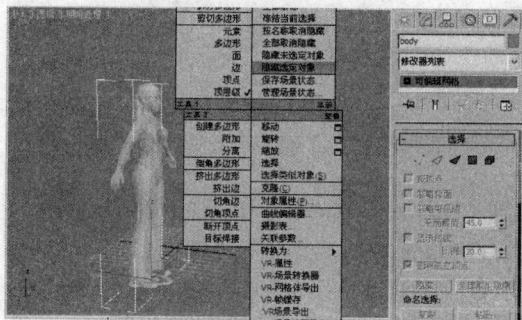

图 9-3-28 隐藏角色模型

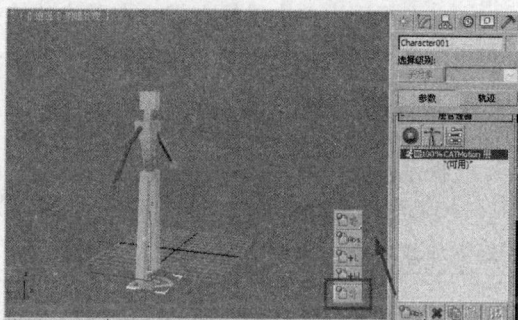

图 9-3-29 建立 CATMotion 层

（3）单击按下 "动作/设置"按钮，滑动时间滑块，可以看到角色的原地走路动作，图 9-3-30 所示。

（4）加载预设 CAT 动作。单击 "CATMotion 编辑器"按钮，打开 CATMotion 对话框，如图 9-3-31 所示。

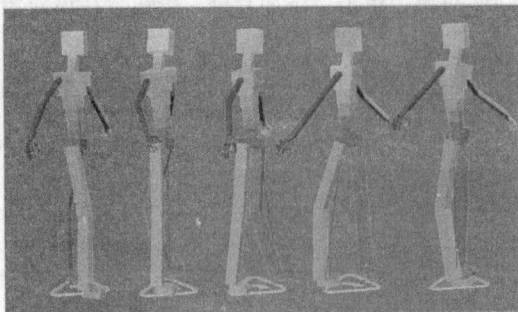

图 9-3-30 角色走路动作分解

图 9-3-31 打开 CATMotion 编辑器

（5）双击"可用的预设"区域中"<2leg>"选项，显示 4 种可用的预设动作，双击 GameCharRun 选择动作，在弹出的"CATMotion 选项"对话框中选择"加载到现有层"，然后单击"加载"按钮，动作被加载到角色上，如图 9-3-32 所示。

（6）按快捷键【/】键播放动画，观察场景中角色原地跑步动作，如图 9-3-33 所示。

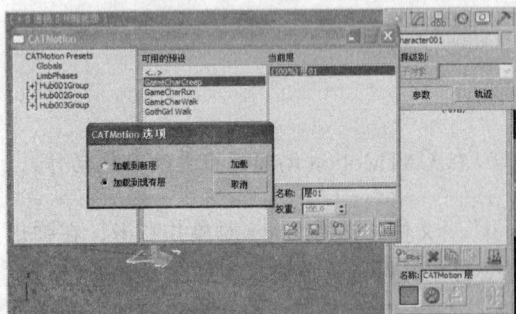

图 9-3-32 加载预设动作

图 9-3-33 角色原地跑步动作分解

（7）在视图中单击鼠标右键，在弹出的快捷菜单中执行"全部取消隐藏"命令，将角色模型显示出来，再次播放动画，角色的跑步动画分解动作如图 9-3-34 所示。

4. 制作曲面路径动画

> 提示：
> ① 创建虚拟对象，绑定到曲线路径；② 选择 Character001 对象，在 CATMotion 编辑器中加载路径；③ 调整路径跟随参数；④ 在 CATMotion 编辑器中拾取地面。

（1）打开素材文件夹中的"lady(路径).max"文件，场景中有已预设动作的角色模型、高低不平的地面和曲线路径，如图 9-3-35 所示。

（2）创建虚拟对象绑定到路径。在"创建"面板 中选择"辅助对象"类别 ，然后单击"虚拟对象"按钮，在视图中拖动创建一个虚拟对象，如图 9-3-36 所示。

（3）执行"动画 | 约束 | 路径约束"命令，在视图中单击选择 line001 路径对象，将虚拟对象绑定到曲线路径，单击"播放动画"按钮，我们能够看到虚拟对象沿曲线路径运动的效果。

（4）选择 Character001 对象，进入"运动"面板 ，在"层管理器"卷展栏下，单击"CATMotion 编辑器"按钮 ，打开 CATMotion 对话框，在左侧栏中选择 Globals 选项，然后单击右侧"路径节点"按钮，在视图中拾取虚拟对象，如图 9-3-37 所示。

图 9-3-34　角色跑步分解动作

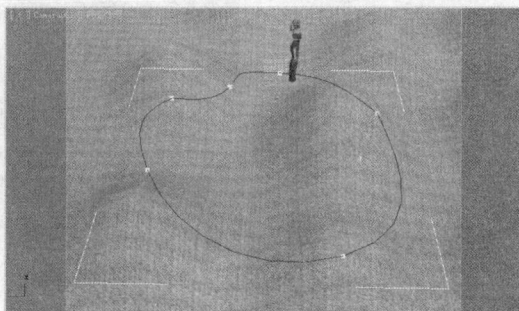

图 9-3-35　场景效果

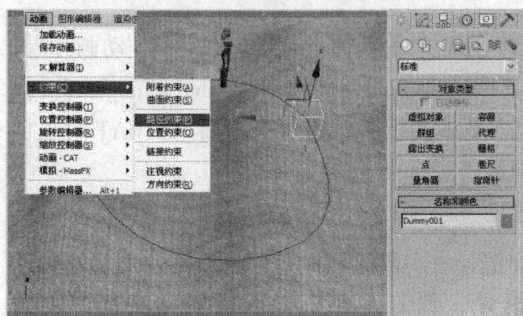

图 9-3-36　创建虚拟对象

图 9-3-37　选择运动路径

（5）选择虚拟对象 Dummy001，进入 "运动"面板 ◎，在"路径参数"卷展栏下选择"跟随""允许翻转""Y 轴"，使角色能够正确沿路径向前运动，如图 9-3-38 所示。

（6）播放动画，人物可以在曲线路径上运动了，接下来进行一步设置，使其在地面上行走。

（7）选择 Character001 对象，在 "运动"面板◎"层管理器"卷展栏下，单击 "CATMotion 编辑器"按钮 ⊗，打开 CATMotion 对话框，在左侧栏中选择 LimbPhases 选项，单击"拾取地面"按钮，这时人物的行走路径由曲线转到地面上，如图 9-3-39 所示。

图 9-3-38　调整路径跟随参数

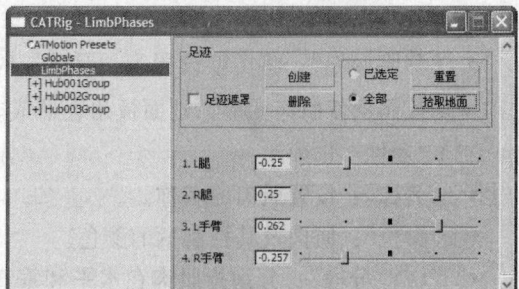

图 9-3-39　拾取地面

（8）播放动画，人物的曲面路径行走动画如图 9-3-40 所示。

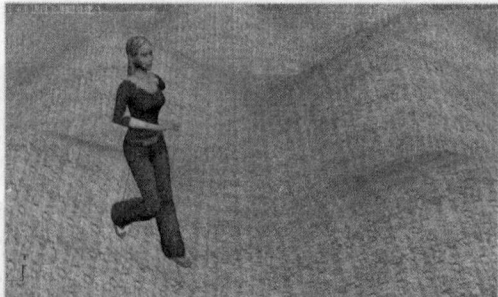

图 9-3-40　角色动画效果

相关知识

1. CAT 对象

CAT 是一个 3ds Max 2012 的角色动画插件，CAT 有助于角色绑定、非线性动画、动画分层、运动捕捉导入和肌肉模拟。CAT 的动画原理与 Character Studio 较为接近，但是 CAT 包含更多的模版，操作更为简单，CAT 对象创建面板如图 9-3-41 所示。

图 9-3-41　CAT 对象面板

2. CATMuscle

CATMuscle 属于非渲染、多段式辅助对象，最适合用于在拉伸和变形时需要保持相对一致的大面积，如肩膀和胸部。创建 CATMuscle 后，可以修改其分段方式、碰撞检测属性等。CATMuscle 辅助对象包含一个 Limbs（肢体）卷展栏，如图 9-3-42 所示。

（1）"类型"选项组：

- "网格"：肌肉相当于单块碎片，上面有许多始终完全相互连接的面板。
- "骨骼"：每块面板都相当于一个单独的骨骼，具有自己的名称；通过移动控制柄改变肌肉形状时，这些面板可以分离开来。
- "移除倾斜"：将类型设置为"骨骼"时，如果通过移动控制柄使肌肉变形，则面板角会形成非直角的角。

（2）"属性"选项组：

- "名称"：设置肌肉的名称。
- "颜色"：肌肉及其控制柄的颜色。
- "U/V 分段"：分别指肌肉在水平和垂直维度上细分的段数。
- L/M/R：表示左、中、右，即肌肉所在的绑定侧面。
- 镜像轴：设置肌肉沿其分布的轴。

（3）"控制柄"选项组：

- "可见"：切换肌肉控制柄的显示。

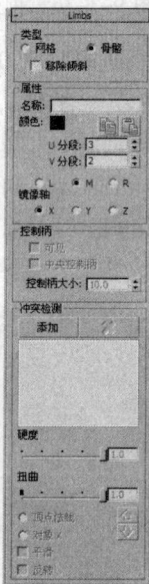

图 9-3-42　Limbs 卷展栏

- "中间控制柄"：切换与各个角点控制柄相连的 Bezier 型额外控制柄的显示。
- "控制柄大小"：设置每个控制柄的大小。

（4）"冲突检测"选项组：

- "添加"：拾取碰撞对象，并将其添加到列表中。
- "移除高亮显示的冲突对象"：移除选定的冲突对象。
- "硬度"：设置肌肉的变形程度。
- "扭曲"：设置碰撞对象引起变形的粗糙程度。
- "顶点法线"：将沿受影响肌肉区域的曲面法线的方向产生形变。
- "平滑"：勾选该项，将恢复碰撞对象引起的形变。
- "反转"：反转碰撞对象引起的变形的方向。

3. 肌肉股

肌肉股是一种用于角色蒙皮的非渲染辅助对象，其作用类似于两个点之间的 Bezier 曲线。股的精度高于 CATMUscle，而且在必须扭曲蒙皮的情况下可提供更好的结果。CATMuscle 最适用于肩部和胸部的蒙皮，但对于手臂和腿的蒙皮，肌肉股更加适宜。图 9-3-43 所示为用于使用二头肌的肌肉股。"肌肉股"卷展栏参数面板，如图 9-3-44 所示。

（1）"类型"选项组：

- "网格"：肌肉股设置为单个碎片。
- "骨骼"：肌肉股的每个球体设置为一块单独的骨骼，并具有自己的名称。
- "L/M/R"：表示左、中、右，即肌肉所在的绑定侧面。
- "镜像"：设置肌肉沿其分布的轴。

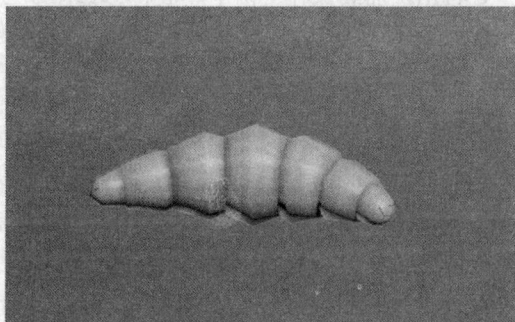

图 9-3-43 适合二头肌的肌肉股

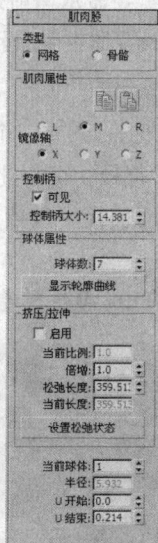

图 9-3-44 "肌肉股"卷展栏

（2）"控制柄"选项组：

- "可见"：切换肌肉控制柄的显示。
- "控制柄大小"：设置每个控制柄的大小。

（3）"球体属性"选项组：

- "球体数"：设置构成肌肉股的球体的数量。
- "显示轮廓曲线"：打开"肌肉轮廓曲线"对话框，其中包含一个图形，编辑该图形可控制肌肉股的剖面或轮廓，如图9-3-45所示。

（4）"挤压/拉伸"选项组：

- "启用"：勾选选项，更改肌肉长度将影响剖面，缩短肌肉会使其增厚（挤压），而加长肌肉会使其减薄（拉伸）。
- "当前比例"：显示肌肉的缩放量。
- "倍增"：设置挤压和拉伸的量。
- "松弛长度"：设置肌肉松弛状态下的长度。

图9-3-45　肌肉轮廓曲线

- "当前长度"：显示肌肉的当前长度。
- "设置松弛状态"：单击以设置松弛状态。此操作会将"松弛长度"设置为当前长度，将"当前比例"设置为1.0。

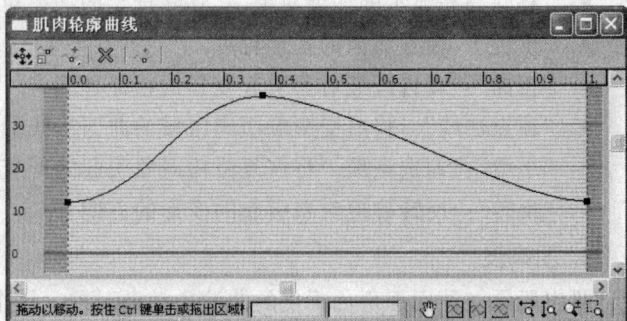

（5）"球体"选项组：

- "当前球体"：设置要调整的球体。
- "半径"：显示当前球体的半径。
- "U开始/结束"：设置相对于球体全长测量的当前球体的范围。

4. CATParent

每个CATRig都有一个CATParent。CATParent是在创建绑定时在每个绑定下显示的带有箭头的三角形符号，可将此符号视为绑定的角色节点，如图9-3-46所示。

CATParent面板中包括"CATRig参数"和"CATRig加载保存"两个卷展栏，如图9-3-47所示。

（1）"CATRig参数"卷展栏，如图9-3-48所示。

图9-3-46　CATParent　　　图9-3-47　CATParent卷展栏　　图9-3-48　CATRig卷展栏

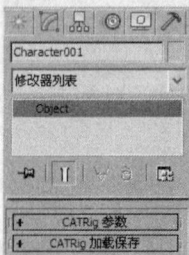

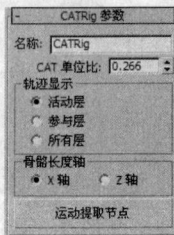

- "名称"：显示CAT用作CATRig中所有骨骼的前缀的名称。
- "CAT单位比"：设置CATRig的缩放比。

- "轨迹显示"：选择 CAT 在轨迹视图中显示 CATRig 上的
  层和关键帧所采用的方法。
- "骨骼长度轴"：选择 CATRig 用作长度轴的轴（X 或 Z）。
- 运动提取节点：切换运动提取节点。

（2）"CATRig 加载保存"卷展栏，如图 9-3-49 所示。

在预设模型列表框中：

- "打开预设装备"：打开将 CATRig 预设（仅限 RG3 格
  式）加载到选定 CATParent 的文件对话框。
- "保存预设装备"：将选定 CATRig 另存为预设文件。
- "创建骨盆/重新加载"：如果绑定中不存在任何骨盆，
  按钮标签则为"创建骨盆"，如果绑定包含骨盆，并且
  该骨盆是从 RG3 预设加载而来或已另存为 RG3 预设，则会显示"重新加载"按钮标签。
- "添加装配"：用于在 CATParent 级别向绑定添加场景中的对象。
- "从预设更装配"：启用此选项，当加载场景时，场景文件将保留原始角色，但 CAT 会
  自动使用更新后的数据（保存在预设中）替换此角色。

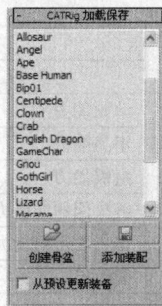

图 9-3-49 "CATRig 加载
保存"卷展栏

技能训练

打开素材文件夹中的 lady.max 文件，为角色添加 CAT 骨骼并蒙皮，完成角色下台阶的动画，
角色动画效果如图 9-3-50 所示。

要求：

（1）根据角色创建 CAT 对象。
（2）角色蒙皮绑定 CAT 对象。
（3）创建楼梯对象、绘制路径。
（4）完成 CAT 路径动画。

学习评价

图 9-3-50 下台阶动画效果

任务评价表如表 9-3-1 所示。

表 9-3-1 任务评价表

类 别	内 容		评 价		
	学 习 目 标	评 价 项 目	3	2	1
职业能力	创建 CAT 对象	创建 CAT 预设对象			
		调整 CAT 适应模型			
		创建自定义 CAT 对象			
	CAT 预设动画	能够建立 CATMotion 层			
		能够加载 CAT 预设动作			
	CAT 曲面路径动画	能够创建虚拟对象			
		能够完成虚拟对象路径动画			
		建立 CATMotion 层，完成曲面动画			

续表

类　别	内　容		评　价		
	学　习　目　标	评　价　项　目	3	2	1
通用能力	动画能力				
	审美能力				
	组织能力				
	解决问题的能力				
	自主学习的能力				
	创新能力				
综　合　评　价					

思考与练习

（1）CAT 对象可以创建哪些骨骼对象？

（2）在 CAT 路径动画中，虚拟对象的作用是什么？

项目实训　制作狗走路动画

一、项目背景

CAT 对象除了制作两足角色动画外，还可以完成多足角色动画的制作，下面通过狗走路动画来制作 CAT 对象的四足角色动画，效果如图 9-实训-1 所示。

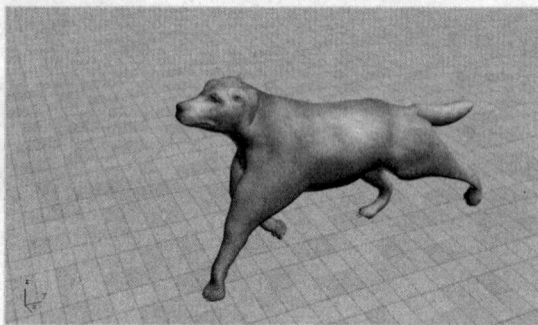

图 9-实训-1　狗走路动画

二、项目要求

（1）能够正确创建 CAT 对象。

（2）能够完成角色模型蒙皮。

（3）能够完成走路动作设置。

三、项目提示

（1）创建 CAT 对象，选择 panther 模型。

（2）根据模型调整 CAT 对象。

（3）使用"蒙皮"或 Physique 修改器为角色蒙皮。

（4）加载 CAT 动作（或自行调节动作）。

四、项目评价

本项目完成了四足动物的骨骼创建、角色蒙皮和角色动作设置。通过动画的制作，使学生对角色动画制作有更加深刻的认识。

项目实训评价表如表 9-实训-1 所示。

表 9-实训-1　项目实训评价表

类　别	内　容		评　价		
	学习目标	评价项目	3	2	1
职业能力	建立 CAT 对象	能够创建 CAT 对象			
		调整 CAT 以适应模型			
	对象蒙皮	能够添加"蒙皮"（Physique）修改器			
		能够编辑封套			
		能够调整顶点权重			
		能够测试蒙皮效果			
	动画设置	能够正创建动画路径			
		能够制作虚拟对象路径动画			
		能够正确使用层管理器			
		能够完成角色动画调节			
通用能力	动画能力				
	审美能力				
	组织能力				
	沟通能力				
	相互合作的能力				
	解决问题的能力				
	自主学习的能力				
	创新能力				
综　合　评　价					

附录 A

3ds Max 2012 快捷键

表 A-1 3ds Max 2012 常用快捷键

快 捷 键	作 用	快 捷 键	作 用
A	角度捕捉开关	/	播放动画
B	切换到底视图	F1	帮助文件
C	切换到摄像机视图	F3	线框与光滑高亮显示切换
D	禁用视图	F4	Edged Faces 显示切换
E	切换到旋转工具	F5	约束到 X 轴方向
F	切换到前视图	F6	约束到 Y 轴方向
G	显示/隐藏视图网格	F7	约束到 Z 轴方向
H	显示通过名称选择对话框	F8	约束轴面循环
I	交互式平移	F9	快速渲染
J	选择框显示切换	F10	打开渲染场景对话框
K	切换到背视图	F11	MAX 脚本程序编辑
L	切换到左视图	F12	键盘输入变换
M	材质编辑器	Delete	删除选定物体
N	动画模式开关	Space	选择集锁定开关
O	自适应退化开关	End	到最后一帧
P	切换到透视用户视图	Home	到起始帧
Q	切换到选择工具	Insert	循环子对象层级
R	切换到右视图	PageUp	选择父系
S	捕捉开关	PageDown	选择子系
T	切换到顶视图	Ctrl+A	全选
U	切换到等角用户视图	Ctrl+B	子对象选择开关
V	旋转场景	Ctrl+C	透视图添加相机并切换到相机视图
W	切换到移动工具	Ctrl+D	取消选择
X	中心点循环	Ctrl+E	缩放循环
Y	工具样界面转换	Ctrl+F	循环选择模式
Z	缩放模式	Ctrl+I	反选
[	交互式移近	Ctrl+L	默认灯光开关
]	交互式移远	Ctrl+N	新建场景

续表

快 捷 键	作　　用	快 捷 键	作　　用
Ctrl+O	打开文件	Shift+O	显示几何体开关
Ctrl+P	平移视图	Shift+P	显示粒子系统开关
Ctrl+Q	选择类似对象	Shift+Q	快速渲染
Ctrl+R	旋转视图模式	Shift+R	渲染场景
Ctrl+S	保存文件	Shift+S	显示形状开关
Ctrl+T	纹理校正	Shift+T	资源追踪
Ctrl+T	打开工具箱（Nurbs 曲面建模）	Shift+W	显示空间扭曲开关
Ctrl+V	克隆	Shift+X	约束到边
Ctrl+W	区域缩放模式	Shift+Z	取消视窗操作
Ctrl+Z	取消场景操作	Shift+4	切换到聚光灯/平行灯光视图
Ctrl+=	放大视图	Shift+\	交换布局
Ctrl+-	缩小视图	Shift+Space	创建旋转锁定键
Ctrl+Space	创建定位锁定键	Alt+S	网格与捕捉设置
Shift+A	重做视图操作	Alt+W	最大化视窗开关
Shift+B	视窗立方体模式开关	Alt+X	对象透明
Shift+C	显示摄像机开关	Alt+Space	循环通过捕捉
Shift+E	以前次参数设置进行渲染	Alt+Ctrl+Z	场景范围充满视窗
Shift+F	显示安全框开关	Alt+Ctrl+Space	偏移捕捉
Shift+G	显示网络开关	Shift+Ctrl+A	自适应透视网线开关
Shift+H	显示辅助物体开关	Shift+Ctrl+P	百分比捕捉开关
Shift+I	显示最近渲染生成的图像	Shift+Ctrl+Z	全部场景范围充满视窗
Shift+L	显示灯光开关		

表 A-2　可编辑多边形快捷键

快 捷 键	意　　义	快 捷 键	意　　义
1	顶点级别	Shift+Ctrl+B	倒角模式
2	边级别	Shift+Ctrl+C	切角模式
3	边界级别	Shift+Ctrl+Q	快速切片模式
4	面级别	Shift+Ctrl+E	连接
5	元素级别	Shift+Ctrl+W	目标焊接模式
6	对象层级	Alt+C	切割
Ctrl+PageUp	扩大选择	Alt+H	隐藏
Ctrl+PageDown	收缩选择	Alt+I	隐藏未选定对象
Shift+E	挤出模式	Alt+U	全部取消隐藏
Shift+X	约束到边	;	重复上次操作